近代物理实验

Modern Physics Experiments

(第二版)

马洪良　张义邨　主编

上海大学出版社
·上海·

内 容 简 介

本书是在上海大学"近代物理实验"系列课程实验教学实践的基础上编写的。包括了基于 Newport 光学组合仪的光学光纤实验和基于德国莱宝教具公司教学仪器的综合性实验。内容涉及原子分子物理、光学、薄膜制备与测试技术、微波、微弱信号测量技术、核探测技术等领域共 28 个实验。着重阐述了每个实验的实验原理、方法和相关的背景知识,详细介绍了每个实验的实验装置和主要实验任务及要求。

本书适合作为高等学校理工科本科生和研究生的经典物理实验课程的教材或教学参考书,也可供其他专业和社会读者阅读和参考。

图书在版编目(CIP)数据

近代物理实验/马洪良 张义邴主编. —2 版. —上海:上海大学出版社,2012.11
ISBN 978 - 7 - 5671 - 0443 - 3/O・063

Ⅰ.①近⋯ Ⅱ.①马⋯ ②张⋯ Ⅲ.①物理学-实验-高等学校-教材 Ⅳ.①O41-33

中国版本图书馆 CIP 数据核字(2012)第 254137 号

责任编辑 王悦生
封面设计 柯国富
技术编辑 金 鑫 章 斐

近代物理实验(第二版)

马洪良 张义邴 主编
上海大学出版社出版发行
(上海市上大路 99 号 邮政编码 200444)
(http://www.shangdapress.com 发行热线 021 - 66135112)
出版人:郭纯生
*
南京展望文化发展有限公司排版
上海华教印务有限公司印刷 各地新华书店经销
开本 787×1092 1/16 印张 17 字数 414 千字
2012 年 11 月第 1 版 2012 年 11 月第 1 次印刷
印数:1~2100
ISBN 978 - 7 - 5671 - 0443 - 3/O・063 定价:35.00 元

前　言

　　近代物理实验是综合性大学理科最基本的实验课程之一,为培养学生的创新能力、实践能力,提高学生的科学素质打下扎实的基础。当今社会正处在一个科学技术高速发展、高新技术层出不穷的时代,物理学和物理实验技术在其他各学科和领域中迅速渗透并得到广泛应用。近代物理实验不仅使学生能生动直观地观察学习近代物理学发展过程中的重要实验,领会实验设计思想,进一步巩固和综合应用已学习的理论知识,而且可以了解和掌握最新的现代测量技术。通过这些实验的训练,学生可以了解近代物理的基本原理,学习科学实验的方法和设计思路、科学仪器的使用和现代实验技术,养成实验动手能力和科学作风。

　　实验教学的重要目的是提高学生的科学素质,培养学生的动手能力和创新精神。本书包括的实验突出物理思想和当代测试技术,引导学生认真观察物理现象、分析物理问题,训练学生的观察能力、判断能力、分析能力和综合应用能力,培养学生探索物理规律的热情、积极性和创新思维。本书力图展示上海大学物理实验中心近年来新开设的实验内容,这些结合引进的新设备开出的新实验,更多地体现和吸收了当今科学研究的测量技术,使近代物理实验这门课程更加紧跟时代的发展。

　　本教材是根据在教师的指导下学生独立完成实验和实验报告为指导思想编写的,因此在使用本教材时需要注意以下三个方面:

　　(1) 实验前的预习是非常重要的,了解与实验相关的理论,并预计在实验中可能将要碰到的问题。在预习报告中写下实验的基本思想和所用的实验方法,在了解实验装置和实验步骤的基础上作好记录数据表格。

　　(2) 实验时,记录实验的全过程,包括操作过程、实验条件、实验数据和观察到的实验现象;实验中对仪器或者装置的修改和大的调整需要作详细的记录并和实验结果的比对;老师检查数据和实验方法后在预习报告上签名。

　　(3) 实验结束后,在实验总结报告作数据处理和分析,学生必须估算测量结果的不确定度,签名的预习报告必须连同实验报告一起交给指导老师,这是培养学生具有良好的实验素质的一个重要方面。

　　本教材是上海大学物理实验中心近年来近代物理实验课程建设的总结和教学改革成果的体现,是实验室工作的教师和实验技术人员辛勤工作的结晶。本书难于一一记述对各个实验作过贡献的人员名字,在这里只列出参加最后编写工作的作者名单。单元一:马洪良;

单元二：王叶；单元三：马洪良，陆江；单元四：王志坚，马洪良，王春涛；单元五：李明；单元六、单元七：马洪良，裴宁；单元八：张义邴，韩咏梅；书中所有插图：陆江。

  在此，我们谨向所有对本书作出贡献的老师和实验技术人员表示衷心的感谢。上海大学教务处和物理系许多教师对本教材的编写给予了极大的鼓励和支持，提出了很多指导性的意见和建议；本教材的审稿专家和上海大学出版社的编辑们都为本教材的出版作出了巨大的贡献，借此，我们向他们表示衷心的感谢。由于我们水平有限和时间紧迫，教材中不妥之处在所难免，希望使用本教材的同行、教师和学生批评指正。

编者

2005年3月于上海大学

2011年11月修订

再 版 说 明

《近代物理实验》第二版是为了适应近代物理实验教学的要求在第一版的基础上修订而成的。为了满足近代物理教学实验室开放和增加创新实验，本次修订版中不仅在实验编排上作了调整，而且在内容上作了许多的补充。对第一版中的一些错误及不妥之处作了更正和修改，主要修订如下：

除单元一"误差理论与数据处理"保持第一版的内容外，其他单元实验都作了大的改动。对单元二"基于Newport光学组合仪的光学及光纤光学实验"内容进行了整合，并增加新的知识，将第一版中"光纤位移传感器"和"干涉式位移传感器"内容合并为"位移传感器"。第一版中单元三、单元四、单元五和单元七按照物理内容进行了整合，第二版单元三"原子物理与光谱测量技术"增加了电子束在电场/磁场中运动规律、黑体辐射和紫外-可见-红外分光光度计等内容，将第一版中"氢原子光谱和里德堡常数"和"氢氘同位素移位"整合为第二版的"氢原子光谱"。第二版单元四"法拉第效应"更换了新的实验装置，由第一版中是德国莱宝教具公司的半定量实验升级到第二版的定量实验。第二版单元五"微波、微弱信号测量和等离子体"增加了"微波的干涉和衍射"和本实验室开发的最新实验"低温等离子体温度和密度测量"。按照内容将"核磁共振"整合到第二版单元六"核物理技术应用"，由于^{22}Na辐射源的半衰期较短，辐射源不易得到，"正电子淹没寿命谱"在第二版中没有包括。第二版中增加了单元八"创新实验"，是实验室创新实验建设的最新成果，目的是让学生更早地接触创新研究实验，更充分地激发学生的兴趣和创新能力。

在此再版之际，感谢物理实验中心全体老师、技术人员和学生在使用本教材第一版中提出的宝贵意见和修改建议，正是由于在教学中教师和学生发现问题并反馈给我们，使我们能够在这次修改中予以更正。

参加本教材第二版编写和修订的人员包括马洪良、张义邴、王志坚、李明、王叶、裴宁、陆江、王春涛和韩咏梅等。

编者

2011年11月于上海大学

目　录

单元一　误差理论与数据分析 1
　　一、测量误差 1
　　二、随机变量的概率分布 2
　　三、随机误差的统计分析 8
　　四、不确定度 10
　　五、数据处理——最小二乘法拟合 12

单元二　基于 Newport 光学组合仪的光学和光纤光学实验 17
　　光纤基本知识与光学组合仪简介 17
　　实验一　光纤的操作和光纤数值孔径测量 34
　　实验二　半导体激光器特性测量 40
　　实验三　位移传感器 54

单元三　原子物理与光谱测量技术 72
　　3.1　原子物理基本知识 72
　　3.2　光谱测量技术 73
　　实验四　电子束在电场/磁场中的运动规律 80
　　实验五　氢原子光谱 87
　　实验六　黑体辐射 91
　　实验七　塞曼效应 94
　　实验八　X 射线装置及实验 99
　　实验九　激光拉曼光谱 109
　　实验十　紫外-可见-红外分光光度计 114

单元四　光学 119
　　实验十一　激光全息摄影 119
　　实验十二　光全息干涉计量 132
　　实验十三　阿贝成像原理和空间滤波 144
　　实验十四　光学图像处理 150
　　实验十五　超声光栅 159
　　实验十六　朴克尔斯效应 164
　　实验十七　法拉第效应 171

单元五 微波与微弱信号测量技术 …… 174
- 5.1 微波技术基本知识 …… 174
- 实验十八 微波基本参量和传输特性 …… 183
- 实验十九 微波的干涉和衍射 …… 187
- 实验二十 介电常数波导法测量 …… 191
- 5.2 微弱信号检测技术基础知识 …… 197
- 实验二十一 相关器原理和基本参数 …… 200
- 实验二十二 锁相放大器原理和应用 …… 205
- 5.3 等离子体基本知识 …… 211
- 实验二十三 低温等离子体温度和密度测量 …… 214

单元六 核物理测量技术 …… 222
- 核技术概述 …… 222
- 实验二十四 半导体 α 谱仪 …… 225
- 实验二十五 相对论效应 …… 228
- 实验二十六 核磁共振 …… 232

单元七 真空镀膜与制冷技术 …… 238
- 实验二十七 真空镀膜 …… 238
- 实验二十八 小型制冷装置制冷量和制冷系数的测量 …… 242

单元八 创新实验 …… 249
- 8.1 高温氧化物超导样品制备和物性测量 …… 249
- 8.2 功能玻璃材料制备和激光诱导微纳结构 …… 2575

单元一　误差理论与数据分析

物理学是一门实验的科学,物理规律的认识和证实都是通过观察物理现象、定量测量有关的物理量,并根据测量结果分析这些物理量之间的关系而实现的。由于各种因素的影响,使得测量值总是或多或少偏离真值,即存在误差。由于测量中总有误差,因此对一个物理量的测量,不仅在实验之后对实验数据处理时需要关于误差的知识,而且在实验的设计(实验方法和仪器选取等)以及在实验过程中对实验条件和环境的控制和监测都需要误差的知识,才能使得测量结果更接近真值。在近代物理实验中,通常要用到比较综合的实验技术和复杂的实验设备,需要掌握误差理论,才能理解好实验设计和有效地进行实验测量和数据处理,并对测量结果的可靠程度作出正确的评价和分析。

一、测量误差

1. 测量误差定义

当对某物理量进行测量时,受到测量环境、仪器以及观测者等诸多因素的影响,使得测量值偏离真值而存在测量误差:

$$误差 = 测量值 - 真值 \tag{1}$$

式(1)中真值是在特定条件下被测量的客观实际值,真值是一个理想的概念,实验测量中采用约定真值,有时叫最佳估计值、约定值或参考值。例如,在仪器校验中,把高一级标准器的测量值作为低一级标准器或普通仪器的约定真值。式(1)定义的误差是绝对误差。在没有特别指明时,误差就用绝对误差来表示。设被测量的真值为 μ,则测量值 x 的绝对误差

$$\delta = x - \mu \tag{2}$$

在实验中有些问题需要用相对误差表示,相对误差定义为绝对误差与真值(约定真值)之比。在近似情况下,相对误差也往往表示为绝对误差与测量值之比。例如,测量 1 m 长相差 1 mm 与测量 10 m 长相差 1 mm,其绝对误差相同,而相对误差则相差一个量级。相对误差常用百分数表示,即

$$相对误差 = \frac{\delta}{\mu} \times 100\% \approx \frac{\delta}{x} \times 100\% \tag{3}$$

2. 误差分类

误差出现的特点不同,可分为系统误差、随机误差和粗大误差。

(1) 系统误差。在一定条件下对同一被测物理量进行多次测量时,保持恒定或以预知方式变化的测量误差称为系统误差。它包含两类:一类是固定值的系统误差,其值(包括正负号)恒定;另一类是随条件变化的系统误差,其值以确定的、已知的规律随某些测量条件变化。

系统误差的来源与测量装置(标准器、仪器、附件和电源的误差)、环境(温度、湿度、气压、振动和电磁辐射等影响)、方法(理论公式的近似限制或测量方法不完善),以及测量者等方面有关。其产生原因往往可知,一经查明就可以消除其影响。对未能消除的系统误差,若它的符号和大小是确定的,可对测量值加以修正。

(2) 随机误差。在一定条件下对被测物理量进行多次测量时,以不可预知的随机方式变化的测量误差称为随机误差。这种误差值时大时小,时正时负,没有规律性,它引起被测量重复观测的变化。

随机误差来源于许多不可控因素的影响。例如周围环境的无规起伏,仪器性能的微小波动,观察者感官分辨本领的限制,以及一些尚未发现的因素等。这种误差对每次测量来说没有必然的规律性,但进行多次重复测量时会呈现出统计规律性。虽然无法消除或补偿测量结果的随机误差,但增加观测次数可使它减小,并可用统计方法估算其大小。

在实际测量中,虽然尽可能地设法限制和消除系统误差,通过多次测量以减少随机误差,但两种误差往往还会同时存在,这时需按其对测量结果的影响分别对待:

① 若系统误差经技术处理后已消除,或远小于随机误差,可按纯随机误差处理;② 若系统误差的影响远大于随机误差,可按纯系统误差处理;③ 若系统误差与随机误差的影响差别不太大,两者均不可忽略,综合两种误差。

(3) 粗大误差。明显超出规定条件下预期值的误差称为粗大误差。这是在实验中,由于某种差错使得测量值明显偏离正常测量结果的误差,例如读错数、记错数、或者环境条件忽然变化而引起测量值的错误等,在实验数据处理中,应按一定的规则(拉伊达准则或者格拉布斯准则)来剔除粗大误差。

3. 不确定度

由于测量误差不可避免,使得真值也就无法确定;而真值不知道,也就无法确定误差的大小,因此,实验数据处理只能求出实验的最佳估计值及其不确定度。不确定度是由于误差的存在,使得被测量不能确定的程度;或者说,它是表征被测量真值所处量值范围的一个评定,由此可见,不确定度与误差有区别,误差是一个理想的概念,一般不能准确知道;但不确定度反映误差存在分布范围,即随机误差分量和未定系统误差分量综合的分布范围,可由误差理论求得。通常把测量结果表示为

$$测量值 = 最佳估计值 \pm 不确定度 \qquad (4)$$

实验测量中,消除了已定的系统误差后仍然存在着随机误差和未定的系统误差。设被测量 X 的测量值为 $x_1, x_2, \cdots, x_n$,则最佳估计值为算术平均值

$$x = \frac{\sum_{i=1}^{n} x_i}{n}$$

由于不确定度的评定要合理赋予被测量值的不确定区间,而不同的置信概率所表示的不确定区间是不同的,因此还应表明是多大概率含义的不确定度。

二、随机变量的概率分布

1. 概率分布的数字特征量

若一个随机变量的概率密度函数或概率密度函数的形式已知,只要给出函数式中各个

参数(称分布参数)的数值,则随机变量的分布就完全确定。在不同形式的分布中,常用一些有共同定义的数字特征量来表示,而最重要的特征量是随机变量的期望值和方差。

(1) 随机变量的期望值。

以概率 p_i 取值 x_i 的离散型随机变量 x,它的期望值(通常以 μ 或 $E(x)$ 标记)定义为

$$\mu = E(x) = \sum_i x_i \tag{5}$$

具有概率密度函数 $p(x)$ 的连续型随机变量 x,它的期望值定义为

$$\mu = E(x) = \int_{-\infty}^{\infty} x p(x) \mathrm{d}x = \langle x \rangle \tag{6}$$

期望值的物理意义是作无穷多次重复测量时测量结果的平均值。

(2) 随机变量的方差。

随机变量的方差通常以 $\sigma^2(x)$ 标记定义为

$$\begin{aligned}\sigma^2(x) &= E[(x-\langle x \rangle)^2] \\ &= \int_{-\infty}^{\infty}(x-\langle x \rangle)^2 p(x)\mathrm{d}x\end{aligned} \tag{7}$$

方差的正平方根 $\sigma(x)$ 称为随机变量的标准误差,简称为标准差。方差或标准差用以描述随机变量围绕期望值分布的离散程度。

(3) 两个随机变量的协方差。

设两随机变量 x,y 具有联合概率密度函数 $p(x,y)$,两个随机变量的协方差定义为

$$\begin{aligned}\mathrm{cov}(x,y) &= E[(x-\langle x \rangle)(y-\langle y \rangle)] \\ &= \iint_{-\infty}^{\infty}(x-\langle x \rangle)(y-\langle y \rangle)p(x,y)\mathrm{d}x\mathrm{d}y \\ &= \langle xy \rangle - \langle x \rangle \cdot \langle y \rangle\end{aligned} \tag{8}$$

协方差描述两随机变量的相互依赖程度。当协方差不等于零时,则两随机变量一定不相互独立。通常还要用相关系数来描述两个随机变量的相关程度:

$$\rho(x,y) = \frac{\mathrm{cov}(x,y)}{\sigma(x) \cdot \sigma(y)} \tag{9}$$

2. 数据处理中常用的概率分布

由于随机变量受到不同因素的影响,或者物理现象本身的统计性差异,使得随机变量的概率分布形式多种多样,这里讨论几种常用的分布,要注意掌握其概率函数(或概率密度函数)和数字特征量。

(1) 二项式分布。

若随机事件 A 发生的概率为 P,不发生的概率为 $(1-P)$,在 N 次独立试验中事件 A 发生 k 次的概率是一个离散型随机变量,可能取值为 $0,1,2,\cdots,N$,对于这样一个随机事件,其概率分布为

$$p(k) = \frac{N!}{k!(N-k)!} P^k (1-P)^{N-k} \tag{10}$$

式中因子 $\dfrac{N!}{k!(N-k)!}$ 表示 N 次试验中事件 A 发生 k 次，而不发生为 $(N-k)$ 次的各种可能组合数，刚好是二项式展开中的项，因此式(10)所表示的概率分布称为二项式分布。

二项式分布中有两个独立的参数 N 和 P，遵从二项式分布的随机变量的期望值和方差分别为

$$\langle k \rangle = \sum_{k=0}^{N} k \frac{N!}{k!(N-k)!} P^k (1-P)^{N-k} = NP \tag{11}$$

$$\sigma^2(k) = \langle k^2 \rangle - \langle k \rangle^2 = \langle k^2 \rangle - N^2 P^2$$

$$= \sum_{k=0}^{N} k^2 \frac{N!}{k!(N-k)!} P^k (1-P)^{N-k} - N^2 P^2$$

$$= NP(1-P) \tag{12}$$

二项式分布有许多实际应用，如在产品质量检验或民意测验中，抽样试验以确定合乎其条件的结果的概率是二项式分布问题；穿过仪器的 N 个粒子被仪器探测到 k 个的概率，或 N 个放射性核经过一段时间后衰变 k 个的概率等，这些问题的随机变量 k 都服从二项式分布。

(2) 泊松分布。

服从泊松(Poisson)分布的离散型随机变量 k，其概率函数为

$$p(k;m) = \frac{m^k}{k!} e^{-m} \quad (k=0,1,2,\cdots) \tag{13}$$

式中参数 $m > 0$。泊松分布随机变量 k 的期望值和方差为

$$\langle k \rangle = \sum_{k=0}^{\infty} k p(k;m) = m \tag{14}$$

$$\sigma^2(k) = \sum_{k=0}^{\infty} (k-m)^2 p(k;m) = m \tag{15}$$

因此，泊松分布只有一个参数，即期望值，它同时也是分布的方差。

泊松分布是二项式分布的极限情形，是无穷独立试验的总结果。在二项式分布中考虑以下极限情形，即 $N \to \infty$，每次试验中 A 发生的概率 $P \to 0$，期望值 $\langle k \rangle = NP$ 趋于有限值 m，在这种极限情况下二项式分布成为泊松分布。

实验工作中，如何判断随机变量是否服从泊松分布？如果 k 是某个随机事件发生的次数，并且满足如下的条件，则 k 就近似地服从泊松分布：

(i) k 在一个有限的期望值 m 左右摆动，即 $\langle k \rangle = m$；

(ii) k 可以看作是大量独立试验的总结果；

(iii) 对于每一次试验，事件发生有相同的概率。

物理实验中有不少随机变量满足上述条件，泊松分布是一个常见的分布。例如，一块放射性物质在一定时间间隔 T 内的衰变数 k，在放射性原子核平均寿命远大于 T 的情况下，实验测得的衰变数确实是在某个平均值 m 左右摆动，满足条件(i)；把在时间间隔 T 内每一个原子是否衰变看作一次试验，放射性物质的总原子数为 N，则记录到的衰变数可以看作是 N

次试验的总结果，$N \gg 1$，而且每个原子的衰变都是互相独立进行的，同其他原子是否衰变无关，满足条件(ii)；每个原子在时间间隔 T 内的衰变概率是一定的，满足条件(iii)。

在时间间隔 T 内计数器记录到的宇宙射线粒子数 k、高能荷电粒子在某固定长度 L 的路径上和云雾室中气体分子发生碰撞的次数 k，读者可以分析这些随机变量 k 满足条件(i)、(ii)、(iii)。

因此上面三个例子中的随机变量 k 都近似服从泊松分布。在工农业生产和日常生活中，也有不少随机变量服从泊松分布。例如：在一定的生产条件下，每批产品的废品数；正常条件下某一地区的死亡数和婴儿出生数等，都近似服从泊松分布。

(3) 正态分布。

正态分布(又称高斯分布)是数据处理最重要的概率分布。正态分布的概率密度函数定义为

$$n(x; \mu, \sigma) = \frac{1}{\sigma\sqrt{2\pi}} \exp\left[-\frac{1}{2}\left(\frac{x-\mu}{\sigma}\right)^2\right] \tag{16}$$

式中 x 是连续型随机变量，μ 和 σ 是正态分布的分布参数。遵从正态分布的随机变量 x 的期望值和方差分布为

$$\langle x \rangle = \int_{-\infty}^{\infty} x n(x; \mu, \sigma) \mathrm{d}x = \mu \tag{17}$$

$$\sigma^2(x) = \int_{-\infty}^{\infty} (x-\mu)^2 n(x; \mu, \sigma) \mathrm{d}x = \sigma^2 \tag{18}$$

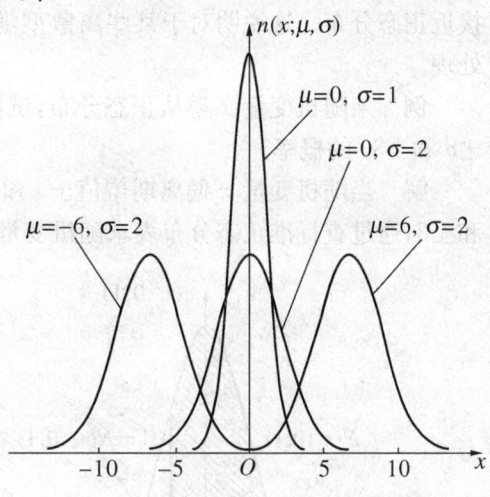

图 1 不同参数值的正态分布曲线

由此可见，正态分布中的参数 μ 是期望值，参数 σ 是标准误差。正态分布的特征由这两个参数的数值完全确定：若消除了测量的系统误差，μ 为待测物理量的真值，它决定正态分布的位置；而 σ 的大小与概率密度函数曲线的"胖""瘦"有关，即 σ 决定正态分布偏离期望值的离散程度，不同参数值的正态分布概率密度函数曲线如图 1 所示，曲线是单峰对称结构，对称轴处于概率密度极大值所在处。

对于期望值 $\mu = 0$ 和方差 $\sigma^2 = 1$ 的正态分布叫做标准正态分布，其概率密度函数 $n(x; 0, 1)$ 和正态分布函数 $N(x; 0, 1)$ 为

$$n(x; 0, 1) = \frac{1}{\sqrt{2\pi}} \exp\left(-\frac{1}{2}x^2\right) \tag{19}$$

$$N(x; 0, 1) = \frac{1}{\sqrt{2\pi}} \int_{-\infty}^{x} \exp\left(-\frac{1}{2}x^2\right) \mathrm{d}x \tag{20}$$

对于 $\mu \neq 0$，$\sigma^2 \neq 1$ 的正态分布，把随机变量 x 作线性变换 $x' = \dfrac{x-\mu}{\sigma}$，则随机变量 x' 遵从标准正态分布，且有

$$n(x;\mu,\sigma^2)=\frac{1}{\sigma}n(x';0,1) \tag{21}$$

$$N(x;\mu,\sigma^2)=N(x';0,1) \tag{22}$$

这样便可利用标准正态分布求概率分布。根据概率理论可以得到以下两个重要定理：

定理1 若 $x_i(i=1,2,\cdots,N)$ 是相互独立的随机变量，随机变量 $x=\sum_{i=1}^{N}x_i$，如果每一个 x_i 对总和 x 的贡献都不大，则当 $N\to\infty$ 时，x 渐近地遵从正态分布。

定理2 若随机变量 x 有期望值 $\langle x\rangle=\mu$，方差 $\sigma^2(x)=\sigma^2$，而 $x_i(i=1,2,\cdots,N)$ 是随机变量 x 的 N 次独立测量值，则当 $N\to\infty$ 时，平均值 $\bar{x}=\frac{1}{N}\sum_{i=1}^{N}x_i$ 渐近地遵从正态分布 $n\left(\bar{x};\mu,\frac{\sigma^2}{N}\right)$。

正态分布之所以重要的另一个原因是许多其他分布在极限条件下都渐近地遵从正态分布。如对于泊松分布，当期望值 m 足够大，可以证明它趋于形式为

$$p(k)=\frac{1}{\sqrt{2\pi m}}\exp\left[-\frac{(k-m)^2}{2m}\right] \tag{23}$$

的分布，注意到泊松分布的标准差 $\sigma=\sqrt{m}$，可以看出式(23)和正态分布的概率密度函数的形式一致，所不同的是这里 k 表示离散型随机变量。实际上，当 $m\geqslant 10$ 时泊松分布已十分接近正态分布。这说明对于某些离散型随机变量，在一定条件下也可以用正态分布来近似处理。

例 某随机变量 x 遵从正态分布，试利用标准正态分布表分别求出 x 落在期望值附近 $\pm\sigma$ 和 $\pm 3\sigma$ 的概率。

解 当随机变量 x 偏离期望值 $\pm\sigma$ 和 $\pm 3\sigma$ 时，标准正态分布随机变量 x' 取值分别为 ± 1 和 ± 3，通过查标准正态分布表求随机变量落在区间 $[-1,1]$ 和 $[-3,3]$ 内的概率即可。

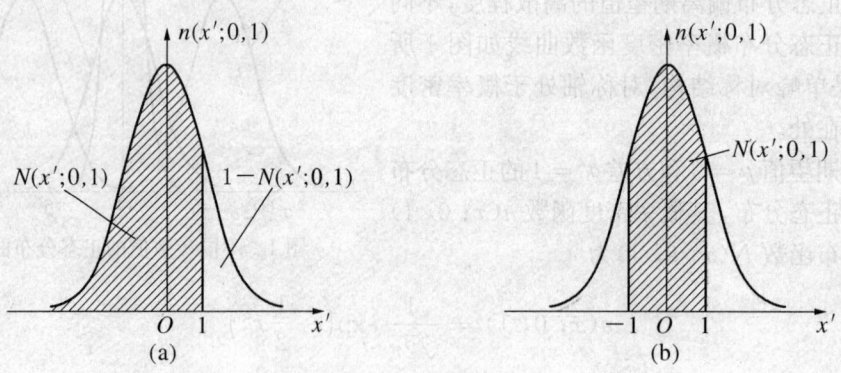

图2 随机变量分布概率

当随机变量等于1时，标准正态分布表给出 $N(1;0,1)=0.8413$，对应于图2(a)阴影部分的面积(区间为 $(-\infty,1]$)，随机变量落在区间 $[-1,1]$ 内的概率等于图2(b)阴影部分的面积(区间为 $[-1,1]$)，即

$$\int_{-1}^{1} n(1;0,1)dx = N(1;0,1) - [1-N(1;0,1)] = 2N(1;0,1) - 1 \approx 68.3\% \tag{24}$$

同理,随机变量等于3时,标准正态分布表给出 $N(3;0,1) = 0.9987$,随机变量落在区间$[-3,3]$内的概率为

$$\int_{-3}^{3} n(3;0,1)dx = 2N(3;0,1) - 1 \approx 99.7\% \tag{25}$$

(4) t 分布及其应用。

当观测值 x 服从正态分布的情况下,平均值 $\bar{x}$ 会严格服从正态分布 $n(\bar{x};\mu,\sigma_{\bar{x}}^2)$,其中 $\sigma_{\bar{x}}^2 = \dfrac{\sigma^2}{N}$。若作变换 $t = \dfrac{\bar{x}-\mu}{\sigma_{\bar{x}}}$,则随机变量 t 遵从标准正态分布 $n(t;0,1)$。

然而,在一般情况下期望值 μ 和标准误差 σ 都未知,只能给出测量值 $x_i (i=1,2,\cdots,N)$ 的样本平均值的标准差 $S_{\bar{x}}$。由于 $S_{\bar{x}}$ 是随机变量,不同于 σ 是正态参数,当用 $S_{\bar{x}}$ 取代 $\sigma_{\bar{x}}$ 作变换 $t = \dfrac{\bar{x}-\mu}{S_{\bar{x}}}$ 时,随机变量 t 不遵从正态分布而遵从 t 分布,t 分布的概率密度函数为

$$p(t;\nu) = \frac{\Gamma\left(\dfrac{\nu+1}{2}\right)}{\Gamma(\nu\pi)\Gamma\left(\dfrac{\nu}{2}\right)\left(1+\dfrac{t^2}{\nu}\right)^{\frac{\nu+1}{2}}} \quad (-\infty < t < \infty) \tag{26}$$

式中 t 为随机变量,ν 为分布参数 ($\nu = N-1$,正整数),称为 t 分布的自由度。

随机变量 t 的期望值和方差为

$$\langle t \rangle = 0, \quad \sigma^2(t) = \frac{\nu}{\nu-2} \quad (\nu > 2) \tag{27}$$

图 3 中给出 t 分布曲线与标准正态分布曲线,t 分布的峰值低于标准正态分布的峰值,即 t 分布比正态分布较为分散,自由度愈小则分散愈明显,当 ν 很大以至 $\nu \to \infty$ 时,t 分布趋于标准正态分布。在应用 t 分布时,若以概率 ξ 表达实验结果,则必须按照 t 分布来确定对应 t_ξ 值。$t_{0.683}$ 必然比 1 大些。图 3 中阴影部分的面积等于 t 落在区间 $[-t_\xi, t_\xi]$ 内的概率 ξ,即

$$\xi = \int_{-t_\xi}^{t_\xi} p(t;\nu) dt \tag{28}$$

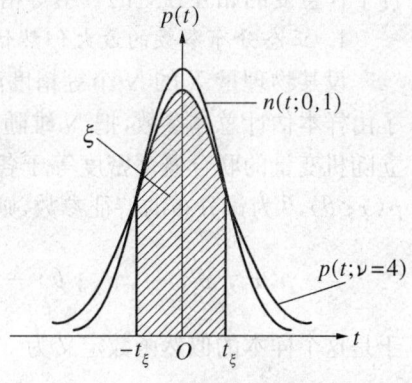

图 3 t 分布与标准分布的比较

当测量次数不多 ($N < 10$) 而要用 $S_{\bar{x}}$ 取代 $\sigma_{\bar{x}}$ 时,数据处理中采用 t 分布来计算不确定度。测量结果表示为

$$\mu = \bar{x} \pm t_\xi S_{\bar{x}} \tag{29}$$

式中 ξ 为置信水平,$t_\xi S_{\bar{x}}$ 为总不确定度。

(5) χ^2 分布及其应用。

设测量值 $x_1, x_2, \cdots, x_N$ 是满足正态分布 $n(x;\mu,\sigma^2)$ 的随机样本,定义统计量

$$\chi^2 = \sum_{i=1}^{N} \frac{(x_i - \bar{x})^2}{\sigma^2} \tag{30}$$

来分析样本的离散程度。这样定义的 χ^2 是随机变量,其分布遵从概率密度函数,即 χ^2 分布

$$p(\chi^2;\nu) = \frac{1}{\sqrt{2^\nu}\Gamma(\nu/2)}(\chi^2)^{\frac{\nu}{2}-1}\exp(-\chi^2/2) \tag{31}$$

式中 ν 为分布参数($\nu = N-1$,正整数),称为自由度。随机变量 χ^2 的期望值和方差分别为

$$\langle \chi^2 \rangle = \nu, \quad \sigma^2(\chi^2) = 2\nu \tag{32}$$

图 4 中阴影部分的面积等于随机变量 χ^2 落于区间 $[0, \chi_\xi^2]$ 内的概率 ξ,即

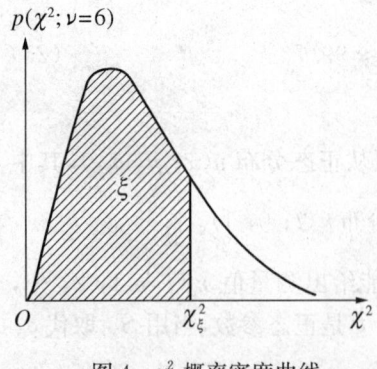

图 4 χ^2 概率密度曲线

$$\xi = \int_0^{\chi_\xi^2} p(\chi^2;\nu)\mathrm{d}\chi^2 \tag{33}$$

概率 ξ 不仅与 χ_ξ^2 有关,而且与自由度 ν 有关。对于不同 ξ 和 ν 所对应的 χ_ξ^2 可查表。一般的 χ^2 分布表只有 $\nu \leqslant 30$ 的数值,因为 χ^2 分布在自由度 $\nu \to \infty$ 的情况下趋于正态分布,对于 $\nu > 30$ 的数值,可利用正态分布表求得。

三、随机误差的统计分析

前面讨论了随机变量的总体分布,下面讨论随机误差的估计问题。在实际测量中,只能得到有限次测量值,即随机样本,我们研究随机误差是以随机样本为依据的,即采用随机样本估计总体分布的参数。在此假定系统误差已经修正,采用相同的方法和仪器在相同的条件下作重复的相互独立的一组等精度测量值,讨论等精度测量中随机误差的数字特征问题。

1. 正态分布参数的最大似然估计

设某物理量 X 的 N 个等精度测量值为 $x_1, x_2, \cdots, x_N$,把它看作 N 维的随机变量,为了由样本估计总体参数,把 N 维随机变量的联合概率密度定义为样本的似然函数。相互独立随机变量的联合概率密度等于各个随机变量概率密度的乘积。设 x 的概率密度函数为 $p(x;\theta)$,θ 为该分布的特征参数,则联合概率密度函数

$$p(x_1, x_2, \cdots, x_N;\theta) = p(x_1,\theta)p(x_2,\theta)\cdots p(x_N,\theta) = \prod_{i=1}^{N} p(x_i;\theta) \tag{34}$$

于是这个样本的似然函数定义为

$$L(x_1, x_2, \cdots, x_N;\theta) = \prod_{i=1}^{N} p(x_i;\theta) \tag{35}$$

最大似然法就是选择使实测数据有最大概率密度的参数值为 θ 的估计值。若估计值 $\hat{\theta}$ 使似然函数最大,即

$$L(x_1, x_2, \cdots, x_N;\theta)|_{\theta=\hat{\theta}} = L_{\max} \tag{36}$$

则 $\hat{\theta}$ 称为参数的最大似然估计。而要使似然函数最大,可通过 $L(x_1, x_2, \cdots, x_N;\theta)$ 对 θ 求

极值的方法而得到。为计算方便起见,求 $L(x_1, x_2, \cdots, x_N; \theta)$ 的对数的导数,即

$$\frac{\partial \ln L(x_1, x_2, \cdots, x_N; \theta)}{\partial \theta}\bigg|_{\theta=\hat{\theta}} = 0 \tag{37}$$

由于似然函数 $L(x_1, x_2, \cdots, x_N; \theta)$ 与它的对数 $\ln L(x_1, x_2, \cdots, x_N; \theta)$ 是同时达到最大值的,故通过求解式(37)便可得到 θ 的最大似然估计值。

利用最大似然法估计正态分布的特征参数。由正态分布的概率密度函数构建正态样本的似然函数

$$L(x_1, x_2, \cdots, x_N; \mu, \sigma^2) = \prod_{i=1}^{N} \frac{1}{\sigma\sqrt{2\pi}} \exp\left[-\frac{1}{2}\left(\frac{x_i - \mu}{\sigma}\right)^2\right]$$

$$= \left(\frac{1}{2\pi\sigma^2}\right)^{N/2} \exp\left[-\frac{1}{2\sigma^2} \sum_{i=1}^{N} (x_i - \mu)^2\right] \tag{38}$$

对正态样本的似然函数的对数 $\ln L(x_1, x_2, \cdots, x_N; \mu, \sigma^2)$ 求参数 μ 和 σ^2 的偏导数

$$\frac{\partial \ln L}{\partial \mu} = \frac{1}{\hat{\sigma}^2} \sum_{i=1}^{N} (x_i - \hat{\mu})^2 = 0 \tag{39}$$

$$\frac{\partial \ln L}{\partial \sigma^2} = -\frac{N}{2\hat{\sigma}^2} + \frac{1}{4\hat{\sigma}^4} \sum_{i=1}^{N} (x_i - \hat{\mu})^2 = 0 \tag{40}$$

将这两个方程联立求解得期望值和方差的最大似然估计值

$$\hat{\mu} = \frac{1}{N} \sum_{i=1}^{N} x_i = \bar{x} \tag{41}$$

$$\hat{\sigma}^2 = \frac{1}{N} \sum_{i=1}^{N} (x_i - \bar{x})^2 \tag{42}$$

标准误差估计值为

$$\hat{\sigma} = \sqrt{\frac{1}{N} \sum_{i=1}^{N} (x_i - \bar{x})^2} \tag{43}$$

最大似然估计值的结果表明:测量值的期望值由测量样本的算术平均值估计;方差由测量样本的平均偏差估计;标准误差由均方根偏差估计。若参数 θ 的估计量 $\hat{\theta}$ 的期待值满足

$$\langle \hat{\theta} \rangle = \theta \tag{44}$$

则 $\hat{\theta}$ 称为参数 θ 的无偏估计量,否则称为有偏估计量。下面将会证明,样本的均方偏差和均方根偏差都不是无偏估计量。

2. 样本平均值期望值、方差和标准偏差

若 $x_1, x_2, \cdots, x_N$ 是实验测量量 x 的随机样本,$\bar{x}$ 期望值和方差分别为

$$\langle \bar{x} \rangle = \left\langle \frac{1}{N} \sum_{i=1}^{N} x_i \right\rangle = \frac{1}{N} \sum_{i=1}^{N} \langle x_i \rangle = \langle x \rangle \tag{45}$$

$$\sigma^2(\bar{x}) = \sigma^2\left(\frac{1}{N} \sum_{i=1}^{N} x_i\right) = \frac{1}{N^2} \sigma^2\left(\sum_{i=1}^{N} x_i\right) = \frac{1}{N} \sigma^2(x) \tag{46}$$

从而求得样本平均值的标准误差为

$$\sigma(\bar{x}) = \frac{1}{\sqrt{N}}\sigma(x) \tag{47}$$

式(45)表明样本平均值的期望值就是随机变量的期望值,即 $\bar{x}$ 作为真值 μ 的估计值满足无偏估计量的条件;式(46)表明样本平均值的方差是单次测量的方差的 $\frac{1}{N}$;式(47)表明样本平均值的标准误差是单次测量值的标准误差的 $\frac{1}{\sqrt{N}}$。也就是说,若观测值在真值左右摆动,则 N 个观测值的平均值也在真值左右摆动,它们的期望值都是 μ,但 N 次测量平均值 $\bar{x}$ 比单次测得值更靠近真值,这就是通常采用样本平均值作为被测量真值的理由。

均方偏差的期望值为

$$\langle \hat{\sigma}^2(x) \rangle = \left\langle \frac{1}{N}\sum_{i=1}^{N}(x_i-\bar{x})^2 \right\rangle = \frac{N-1}{N}\sigma^2(x) \tag{48}$$

上式表明样本均方偏差的期望值不是 $\sigma^2(x)$ 的无偏估计量。若定义一个统计量

$$S_x^2 = \frac{1}{N-1}\sum_{i=1}^{N}(x_i-\bar{x})^2 \tag{49}$$

称之为样本方差,则它的期望值

$$\langle S_x^2 \rangle = \left\langle \frac{1}{N-1}\sum_{i=1}^{N}(x_i-\bar{x})^2 \right\rangle = \frac{1}{N-1}\left\langle \sum_{i=1}^{N}(x_i-\bar{x})^2 \right\rangle$$

$$= \frac{N}{N-1}\left\langle \frac{1}{N}\sum_{i=1}^{N}(x_i-\bar{x})^2 \right\rangle = \frac{N}{N-1}\cdot\frac{N-1}{N}\sigma^2(x) = \sigma^2(x) \tag{50}$$

式(50)表明定义的统计量样本方差的期望值 S_x^2 等于方差 $\sigma^2(x)$,所以一般采用 S_x^2 作为标准误差的无偏估计值。

S_x^2 的平方根正值称为样本的标准偏差

$$S_x = \sqrt{\frac{1}{N-1}\sum_{i=1}^{N}(x_i-\bar{x})^2} \tag{51}$$

式(51)称为贝塞尔公式,通常把样本的标准偏差作为标准误差的估计值。

四、不确定度

1. 粗大误差的判据和剔除

由于粗大误差是测量过程中出现某些差错或者环境条件突变等不可预料的因素造成的,在实验数据处理中首先对测量数据进行分析,剔除含有粗大误差的测量值。判别测量值中是否含有该剔除的异常值,在统计学中已经建立了多种准则。

(1) 拉伊达准则。

当重复测量次数较多时(例如几十次以上),拉伊达准则(即3倍标准差准则)是一种最为简便的方法。这种判别方法是先求出测量值 $x_1, x_2, \cdots, x_N$ 的平均值 $\bar{x}$ 和标准差 S_x,若

某可疑数据 x_d 的偏差 $|\bar{x}-x_d|>3S_x$ 时,则 x_d 应该被剔除。因为测量值的偏差落在 $\pm 3S_x$ 范围内的置信概率已达 99.7%。超出这个范围以外的概率小于 0.3%,该异常值剔除后,再对余下的测量值数据用同样的方法检验是否还存在异常值。

(2) 格拉布斯准则。

格拉布斯准则以其判别的可靠性大而著称,其检验方法求测量值 $x_1, x_2, \cdots, x_N$ 的平均值 $\bar{x}$ 和标准差 S_x;求绝对值最大的偏差 $|u_i|_{max}$;选定某一著性水平值 α($\alpha=1-\xi$,代表错判为异常的概率),通常选 $\alpha=0.05$ 或 0.01,由表1可查得格拉布斯准则的 $g(N, \alpha)$ 值;如果偏差 $|u_i|_{max}>g(N, \alpha)\cdot S_x$,则认为测量值 x_i 是含有粗大误差的数据而被剔除;舍弃某一含有粗差的数据后,用同样的方法检查余下的实验测量值是否还有应剔除的数据。

表1 格拉布斯准则 $g(N, \alpha)$ 数值表

N	$\alpha=0.01$	$\alpha=0.05$	N	$\alpha=0.01$	$\alpha=0.05$	N	$\alpha=0.01$	$\alpha=0.05$
3	1.15	1.15	12	2.25	2.29	21	2.91	2.58
4	1.49	1.46	13	2.61	2.33	22	2.94	2.60
5	1.75	1.67	14	2.66	2.37	23	2.96	2.62
6	1.91	1.82	15	2.70	2.41	24	2.99	2.64
7	2.10	1.94	16	2.74	2.44	25	3.01	2.66
8	2.22	2.03	17	2.78	2.47	30	3.10	2.74
9	2.32	2.11	18	2.82	2.50	35	3.18	2.81
10	2.41	2.18	19	2.85	2.53	40	3.24	2.87
11	2.48	2.24	20	2.88	2.56	50	3.34	2.96

2. 不确定度的传递

间接测量的物理量,是利用直接测量的结果代入所属的函数关系式计算出来的。设 y 为 t 个直接观察量 $x_1, x_2, \cdots, x_t$ 的函数,即

$$y=f(x_1, x_2, \cdots, x_t) \tag{52}$$

将函数在 $x_i(i=1, 2, \cdots, t)$ 的期望值 $\langle x_i \rangle$ 附近作泰勒展开,并略去二次以上的高阶项,

$$y=f(\langle x_1 \rangle, \langle x_2 \rangle, \cdots, \langle x_t \rangle)+\sum_{i=1}^{t}\frac{\partial f}{\partial x_i}\cdot(x_i-\langle x_i \rangle) \tag{53}$$

式中右边第一项为 y 的期望值 $\langle y \rangle$,式(53)移项后再平方,

$$(y-\langle y \rangle)^2=\left[\sum_{i=1}^{t}\frac{\partial f}{\partial x_i}\cdot(x_i-\langle x_i \rangle)\right]^2 \tag{54}$$

式(54)左边偏差平方的期望值是因偏差平方的期望值是 y 的方差,即 σ_y^2。对式(54)两边求期望值可导出

$$\sigma_y^2=\sum_{i=1}^{t}\left(\frac{\partial f}{\partial x_i}\right)^2\sigma_i^2+2\sum_{i=1}^{t-1}\sum_{j=i+1}^{t}\left(\frac{\partial f}{\partial x_i}\right)\left(\frac{\partial f}{\partial x_j}\right)\cdot\mathrm{cov}(x_i, x_j) \tag{55}$$

上式称为"广义误差传递公式"。在 $x_1, x_2, \cdots, x_t$ 相互独立的情况下,协方差项为零,误差

传递公式变为

$$\sigma_y^2 = \sum_{i=1}^{t} \left(\frac{\partial f}{\partial x_i}\right)^2 \sigma_i^2 \tag{56}$$

由于前面作泰勒展开时忽略了二次以上的高次项,故上述传递公式只对线性函数才严格成立,而对于非线性函数只是近似公式,适用于偏差$(x_i - \langle x_i \rangle)$较小的情况。

3. 不确定度的确定

(1) 合成标准不确定度。

对于间接测量y及其所依赖的直接测量量$x_i(i=1, 2, \cdots, x_t)$的函数,首先求出各个直接量的估计值及其标准不确定度。假设各直接量之间是完全相互独立的,利用式(56)的不确定度传递公式求得合成标准不确定度$u^2(y)$。

$$u^2(y) = \sum_{i=1}^{t} \left(\frac{\partial f}{\partial x_i}\right)^2 u^2(x_i) \tag{57}$$

(2) 展伸不确定度。

展伸不确定度U是合成标准不确定度$u(y)$和包含因子k的乘积,即

$$U = ku(y) \tag{58}$$

对于近似正态分布,包含因子k常取t分布的置信因子$t_\xi(\nu)$(ν为有效自由度,ξ为置信水平)。

五、数据处理——最小二乘法拟合

在实验测量中经常要测量两个有函数关系的物理量,根据两个量的许多组测量数据来确定它们的函数关系,这就是实验数据处理中的曲线拟合问题。这类问题通常有两种情况:一种是两个观测量之间的函数形式已知,但一些参数未知,通过数据拟合确定未知参数的最佳估计值;另一种是两个观测量之间的函数形式不知道,通过数据拟合找出它们之间的经验公式。后一种情况常假设两个观测量之间的关系是一个待定的多项式,多项式系数就是待定的未知参数,从而可采用类似于前一种情况的处理方法。

1. 最小二乘法原理

设x和y的函数关系由理论公式

$$y = f(x; c_1, c_2, \cdots, c_t) \tag{59}$$

给出,其中$c_1, c_2, \cdots, c_t$是t个通过实验确定的参数。对于每组观测数据(x_i, y_i)($i=1, 2, \cdots, N$),都应有对应于x-y平面上的一个点。若不考虑测量误差,数据点都准确落在理论曲线上,只要将t组测量值代入方程,可以得到方程组

$$y_i = f(x_i; c_1, c_2, \cdots, c_t) \quad (i=1, 2, \cdots, N) \tag{60}$$

求t个方程的联立解即得t个参数的数值。显然,当$N<t$时,参数不能确定。由于实验测量值总是存在误差,这些数据点不可能都准确落在理论曲线上。在$N>t$的情况下,式(60)成为矛盾方程组,不能直接用解方程的方法求得t个参数值,只能采用曲线拟合来求解。设测量值y_i围绕着期望值$f(x_i; c_1, c_2, \cdots, c_t)$摆动,其分布为正态分布,则$y_i$的概率密度为

$$p(y_i) = \frac{1}{\sqrt{2\pi}\sigma_i} \exp\left\{-\frac{[y_i - f(x_i; c_1, c_2, \cdots, c_t)]^2}{2\sigma_i^2}\right\} \tag{61}$$

式中 σ_i 是分布的标准误差。假设各次测量是互相独立的，测量值 $(y_1, y_2, \cdots, y_N)$ 的似然函数

$$L = \frac{1}{(\sqrt{2\pi})^N \sigma_1 \sigma_2 \cdots \sigma_N} \exp\left\{-\frac{1}{2}\sum_{i=1}^{N} \frac{[y_i - f(x_i; C)]^2}{\sigma_i^2}\right\}$$

取似然函数 L 最大来估计参数 C（C 代表 $c_1, c_2, \cdots, c_t$），应使

$$\sum_{i=1}^{N} \frac{1}{\sigma_i^2}[y_i - f(x_i; C)]^2 \Big|_{C=\hat{C}}$$

取最小值。最大似然法与最小二乘法是一致的。上式表明，用最小二乘法来估计参数时，要求各测量值的偏差的加权平方和为最小。应有

$$\frac{\partial}{\partial c_k} \sum_{i=1}^{N} \frac{1}{\sigma_i^2}[y_i - f(x_i; C)]^2 \Big|_{C=\hat{C}} = 0 \quad (k=1, 2, \cdots, t) \tag{62}$$

从而得到方程组

$$\sum_{i=1}^{N} \frac{1}{\sigma_i^2}[y_i - f(x_i; C)] \frac{\partial f(x_i; C)}{\partial c_k} \Big|_{C=\hat{C}} = 0 \quad (k=1, 2, \cdots, t) \tag{63}$$

解方程组即得 t 个参数的估计值，从而得到拟合的曲线方程。

最后还需要对数据拟合的结果给予合理的评价。若 y_i 服从正态分布，可引入拟合的 χ^2 量，

$$\chi^2 = \sum_{i=1}^{N} \frac{1}{\sigma_i^2}[y_i - f(x_i; C)]^2 \tag{64}$$

把参数估计值 $\hat{C} = (\hat{c}_1, \hat{c}_2, \cdots, \hat{c}_t)$ 代入式(64)得到最小的 χ^2，即

$$\chi^2_{\min} = \sum_{i=1}^{N} \frac{1}{\sigma_i^2}[y_i - f(x_i; \hat{C})]^2 \tag{65}$$

$\chi^2_{\min}$ 服从自由度 $\nu = N-t$ 的分布，由此可对拟合结果作 χ^2 检验。$\chi^2_{\min}$ 的期望值为 $N-t$，如果式(64)计算出的 $\chi^2_{\min}$ 接近 $N-t$，则拟合结果可接受；如果 $\sqrt{\chi^2_{\min}} - \sqrt{N-t} > 2$，则拟合结果与测量值存在较大的矛盾。

2. 直线最小二乘法拟合

直线拟合是曲线拟合中最基本和最常用的一种数据处理方法。设 x 和 y 之间的函数关系满足直线方程

$$y = a_0 + a_1 x \tag{66}$$

式中 a_0, a_1 为两个待定参数。对于等精度测量所得到的 N 组数据 (x_i, y_i) $(i=1, 2, \cdots, N)$，下面利用最小二乘法拟合数据求解两个待定参数。

在利用最小二乘法估计参数时，要求测量值 y_i 的偏差的加权平方和为最小。对于等精度测量值的直线拟合，要求

$$\sum_{i=1}^{N}[y_i-(a_0+a_1x_i)]^2\Big|_{a=\hat{a}}$$

最小,于是有

$$\frac{\partial}{\partial a_0}\sum_{i=1}^{N}[y_i-(a_0+a_1x_i)]^2\Big|_{a=\hat{a}}=-2\sum_{i=1}^{N}(y_i-\hat{a}_0-\hat{a}_1x_i)=0$$

$$\frac{\partial}{\partial a_1}\sum_{i=1}^{N}[y_i-(a_0+a_1x_i)]^2\Big|_{a=\hat{a}}=-2\sum_{i=1}^{N}x_i(y_i-\hat{a}_0-\hat{a}_1x_i)=0$$

解方程组便可求得直线最小二乘法拟合参数 a_0, a_1 的最佳估计值 $\hat{a}_0$, $\hat{a}_1$, 即

$$\hat{a}_0=\frac{\left(\sum_{i=1}^{N}x_i^2\right)\left(\sum_{i=1}^{N}y_i\right)-\left(\sum_{i=1}^{N}x_i\right)\left(\sum_{i=1}^{N}x_iy_i\right)}{N\left(\sum_{i=1}^{N}x_i^2\right)-\left(\sum_{i=1}^{N}x_i\right)^2} \tag{67}$$

$$\hat{a}_1=\frac{N\left(\sum_{i=1}^{N}x_iy_i\right)-\left(\sum_{i=1}^{N}x_i\right)\left(\sum_{i=1}^{N}y_i\right)}{N\left(\sum_{i=1}^{N}x_i^2\right)-\left(\sum_{i=1}^{N}x_i\right)^2} \tag{68}$$

最后还需要对数据拟合的结果给予合理的评价,测量值 y_i 的标准差 S,直线拟合中 χ^2 量为最小

$$\chi^2_{\min}=\frac{1}{S^2}\sum_{i=1}^{N}[y_i-(\hat{a}_0+\hat{a}_1x_i)]^2 \tag{69}$$

已知测量值服从正态分布,$\chi^2_{\min}$ 服从自由度 $\nu=N-2$ 的 χ^2 分布,其期望值为 $N-2$,由此可得测量值 y_i 的标准偏差

$$S=\sqrt{\frac{1}{N-2}\sum_{i=1}^{N}[y_i-(\hat{a}_0+\hat{a}_1x_i)]^2} \tag{70}$$

直线拟合的两个参数估计值 $\hat{a}_0$ 和 $\hat{a}_1$ 是 x_i 和 y_i 的函数,因为假定 x_i 是精确的,所有测量误差只与 y_i 有关,故可以利用不确定度传递公式计算两个估计参数的标准偏差,即

$$S_{a_0}=\sqrt{\sum_{i=1}^{N}\left(\frac{\partial\hat{a}_0}{\partial y_i}S\right)^2}, \quad S_{a_1}=\sqrt{\sum_{i=1}^{N}\left(\frac{\partial\hat{a}_1}{\partial y_i}S\right)^2}$$

将直线拟合结果代入上式得到两个估计参数的标准偏差

$$S_{a_0}=S\sqrt{\frac{\sum x_i^2}{N(\sum x_i^2)-(\sum x_i)^2}}$$

$$S_{a_1}=S\sqrt{\frac{N}{N(\sum x_i^2)-(\sum x_i)^2}}$$

测量数据作直线拟合时,还不大了解 x 和 y 之间的线性关系的密切程度,用相关系数来判断:

$$r = \frac{\sum_i (x_i - \bar{x})(y_i - \bar{y})}{\sqrt{\sum_i (x_i - \bar{x})^2 \cdot \sum_i (y_i - \bar{y})^2}}$$

r 值范围：

$$-1 \leqslant r \leqslant +1$$

当 $r > 0$，直线斜率为正 → 正关联；

当 $r < 0$，直线斜率为负 → 负关联；

当 $|r| = 1$，全部数据点都落在拟合直线上；

若 $r = 0$，则 x 与 y 之间完全不相关。

3. 多项式拟合

如果变量之间的函数关系未知，则需要根据测量数据找出经验公式，采用多项式拟合是一种有效的方法。

在一般情况下，可用一个 t 阶的多项式

$$y = a_0 + a_1 x + a_2 x^2 + \cdots + a_t x^t \tag{71}$$

来拟合任意的经验曲线，不同阶的多项式代表着不同类型的曲线。利用最小二乘法原理，求多项式(71)中参数 a（a 代表 $a_0, a_1, a_2, \cdots, a_t$）的最佳估计值 $\hat{a}$（$\hat{a}$ 代表 $\hat{a}_0, \hat{a}_1, \hat{a}_2, \cdots, \hat{a}_t$），$\hat{a}$ 要满足拟合 χ^2 量为最小，即

$$\chi^2_{\min} = \frac{1}{\sigma^2} \sum_{i=1}^{N} [y_i - (\hat{a}_0 + \hat{a}_1 x_i + \hat{a}_2 x_i + \cdots + \hat{a}_t x_i)]^2 \tag{72}$$

为了求 χ^2 量的极小值，分别对 $(t+1)$ 个待定参数 a 分别求一阶偏微商，并令其等于零，即得到 $(t+1)$ 个线性方程组成的方程组

$$\begin{cases} a_0 + a_1 \sum x_i + \cdots + a_m \sum x_i^m = \sum y_i \\ a_0 \sum x_i + a_1 \sum x_i^2 + \cdots + a_m \sum x_i^{m+1} = \sum x_i y_i \\ a_0 \sum x_i^2 + a_1 \sum x_i^3 + \cdots + a_m \sum x_i^{m+2} = \sum x_i^2 y_i \\ \vdots \\ a_0 \sum x_i^m + a_1 \sum x_i^{m+1} + \cdots + a_m \sum x_i^{2m} = \sum x_i^m y_i \end{cases} \tag{73}$$

求方程组的联立解，即得 t 阶多项式的 $(t+1)$ 个系数的最佳估计值 $\hat{a}_0, \hat{a}_1, \hat{a}_2, \cdots, \hat{a}_t$。拟合结果的标准差为

$$S = \sqrt{\frac{1}{N-t-1} \sum_{i=1}^{N} [y_i - (\hat{a}_0 + \hat{a}_1 x_i + \hat{a}_2 x_i^2 + \cdots + \hat{a}_t x_i^t)]^2} \tag{74}$$

根据不确定度传递公式可求得最佳估计参数的标准差为

$$S_{a_0} = \sqrt{\sum_{i=1}^{N} \left(\frac{\partial \hat{a}_0}{\partial y_i} S\right)^2}, \quad S_{a_1} = \sqrt{\sum_{i=1}^{N} \left(\frac{\partial \hat{a}_1}{\partial y_i} S\right)^2},$$

$$\cdots,\quad S_{a_t}=\sqrt{\sum_{i=1}^{N}\left(\frac{\partial \hat{a}_t}{\partial y_i}S\right)^2} \tag{75}$$

【参考文献】

[1]　林木欣. 近代物理实验教程. 北京：科学出版社，2001.
[2]　邬鸿彦，朱明刚. 近代物理实验. 北京：科学出版社，1997.
[3]　吴思诚，王祖铨. 近代物理实验. 北京：北京大学出版社，1986.
[4]　戴道宣，戴乐山. 近代物理实验. 第2版. 北京：高等教育出版社，2006.

单元二 基于 Newport 光学组合仪的光学和光纤光学实验

光纤基本知识与光学组合仪简介

一、光纤基本知识

1. 光纤的构造与制备

通常认为,光纤是一根细玻璃丝、一根二氧化硅制成的圆柱体玻璃纤维或一段光频段的波导结构,它的材料组成可能是:纤芯 → $GeO_2\text{-}SiO_2$、包层 → SiO_2,或者是:纤芯 → SiO_2、包层 → $B_2O_3\text{-}SiO_2$。$GeO_2\text{-}SiO_2$ 的意思是在二氧化硅中掺锗,实际上就是使光纤纤芯的折射率大于光纤包层的折射率令光在纤芯与包层的界面上发生全反射而能够长距离传输。光纤的结构如图 1 所示。

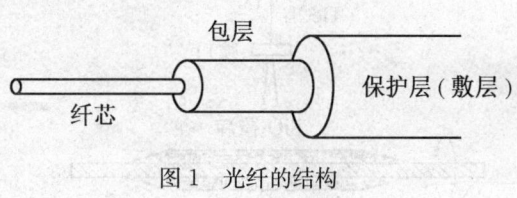

图 1 光纤的结构

均匀介质的折射率沿空间各个方向保持常数,光在各个方向的行进轨迹是直线,而当折射率在某处突变或渐变时光线才从它的当初方向发生弯折或弯曲。图 2 显示的是裸光纤剖面(纤芯与包层的横断面)上的折射率沿径向呈不同柱对称分布时光在纤芯中走的行迹。

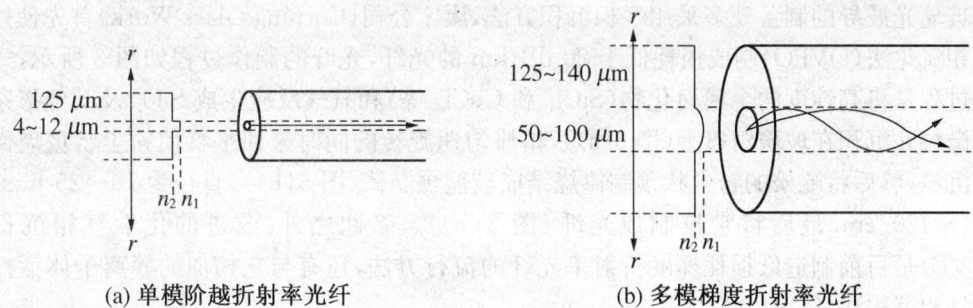

(a) 单模阶越折射率光纤　　　　(b) 多模梯度折射率光纤

图 2 裸光纤剖面

从图 2 可知,单模阶越折射率光纤的纤芯半径在微米量级,光线基本上沿着中心轴线传播,它的径向折射率分布为

$$n(r) = \begin{cases} n_1 & r \leqslant a \\ n_2 = n_1(1-\Delta) & r > a \end{cases} \tag{1}$$

其中 $\Delta = \dfrac{n_1^2 - n_2^2}{2n_1^2}$ 是纤芯与包层之间的相对折射率差，对于所谓弱导光纤，$\Delta \ll 1$，$n_2 \approx n_1$。多模梯度折射率光纤的芯半径为几十微米，光线在纤芯中的传输路径一般是曲线，它的折射率分布为

$$n(r) = \begin{cases} n_1(r) & r \leqslant a \\ n_2 = n_1(r=a) & r > a \end{cases} \tag{2}$$

纤芯中的 $n(r)$ 常取抛物线型，即

$$n(r) = \begin{cases} n_1\sqrt{1 - 2\Delta\left(\dfrac{r}{a}\right)^2} & 0 \leqslant r < a \\ n_2 = n_1\sqrt{(1-2\Delta)} & r > a \end{cases} \tag{3}$$

其中 n_1 是纤芯轴线上的折射率。不同取向的光线大致代表光纤中的不同模式，可以预见，对于多模阶跃折射率光纤来说，光线走的是折线。

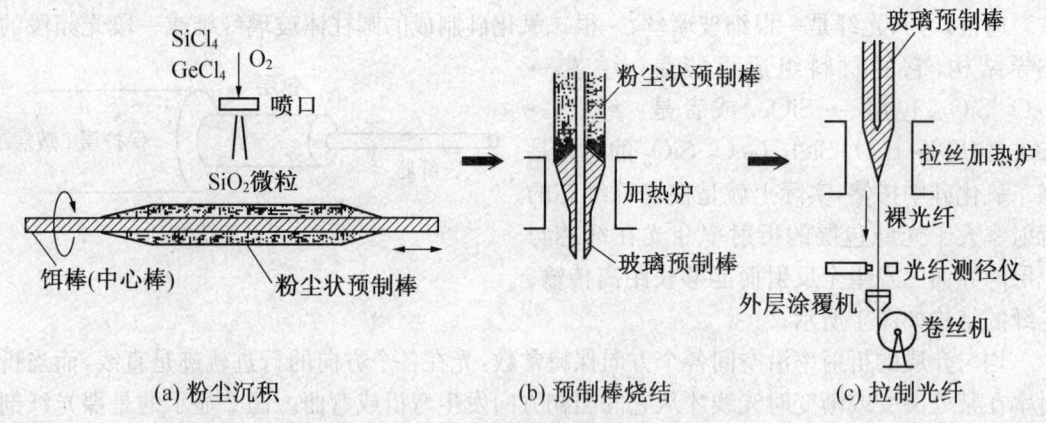

图 3　使用 OVPO 方法制备预制棒及拉纤过程

玻璃光波导的制备现多采用气相沉积方法，康宁公司（Corning Glass Work）首先使用外部气相氧化法（OVPO）制成损耗低于 20 dB/km 的光纤，光纤的制作过程如图 3 所示，气相氧化过程是将高纯度的金属卤化物（$SiCl_4$ 和 $GeCl_4$ 等）和氧气反应生成 SiO_2 及其他掺杂组分的微粒并沉积在玻璃饵棒上（图 3(a)），饵棒匀速旋转的同时来回平移使粉尘状玻璃微粒均匀沉积，然后将疏松的粉尘状预制棒烧结成玻璃预制棒（图 3(b)），直径为 10～25 mm，长为 60～120 cm，最后将它拉制成光纤（图 3(c)）。除此之外，改进的化学气相沉积法（MCVD）是目前制造低损耗梯度折射率光纤的流行方法，还有与它相似的等离子体活性化化学气相沉积法（PCVD）等。

2. 光纤模式的电磁场理论

一般有两种方法用于讨论光在光纤中的传播，建立并解光线路径方程或电磁场方程。实际上前者是后者的短波长极限，由于单模光纤的工作波长已经和其尺寸相比拟，几何光学的处理方式已不合适，而将光在光纤中的传播看作一个电磁场边值问题则能得到一个、几个或一系列严格解，并且此方法对单模和多模光纤都适用。光纤模式就是光纤波导中可能的一个电磁场形式，它必是一个满足电磁场方程及其边界条件的解或场形结构。光传播模式

的主体是导波模(亦称传导模或导模)一般可分为以下两种。

(1) TE模($E_z=0$)和TM模($H_z=0$)，对应光线理论中子午光线(包含中心轴的平面内的折线)的行为，在发生反射时，TE波的电场偏振方向不变，TM波的磁场偏振方向不变。

(2) EH模和HE模，对应光线理论中偏斜光线(其他方向的空间折线)的行为，每次反射都将产生轴向分量。

阶跃折射率光纤的一些较低阶的模式，对应的线偏模(弱导近似)及其归一化截止频率列表如表1所示。

表1 阶跃折射率光纤较低阶的模式及对应的线偏模

模式组(矢量解)	V_c	模式数	线偏模
HE_{11}	0	$2\times1=2$	LP_{01}
TE_{01}, TM_{01}, HE_{21}	2.405	$1+1+2\times1=4$	LP_{11}
(EH_{11}, HE_{31}), HE_{12}	3.832	$2\times1+2\times1+2\times1=6$	LP_{21}, LP_{02}
EH_{21}, HE_{41}	5.136	$2\times1+2\times1=4$	LP_{31}
TE_{02}, TM_{02}, HE_{22}	5.520	$1+1+2\times1=4$	LP_{12}
EH_{31}, HE_{51}	6.380	$2\times1+2\times1=4$	LP_{41}
(EH_{12}, HE_{32}), HE_{13}	7.016	$2\times1+2\times1+2\times1=6$	LP_{22}, LP_{03}
EH_{41}, HE_{61}	7.588	$2\times1+2\times1=4$	LP_{51}

模式组显示的是从光纤电磁场方程得出的精确矢量解，每组模式中的每个模式具有相同的归一化截止频率，光纤的归一化频率V定义为

$$V = k_0 a\sqrt{n_1^2 - n_2^2} = k_0 n_1 a\sqrt{2\Delta} = k_0 a NA \tag{4}$$

$$NA = n_1\sqrt{2\Delta} \tag{5}$$

它是一个将工作波长、光纤参数和波导属性联系起来的物理量，NA是光纤的数值孔径。如果已知V，可以由光纤特征方程(相当于边界条件)求出导波模的两个横向特征常数U,W(决定电磁场的径向相位)，再由下面的方程确定光纤导波模的纵向特征参数β(决定纵向相位)：

$$\beta = \sqrt{k_0^2 n_1^2 - \frac{U^2}{a^2}} \tag{6}$$

由此可得电磁场传播的相速度

$$v_p = \frac{\omega}{\beta} = \frac{Vc}{\beta a n_1\sqrt{2\Delta}} \tag{7}$$

和群速

$$v_g = \frac{d\omega}{d\beta} = \frac{c}{a n_1\sqrt{2\Delta}}\frac{dV}{d\beta} \tag{8}$$

从这个式子出发可以讨论光纤的波长色散。

3. 单模光纤及其 LP_{01} 模式

当归一化频率 $0<V<2.405$ 时,光纤仅以主模 HE_{11} 运转,其他光波模式均截止(不能传输)。例如 Newport 公司生产的型号为 F-SV 的单模光纤,数值孔径 0.11,纤芯半径 $2\,\mu m$,工作波长 633 nm,V 数为

$$V = \frac{2\pi}{\lambda} \cdot a \cdot NA = \frac{2\pi}{0.633} \times 2 \times 0.11 = 2.184$$

截止波长

$$\lambda_c = \frac{V\lambda}{2.405} = 574\ \text{nm}$$

厂方实测为 580 nm。工作波长是否越大于截止波长就越好呢? 不是的。当波长增加时,V 数减小,这时由于场形的变化将会有更多的光功率从纤芯转移到包层而导致传输损耗增加。在弱导条件下,阶跃单模光纤 LP_{01} 模式解的形式可以写成

$$E_1 = \frac{A}{J_0(U)} J_0\left(\frac{U}{a}r\right) \quad r \leqslant a \tag{9}$$

$$E_2 = \frac{A}{K_0(W)} K_0\left(\frac{W}{a}r\right) \quad r > a \tag{10}$$

其中 $J_0(\cdot)$ 是第一类贝塞尔函数,$K_0(\cdot)$ 是第二类变态贝塞尔函数,都是零阶,场形与高斯分布非常接近。LP_{01} 模可以分解为两个本征线偏振模式 LP_{01}^x 和 LP_{01}^y,两者传播的时延差为

$$\Delta\tau = \frac{1}{v_g^x} - \frac{1}{v_g^y} = \frac{d\beta_x}{d\omega} - \frac{d\beta_y}{d\omega} = \frac{d\beta}{d\omega} = \frac{d}{d\omega}(k_0 B) \approx \frac{B}{c} = \frac{\lambda}{cL_p} \text{(对石英光纤)} \tag{11}$$

其中

$$B = \frac{c}{v_p^x} - \frac{c}{v_p^y} = n_x - n_y \tag{12}$$

为单模光纤的双折射,L_p 为拍长,即偏振状态经历一个周期变化的光纤长度。$\Delta\tau$ 的含义是单位距离产生的时差,也就是单位距离的脉冲展宽,它称为偏振模色散(PMD)。

4. 光纤通信

一个采用波分复用(WDM)和掺铒光纤放大器(EDFA)的数字通信系统如图 4 所示。数字编码信号可以是数字调制信号(比如 MSK,最小频移键控)或模拟信号脉码调制(如 PCM)等,WDM 技术和微波通信系统所用的电载波 FDM 技术(频分复用)在概念上类似,其目的都是为了增加信道容量,WDM 的技术优势在于波长分割与信号格式的无关联性(本质上是光频载波 FDM),因此一根光纤上的集群信号实际上是各自独立传输的。波长复用器的作用是将各个独立的数字光调制输出(来自光发射机)复合并耦合进一根光纤,在接收端,波长解复用器将不同波长的光信号分离并送入各自的检测通道。实际的 WDM 无源器件一般是星型耦合器或波长选择耦合器(波长复用器),包含熔融光纤、制作光栅等一系列微光和集成光学技术,可完成复用、解复用、分插复用和波长路由等功能。

数字编码信号
光发射机
数字编码信号
光发射机
数字编码信号
光发射机
λ_1
λ_2
λ_N
波长复用器
EDFA
EDFA
波长解复用器
光接收机
光接收机
光接收机

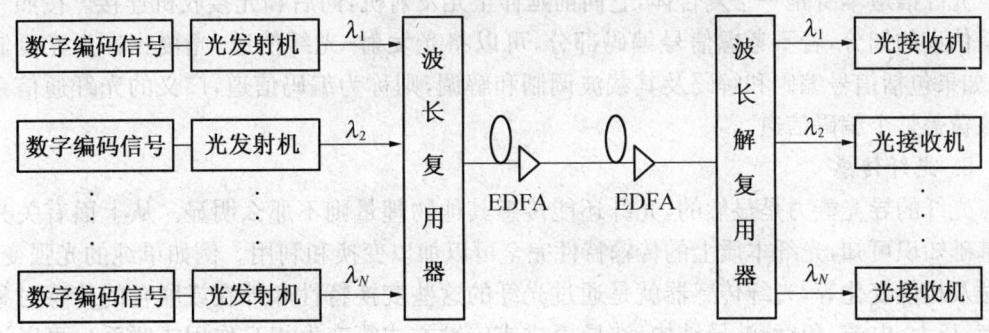

图 4　WDM-EDFA 光纤通信系统

掺铒光纤放大器是一种全光放大器(取代过去的光-电-光中继器),它在 1 550 nm 波长处几十纳米内可获得 3 dB 的增益,EDFA 由掺铒光纤、泵浦激光器(980 或 1 480 nm)、无源波长复用器、光隔离器及抽头耦合器组成,如图 5 所示。光隔离器的作用是防止放大光的反馈对元器件的影响(比如发射激光器,它使信噪比及带宽下降)。

掺铒光纤
信号光
波长复用器
光隔离器
光隔离器
抽头耦合器
泵浦光
泵浦激光器

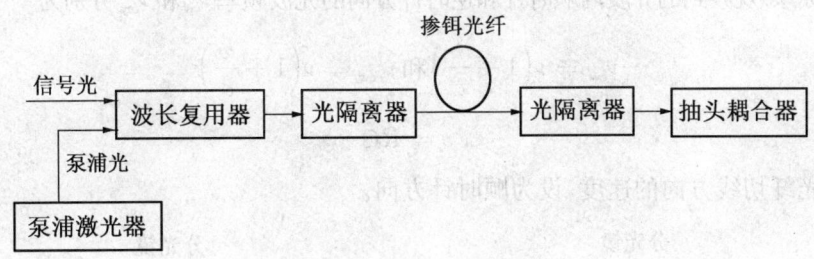

图 5　同向泵浦掺铒光纤放大器结构

光纤通信是一项系统工程,涉及光学、微电子学、信号与系统、机械、计算机与自动控制、材料以及它们之间的交叉、集成和综合,此外还有光网设计、标准化、成本核算等软层面上的工作,比如设计一个单信道光纤通信系统,将系统粗略地划分为发射-信道-接收三部分,需要考虑的诸多因素如图 6 所示。

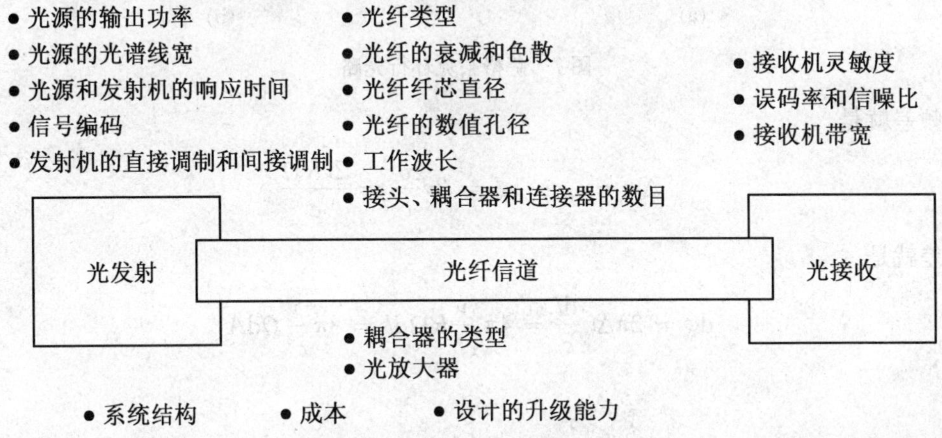

• 光源的输出功率
• 光源的光谱线宽
• 光源和发射机的响应时间
• 信号编码
• 发射机的直接调制和间接调制
• 光纤类型
• 光纤的衰减和色散
• 光纤纤芯直径
• 光纤的数值孔径
• 工作波长
• 接头、耦合器和连接器的数目
• 接收机灵敏度
• 误码率和信噪比
• 接收机带宽
光发射
光纤信道
光接收
• 耦合器的类型
• 光放大器
• 系统结构
• 成本
• 设计的升级能力

图 6　单信道光纤通信系统设计

光纤信道本身是一个复合体,它向前延伸至光发射机,向后和光接收机连接。按照一般通信信道的划分,若不考虑信号编码部分,可以将光发射-光纤信道-光接收称为光调制信道,如果包括信号编码和解码及其载波调制和解调,则称为编码信道,广义的光纤通信系统应该覆盖整个编码信道。

5. 光纤传感

光纤的导光能力是显然的,光纤还能传感其他物理量则不那么明显。从上面有关光纤的基础知识可知,光纤本质上的传输特性完全可以加以变换和利用。例如单纯的光强变化、偏振及相位变化等,光纤传感器就是通过光纤的这些变换特性和外在或联合的传感对象如温度、压力、电流、角度、波导结构、波导模式或传输方式等产生相互作用或联系。可以说光纤传感器能够延拓至一切传感器领域,并向着更高级和特有的方向发展,比如光纤陀螺和所谓光纤智能结构,这里将光纤陀螺作为例子讨论光纤传感器的潜在价值。

光纤陀螺是一种新颖的角速率传感器,1976 年由 Vali 和 Shorthill 首次报道,发展至今已逐步应用于飞机、导弹和舰船的导航系统中,是当前最有发展潜力的惯性制导器件,也是最成功的光纤传感器之一。它基于所谓萨格奈克(Sagnac)效应,如图 7 所示,由光波的多普勒效应可知,在 dl 上(实验室坐标系)观察到的介质内顺时针和逆时针方向的光波频率 ν_{cw} 和 ν_{ccw} 分别为

$$\nu_{cw} = \nu\left(1 - \frac{v}{c}\right) \text{和} \nu_{ccw} = \nu\left(1 + \frac{v}{c}\right) \tag{13}$$

$$v = R\Omega \tag{14}$$

式中,v 为光纤切线方向的速度,设为顺时针方向。

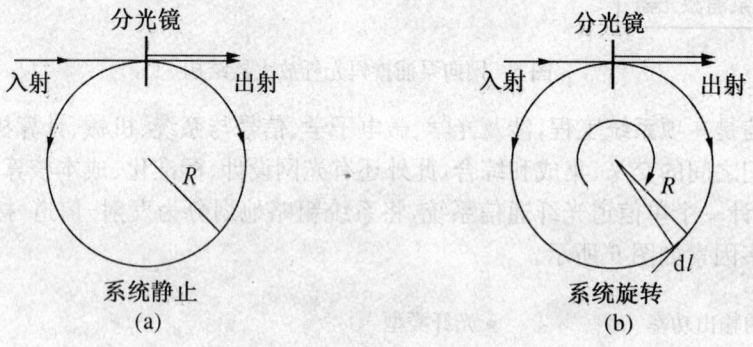

图 7　萨格奈克环行光路

那么频差就是

$$\Delta\nu = \nu_{ccw} - \nu_{cw} = 2\nu\frac{v}{c} = \frac{2\nu R\Omega}{c} \tag{15}$$

相位差就是

$$d\varphi = 2\pi\Delta\nu\frac{dl}{c} = 4\pi\frac{\nu}{c^2}R\Omega dl = 8\pi\frac{\nu}{c^2}\Omega dA \tag{16}$$

其中

$$dA = \frac{1}{2}Rdl \tag{17}$$

是小三角形面积,绕行一周总的相位差为

$$\Delta\varphi = \int_L \mathrm{d}\varphi = 8\pi\frac{\nu}{c^2}\Omega\int_L \mathrm{d}A = 8\pi\frac{\nu}{c^2}\Omega A = 8\frac{(\pi R)^2}{c\lambda_c}\Omega \tag{18}$$

若光纤为 N 匝

$$\Delta\varphi = 4\pi R \cdot \frac{2\pi RN}{c\lambda_c}\Omega = \frac{4\pi RL}{c\lambda_c}\Omega \tag{19}$$

L 为光纤总长。图 8 是一种干涉式光纤陀螺的实验装置,光在进入光纤绕组之前用 3 dB 光纤耦合器对光进行均衡的分束,设在入射点返回的两束相干光分别为

$$A\cos\omega t \text{ 和 } A\cos(\omega t + \theta) \tag{20}$$

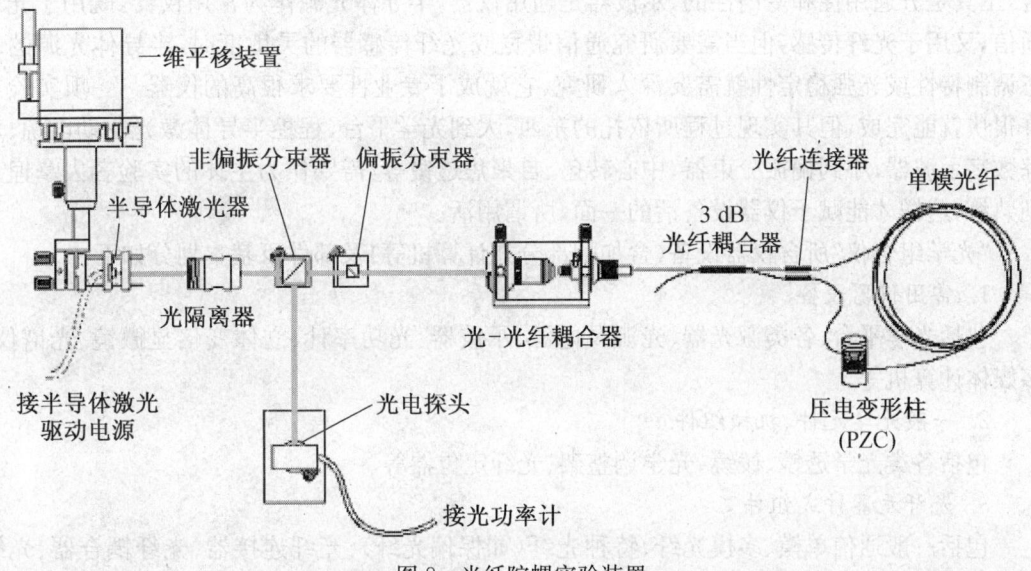

图 8 光纤陀螺实验装置

其中 ω 为光波的角频率,θ 为两束光波的相位差,A 为光波的振幅。当它们发生干涉时,光强可表示为

$$I = [A\sin\omega t + A\sin(\omega t + \theta)]^2 \tag{21}$$

若利用响应时间常数为 τ 的探测器检测光强,则探测器上得到的光强为

$$I_\mathrm{d} = \frac{1}{\tau}\int_t^{t+\tau} I(t)\mathrm{d}t \tag{22}$$

一般有 $\tau \gg \frac{1}{\omega}$,并且认为 θ 在 τ 内几乎不变,则有

$$I_\mathrm{d} = 4A^2\cos^2\frac{\theta}{2}\int_t^{t+\tau}\cos^2\left(\omega t + \frac{\theta}{2}\right)\mathrm{d}t = A^2\tau(1+\cos\theta)$$

$$= I(1+\cos\theta) \tag{23}$$

若 θ 仅由 Sagnac 相移引起,则有

$$I_d = I(1 + \cos\Delta\varphi) \tag{24}$$

实际测量时,为了提高测量灵敏度,用 PZC 对光强进行相位调制,另外还需考虑偏振互易性等问题。

二、光学组合仪简介

为了提高实验教学水平,我校从美国 NEWPORT 公司全套引进教学用光学组合仪(Education Kits),其中专为光纤光学和光纤通信设计的基础实验 20 项,内容涉及光纤的基本操作及基本特性、一般光纤无源与有源器件、各类光纤、3 dB 光纤耦合器、光纤通信链路、光纤波分复用(WDM)、一般光纤传感器和光纤陀螺等。

该组合仪的特点是将所有光学、机械、电子仪器或设备在实验时实行工具化的现场组合,工具是分通用性和专门性的,示波器是通用仪器,半导体光源作为常用仪器,既用于光纤通信,又用于光纤传感,但当需要研究通信带宽或光纤传感器的灵敏度时,半导体光源的动态调制特性或光强稳定性就需要深入研究,它就成了专业性要求很高的仪器。一项实验或许很快就能完成,但其实现过程所依托的东西,大到光学平台、程控半导体激光驱动电源、双踪数字示波器,小到偏振分束器、中心转条、自聚焦透镜等,需要作为主体的实验者去拿捏直到熟练,这样才能赋予仪器设备活的一面,所谓用活。

"光学组合仪"所含仪器设备(含加配部分如计算机等)及部件可基本划分如下:

1. 常用仪器设备

包括光学平台、各类激光器、光源及电源、示波器、光功率计、立体变倍显微镜、光谱仪、多媒体计算机等。

2. 一般光学元件、机械组件

包括各类光学透镜、棱镜、光学调整架、光纤定位器等。

3. 光纤元器件或组件

包括一般通信单模、多模光纤、特种光纤(如保偏光纤)、光纤连接器、光纤耦合器、光纤传感器等。

4. 辅助仪器、工具

包括光纤切割刀、红外传感探测器或镜头、专用化学去敷层试剂、激光防护眼镜等。

基于 Newport 光学组合仪的光学实验的主线条如图 9 所示。

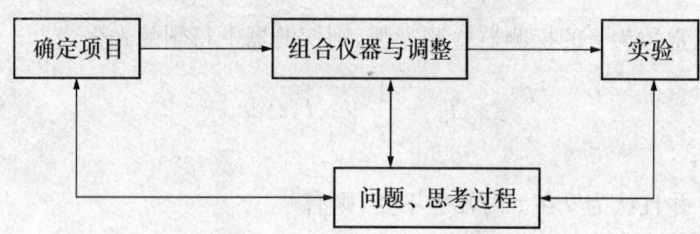

图 9　光学组合仪实验思路

问题集所涉及的范畴可能是:实验项目的内容及要求;仪器的组成、存放点与操作方法(光学调整架还涉及到如何装配);仪器结合相关实验内容的使用方法;光学仪器布局、协调性以及注意事项;光学、机械、电子、电工学原理及参考资料等。

近代物理实验室面向本科学生开设的光学及光纤实验如下：

（1）光纤的操作和光纤数值孔径测量（Handling fibers, the measurement of numerical aperture）；

（2）半导体激光器特性测量（Semiconductor laser diode characterizations）；

（3）位移传感器[光纤位移传感器（Optic-fiber displacement sensor）和干涉式位移传感器（Optic-interferometric displacement sensor）]。

【附录】 一些光学机械、光纤和光电子仪器的使用方法

一、光学平台（包括内六角螺刀、内六角螺丝）

光学平台是进行高水平光学实验的基本条件，高级光学平台的制作和使用都有严格的要求，在教学及一般应用中，将小型标准光学平台置于稳定桌面上也能满足一定的精度要求，稳定性可达亚微米量级，光学平台上分布着很多 6 mm 螺孔，要用相应大小的螺丝和螺刀将各种光学器械（主要为各种支架、架杆或衬板等）安装在光学平台上，Newport 公司提供了整套内六角螺刀和内六角螺丝，可选用其中的 6 mm 规格处理所有直接固定在光学平台上的光学器械的安装问题，因为有些光学器械是组合型的，可能需要一个接一个连起来，这些器械上螺孔大小不一，因此会用到不同规格的内六角螺刀和内六角螺丝，这是一项训练动手能力的活儿。光功率计和其他一些电子仪器也可以放置在光学平台上，但要注意其对稳定性的影响，不要加入额外的震动，放置光学平台的房间应保持适当的干燥度，以免安放在平台上的光学仪器，尤其是光学透镜、棱镜、光栅等受潮损坏，另外温度对平台的机械形变影响较大，在进行与光干涉有关的实验时要特别注意。

有关平台螺孔的使用方法见二。

二、633 nm 氦氖激光器（美国 JDSU 产品）

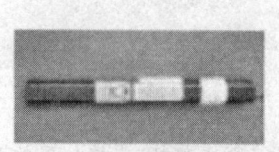  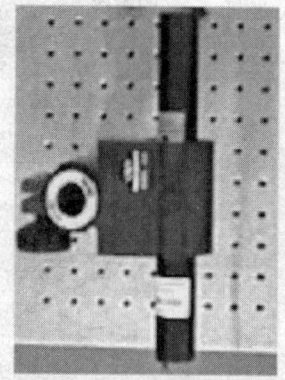

激光器　　　　　　激光器电源　　　　　　激光器装置

图 10　激光器、激光器电源、激光器装置实物图

1. 规格品质

激光器型号：1101，1101P。前一种为非偏振的，后一种为偏振激光。

最大输出功率（TEM_{00}，633 nm）：1.5 mW。

光束直径（束腰，TEM_{00}，$1/e^2$ 处，±3%）：0.63 mm。

发散角（TEM_{00}，±3%）：1.3 mrad。

最小削光比：500∶1。

纵模间隔：730 MHz。

最大噪声（r/s，30 Hz～10 MHz）：0.1%。

8小时以上相对平均功率的最大漂移：2.5%。

最大模拖贡献：3%。

最大预热时间(到达95%功率)：10 min。

期望点燃寿命：>15 000 h。

所使用的电源型号：1201-2。

2. 警告事项

(1) 切勿直视激光器出光口；

(2) 勿将眼睛或皮肤置于强激光的照射下；

(3) 严格遵照操作规程使用激光器；

(4) 确定所有的反射镜及光学装置处在合适的位置，避免激光从这些装置上散射和失去控制；

(5) 避免个人用品，如戒指、钢笔等对激光进行反射或散射；

(6) 如果要调整一组光学装置，可先使激光衰减变小以减小杂散光；

(7) 用一块不透明物品终止激光的非用途传播；

(8) 使用良好接地的插座；

(9) 在移走某个光学装置前先关闭电源，这是起码要求，拔掉连接线将更为安全；

(10) 勿自行修理激光器和电源，请使用配套的电源。

3. 操作规程和使用方法

(1) 操作规程。

在选定激光器支架杆位于光学平台上的螺孔位置后，按图11说明固定住此杆。

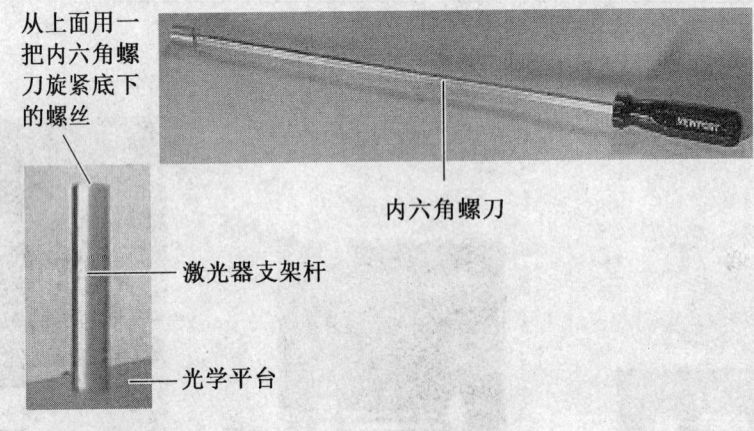

图11　激光器支架杆安装图示

图12　固定激光器底座的夹具

用夹具来夹持激光器支架杆，夹持位置的高低取决于激光出射后的前端光路的高低，它可以绕激光器支架杆水平旋转，因此它决定了激光的出射方向。

激光器底座用来夹持激光器(激光管)，这种型号的夹具是不能调整激光器的倾斜度的，紧固螺丝的松紧程度对以后出射光束的空间方位有一定影响。以保持自然的夹持状态为宜(平稳放入凹槽后夹紧)。

(2) 使用方法。

激光管的高压输入插头和激光电源上的插座是

所谓 Alden 型的长短连接器,有唯一的插入方向,使用前务必确认输入电压是否为 220 V,钥匙开关是否处于 O(关闭)状态。型号 1201-2 后面的 2 指 220 V 输入,该型号激光电源可用于 1101P 和 1101 激光管,都由美国 JDS-U 公司生产。开启电源钥匙前应先检查激光管前端面上的出射窗是否已经打开,可以用一把平头螺刀插入凹槽并向逆时针方向旋转即可打开出射窗。在一切连接确认后才能开启激光电源(将钥匙拨至 |),使用后应及时关闭(将钥匙拨至 ○)。

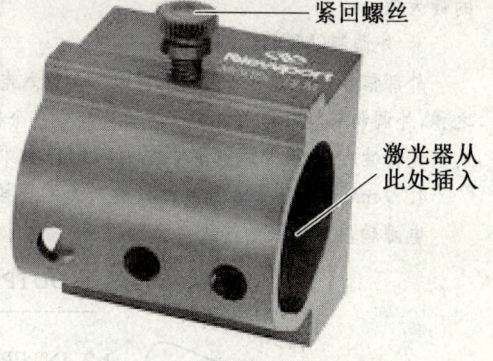

图 13　安插激光器的激光器底座

三、505 型半导体激光器驱动电源

1. 电源管理和开通策略

(1) 总开关(Power),电路工作。

(2) 管子供电使能开关(Laser Enable)。该开关控制使能管流输出的 INTERLOCK 极的导通,此开关未开启时,INTERLOCK 极未导通,加电控制按钮 OUTPUT 是不起作用的,这样就避免了误加电操作。

(3) 加电控制按钮(OUTPUT)。必须在管子已接好和管子供电使能开关已开的情况下,此按钮才起作用,一旦通电成功,LED 会亮起。

2. 显示模式

(1) 预置电流(PRESET),在总开关打开以后就可以调节欲输出的电流大小,一般不宜过大,比如 10 mA。

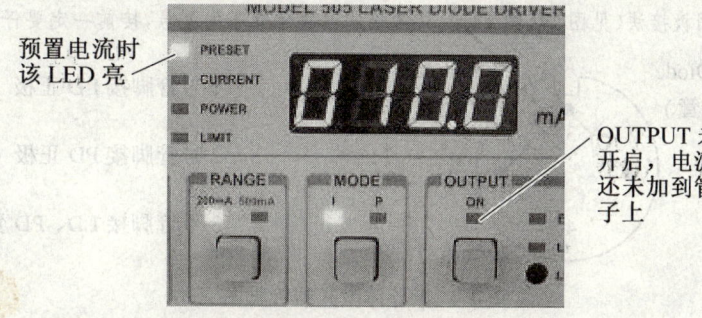

图 14　预置电流状态

(2) 供电电流(CURRENT),这是实际加到管子上去的电流大小,所以只有在管子通电成功后才会显示其值。

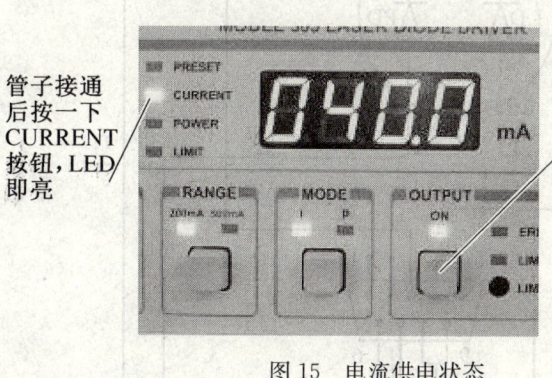

图 15　电流供电状态

(3) 恒定功率(POWER)。

(4) 限流(LIMIT),显示的是电路所能供给的最大电流,现为 120 mA,可以调节 LIMIT SET 改变电流的最大值。

3. 外调制(MOD)

外部信号源通过一个同轴电缆(BNC)接入电路,使得输出电流为内部电流(CURRENT)和外部调制电流之和,外调制一般来自函数发生器信号或者一个欲传输的信号,内部电流是一个合适大小的直流(取决于管子的电光特性)。如果外调制信号超过 10 kHz,可将后面板上的 BANDWIDTH(带宽)放到 HIGH 位置。

4. 9 mm 和 5.6 mm 封装类型激光管的连接方法

电源输出连接线的接线定义如图 16 所示。

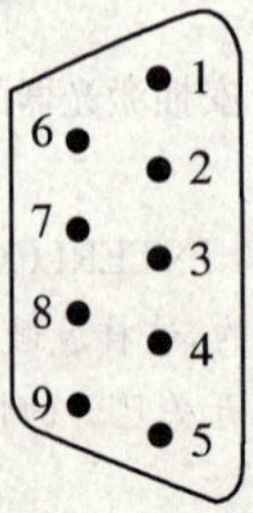

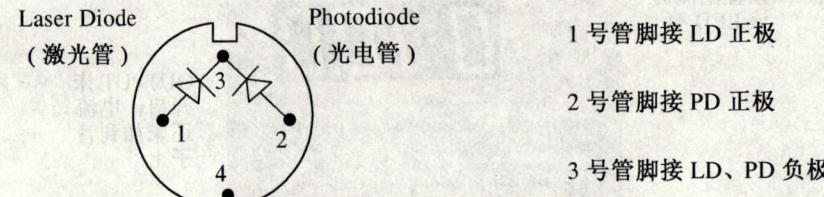

OUTPUT	输出接线
1,2 INTERLOCK	内部锁定
3 CHASSISS GND	地
4,5 LASER CATHODE	激光管负极
6 PD CATHODE	光电管负极
7 PD ANODE	光电管正极
8,9 LASER ANODE	激光管正极

图 16 电源输出连接线的接线定义

接法举例:共阴极接法(见图 17、图 18)。具体接法取决于管子的型号,接前一定要仔细检查。

Laser Diode　　　Photodiode
（激光管）　　　（光电管）

1 号管脚接 LD 正极

2 号管脚接 PD 正极

3 号管脚接 LD、PD 负极

图 17 半导体激光器管脚图

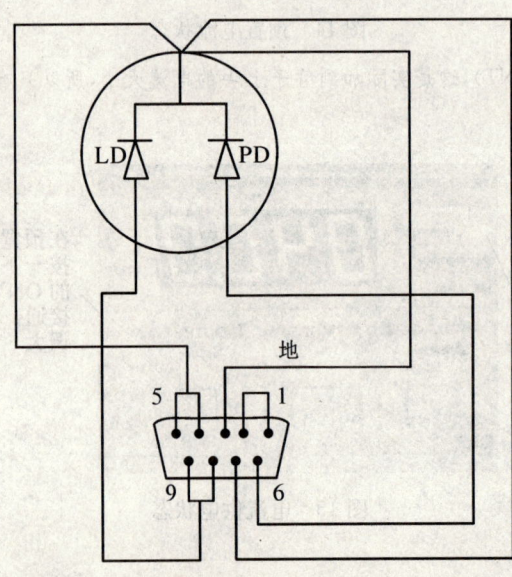

图 18 半导体激光器与电源连接线的接线图

四、1830-C 光功率计

光电探头型号：818-SL，圆柱形硅，适用于 0.4~1.1 μm；

探头及衰减器序列号：10684；

衰减器型号：OD3。

1. 探头与校正器的连接

Newport 公司为每种型号和系列号的探头定配了校正器，这样才能输入至 1830-C 光功率计，如图 19 所示。

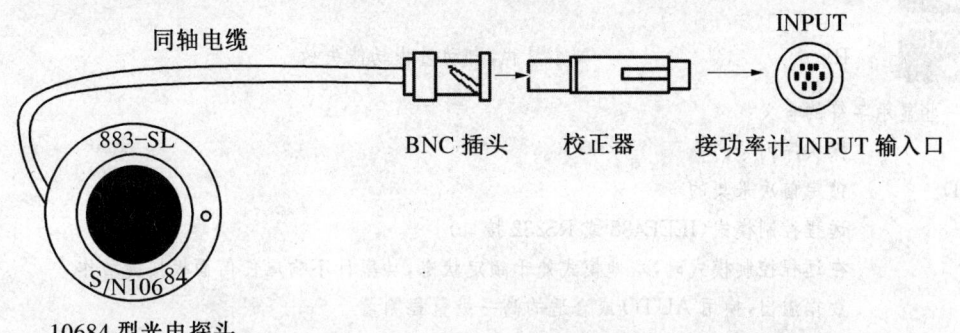

图 19　10684 型光电探头与 1830-C 光功率计的连接

2. 电源开启与自动校正过程

(1) 打开电源后，首先显示所有的显示功能；

(2) 显示软件版本号(2.1 版本)；

(3) 显示探头及校正器的序列号(如果没有校正器，则显示 000)；

(4) 显示功率计的当前波长(由上次测量决定，如果没有校正器，则显示 0257 nm)。

3. 前面板功能键及显示字符的含义

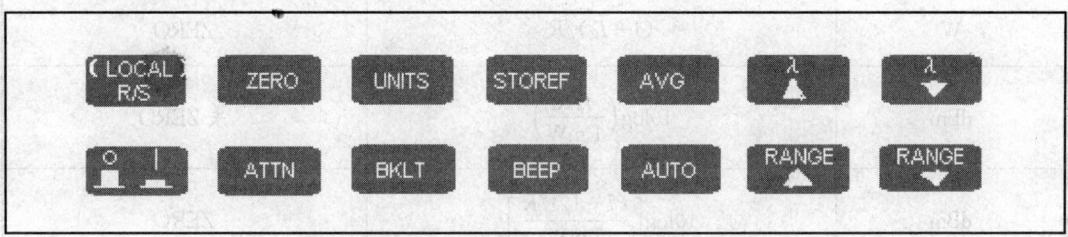

图 20　1830-C 光功率计前面板

键盘	远程模式控制字符命令	解释
LOCAL	L0	本地模式使能，在远程模式时通过此按钮激活面板
R/S	G0, G1	本地模式时，执行 RUN/STOP 切换，即 HOLD 功能
ZERO	Z0, Z1	在以后的所有值中减去当前值，然后显示
UNITS	U1-U4	在四种测量单位间循环设置(Watt, dB, dBm, Relative)
STOREF	S	储存上次测量的值用于以后的 dB 或 Relative 测量
AVG	F1-F3	在三种采样数值平均(16 次，4 次，1 次)间切换(S, M, F)
λ▲	Wnnnn	波长增加，连按连增
λ▼	Wnnnn	波长减少，连按连减

	None	电源开关
ATTN	A0, A1	设置不同的响应度(探头不带或带衰减器)
BKLT	K0, K1, K2	在不同的背景光亮度间切换(暗,中亮,亮)
BEEP	B0, B1	打开或关闭蜂鸣器
AUTO	R0, R1-R8	设为量程自动切换
	Rx	增加量程,自动量程功能失效
	Rx	减小量程,自动量程功能失效

其他一些显示字符的含义:

SN	探头序列号
HOLD	锁定前次采集的
REM	远程控制模式(IEEE488 或 RS232 接口)
LLO	在远程控制模式时,本地模式处于锁定状态,功率计不响应任何面板按键动作
OL	数据溢出,换用 AUTO 或合适的高一级量程测量
SA	信号水平超过了探头饱和电流值,它与具体的探头有关
CAL	表示功率计正在进行自动校正

4. 显示单位(UNITS)及计算公式

表 2　1830−C 光功率计的单位及功率换算公式

显示单位	计算公式	说　明
W	I/R	未 ZERO
W	$(I-I_z)/R$	ZERO
dBm	$10\log\left(\dfrac{I/R}{1\text{ mW}}\right)$	未 ZERO
dBm	$10\log\left[\dfrac{(I-I_z)/R}{1\text{ mW}}\right]$	ZERO
dB	$10\log\left(\dfrac{I}{I_{\text{STOREF}}}\right)$	未 ZERO
dB	$10\log\left(\dfrac{I-I_z}{I_{\text{STOREF}}-I_z}\right)$	ZERO
REL	$\dfrac{I}{I_{\text{STOREF}}}$	未 ZERO
REL	$\dfrac{I-I_z}{I_{\text{STOREF}}-I_z}$	ZERO

其中

I＝探头输出光电流；

I_Z＝当 ZERO 按下时显示的背景光电流；

R＝探头响应度（A/W）；

I_{STOREF}＝当 STOREF 按下后采集到的参考光电流。

5．测量方法

（1）光功率测量。

公式：$(I-I_Z)/R$

在获得当前有效功率前一般应将环境杂光置 ZERO。具体步骤如下：

a. 选择 W 显示模式，使用 AUTO 量程或自定量程，设置波长。

b. 确定是否用衰减器，若用，则按下 ATTN 键。

c. 挡住被测光，用 ZERO 键将环境杂光置零。

d. 让信号光进入探头，读数。

（2）对数化光功率测量。

① 基于参考功率的对数化测量

公式：$10\log\left(\dfrac{I-I_Z}{I_{STOREF}-I_Z}\right)$

a. 选择 dB 显示模式，使用 AUTO 量程，设置波长。

b. 确定是否用衰减器，若用，则按下 ATTN 键。

c. 挡住被测光，用 ZERO 键将环境杂光置零。

d. 让参考光进入探头，按下 STOREF 键。

e. 让信号光进入探头，读数。

② 基于 1 mW 参考功率的对数化测量

公式：$10\log\left[\dfrac{(I-I_Z)/R}{1\ \mathrm{mW}}\right]$

测量范围：－90 dBm～＋10 dBm（1 pW～10 mW，当探头的响应度为 1 时）。

a. 选择 dBm 显示模式，使用 AUTO 量程，设置波长。

b. 确定是否用衰减器，若用，则按下 ATTN 键。

c. 挡住被测光，用 ZERO 键将环境杂光置零。

d. 让信号光进入探头，读数。

（3）相对值测量。

公式：$\dfrac{I-I_Z}{I_{STOREF}-I_Z}$

测量范围：－90 dBm～＋10 dBm（1 pW～10 mW，当探头的响应度为 1 时）。

a. 选择 REL 显示模式，使用 AUTO 量程，设置波长。

b. 确定是否用衰减器，若用，则按下 ATTN 键。

c. 挡住被测光，用 ZERO 键将环境杂光置零。

d. 让参考光进入探头，按下 STOREF 键。

e. 让信号光进入探头，读数。

6．注意事项

（1）请勿输入超过 42 V DC 或峰值 AC 电压的探头或传感器信号，这会造成电击的可能。

（2）勿自行维修内部电路。

7．远程控制应用

如图 21 所示为功率计的远程应用界面,左图是虚拟面板,右图是实际控制场景。

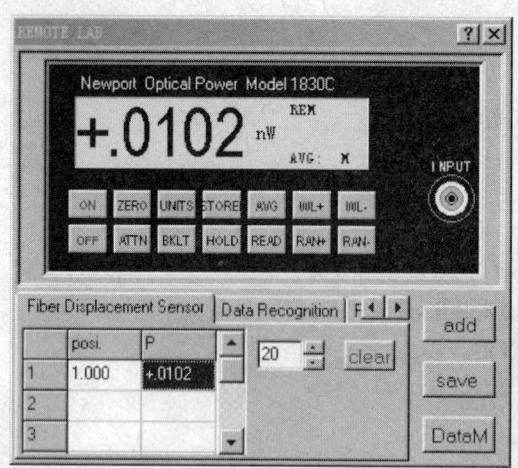

图 21　1830-C 光功率计远程控制桌面及场景图

按钮含义如下:
ON　　开启远程控制模式(先执行软件 REMOTELAB. EXE)。
OFF　　关闭远程控制模式。
READ　单次数据采集和显示。

其他虚拟按钮与本地模式(仪器面板激活状态)的用法基本相同,数据采集视不同的实验而定(选取不同的标签页),并以文本格式存盘。

五、F-BK2 型光纤切割刀

在进行光纤切割之前应对光纤切割部分作去敷层(保护层)处理,一种方法是用专用化学试剂,比如二氯甲烷浸泡一段时间,等敷层溶解后再进行切割;另一种方便的方法是用光纤刮刀去敷层,接下来按照图 22 所示的步骤进行。

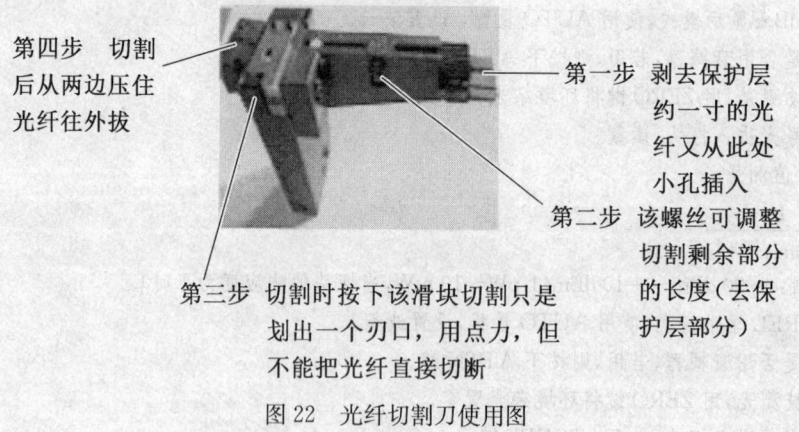

图 22　光纤切割刀使用图

例　线缆光纤端面处理步骤(一般多模光纤):

(1) 如图 23(a)所示,用剥线钳的 0.8 mm 孔在 2 mm 粗的光纤线缆某处对光纤外层护套切割一下,将外层护套剥离。

(2) 如图 23(b)所示,用防滑剪刀剪去内层露出的织物。

(3) 如图 23(c)所示,用剥线钳的 0.3 mm 孔在内层护套所需长度处切割一下,慢慢将内层护套剥离。

(4) 如图 23(d)所示,用光纤刮刀刮去 5 mm 左右长的光纤敷层(有机物层),得到一段石英光纤(裸光纤)。

(5) 如图 23(e)所示,用光纤切割刀(笔式)切掉一小段(1~2 mm 长)裸光纤,看出射光斑的圆度和光强分布,若没有侧向漏光或是一个中心强、四周渐弱的圆光斑,则表明成功,否则应按上面步骤重复操作。

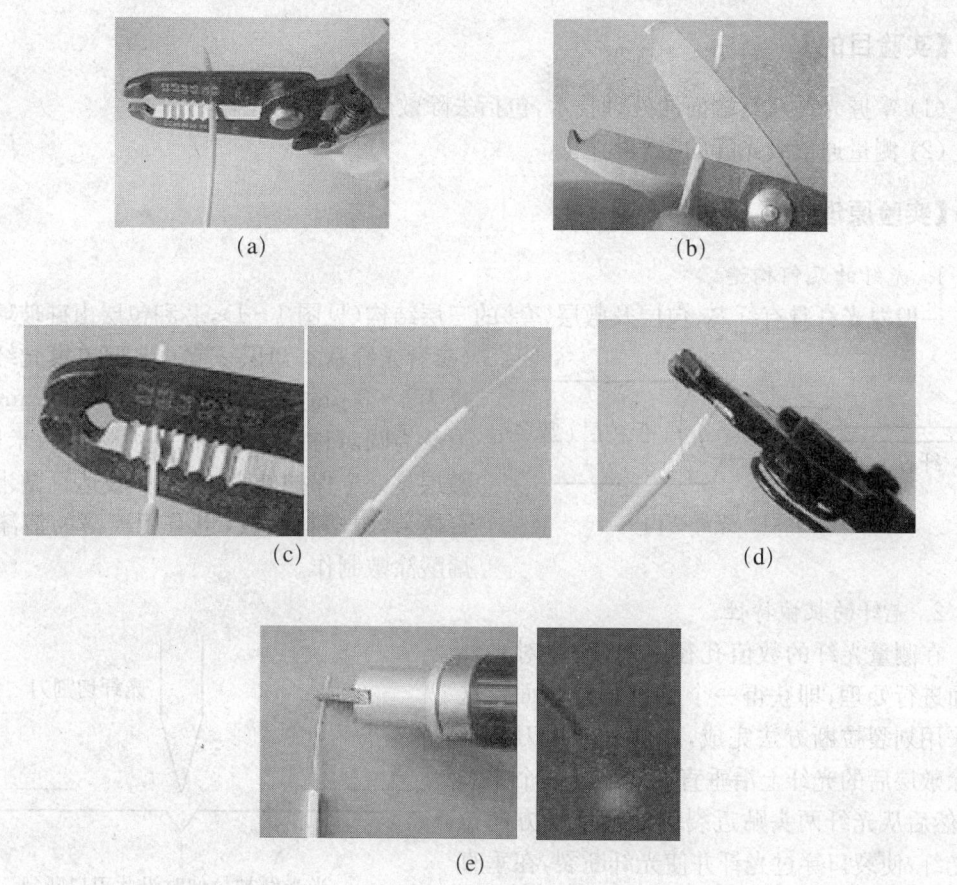

图 23　线缆光纤端面处理步骤

【参考文献】

[1] Gerd Keiser. 光纤通信[M]. 李玉权,等译. 北京:电子工业出版社,2002.
[2] Jeff Hecht. 光纤光学[M]. 贾东方,等译. 北京:人民邮电出版社,2004.
[3] 李玉权,崔敏. 光波导理论与技术[M]. 北京:人民邮电出版社,2002.
[4] Vali V, Shorthill R W. Fiber ring interferometer [J]. Applied Optics, 1976, (15).
[5] Projects in fiber optics [M]. Newport Corporation, 1791 Deere Ave, Irvine, CA. USA, 1993.
[6] Hervé C Lefévre. 光纤陀螺仪[M]. 张桂才,王巍,译. 北京:国防工业出版社,2002.

实验一 光纤的操作和光纤数值孔径测量

【实验目的】

(1) 掌握光纤及其端面的处理技术,包括去除敷层、切割光纤等。
(2) 测量通信级光纤的数值孔径。

【实验原理】

1. 光纤的几何构造

一般裸光纤具有纤芯、包层及敷层(套)的三层结构(见图 1-1),芯和包层由硅玻璃组成(参看光纤基本知识一节),典型单模光纤的芯径为 4～8 μm,多模光纤为 50～100 μm,几何形状为圆对称,包层直径一般达百微米以上,敷层是一个保护外表,直径一般达百微米至几百微米,由塑料制成,也有用极薄的清漆或丙烯酸涂敷制作。

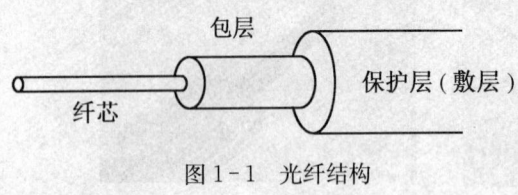

图 1-1 光纤结构

2. 光纤的机械特性

在测量光纤的数值孔径之前,需要对光纤端面进行处理,即获得一个垂直平整端面。这将采用划裂拉断方法完成,原理是先用刀片在去除敷层后的光纤上沿垂直方向划开一个小裂口,然后从光纤两头贴近裂口处沿水平方向拉动光纤,使裂口穿过光纤并使光纤断裂,在垂直于光纤轴方向形成平整截面,如图 1-2 所示。

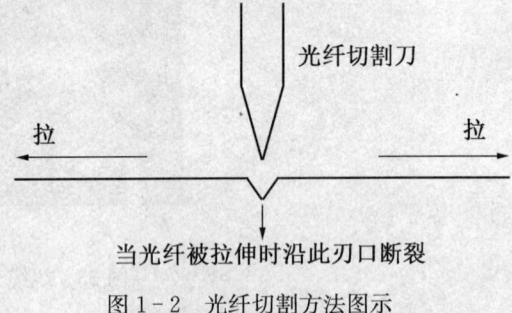

图 1-2 光纤切割方法图示

切割后光纤端面的一些情况如图 1-3 所示,实验中可以通过显微镜进行观察。理论上,玻璃光纤的开裂强度可达 5 GPa (1 Pa = 1 N/m^2,1 GPa = 10^9 Pa)。但由于光纤的不均匀性和缺陷(比如裂口),强度会降低。当裂口顶端的应力等于理论断裂强度时,断裂即发生。裂口可从顶端开始引起原子键的连续断裂。这就是直的裂口产生平的开裂的光纤端面的原因。

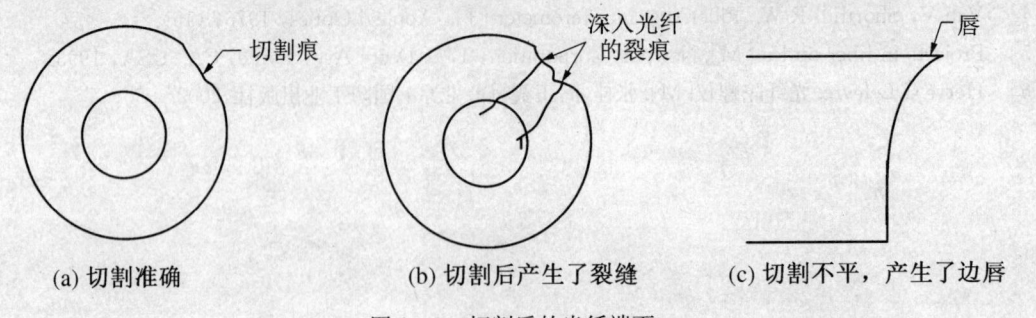

图 1-3 切割后的光纤端面

当光纤保持柔性(比如弯曲状态)时,光纤需要有高的强度。而光纤弯曲时裂缝通常出现在高应力点,当一根半径为 r 的光纤弯曲到曲率半径 R 时,如图 1-4 所示,光纤上的表面应力是光纤表面的延长 $(R+r)\theta - R\theta$ 除以弧长 $R\theta$,即应力是 r/R。尽管光纤可经受百分之几的应力,为保证实地光缆中光纤不受损伤,一般可将应力上限设为 1%。如果采用 0.5% 作为适当的量值,这意味着 125 μm 直径的光纤能够承受半径为 1.25 cm 的弯曲。

3. 光纤的数值孔径

和一般的集光元件或发光器件一样,它们的数值孔径在光学系统中的作用非常重要。下面的讨论虽然是在某一平面内进行,但数值孔径是一个和空间角度有关的概念。特别地,有些特种光纤并不是完全圆对称的,折射率分布也不是简单阶跃型的,端面也不是平的,这些因素都会使数值孔径的描述变得复杂。现在就

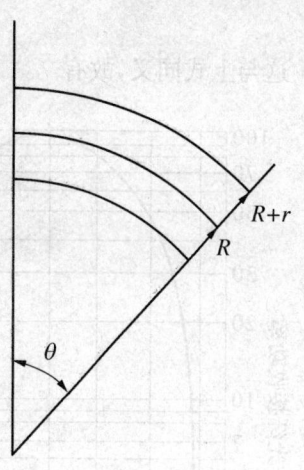

图 1-4 光纤弯曲时的应力情况

最简单的阶跃折射率光纤中的子午光线展开推导,假设光线以入射角 θ 进入纤芯,如果纤芯的折射率 n_{core} 比包层折射率 n_{cladding} 稍大,则进入纤芯的光线在纤芯与包层界面上有可能发生全反射,设这个临界角为 θ_{crit},应有

$$\sin\theta_{\text{crit}} = \frac{n_{\text{cladding}}}{n_{\text{core}}} \tag{1-1}$$

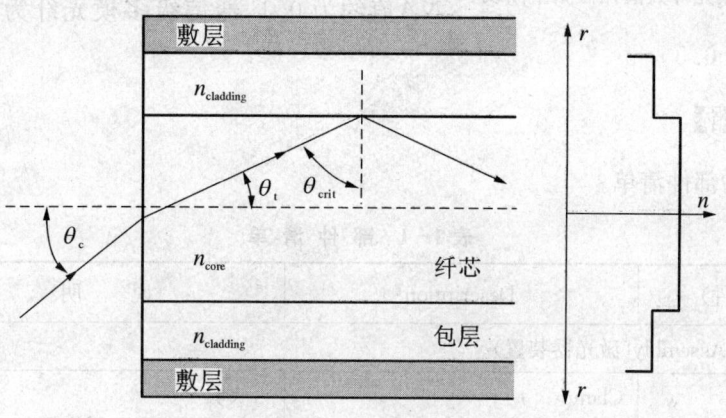

图 1-5 阶跃光纤的数值孔径

设数值孔径角为 θ_c,由 Snell 定理

$$n_i\sin\theta_c = n_{\text{core}}\sin\theta_t = n_{\text{core}}\sin(90°-\theta_{\text{crit}})$$
$$= n_{\text{core}}\cos\theta_{\text{crit}} = n_{\text{core}}\sqrt{1-\sin^2\theta_{\text{crit}}} \tag{1-2}$$

因此

$$n_i\sin\theta_c = \sqrt{n_{\text{core}}^2 - n_{\text{cladding}}^2} \tag{1-3}$$

光纤的数值孔径如同对微透镜或成像透镜的数值孔径定义一样,是入射介质的折射率与最大收光角正弦的乘积。即

$$NA = n_i \sin\theta_{\max} \tag{1-4}$$

这与上式同义,故有

$$NA = \sqrt{n_{\text{core}}^2 - n_{\text{cladding}}^2} \tag{1-5}$$

定义分数折射率差

$$\Delta = (n_{\text{core}} - n_{\text{cladding}})/n_{\text{core}} \tag{1-6}$$

弱导时有 $\Delta \ll 1$

$$NA = \sqrt{(n_{\text{core}} + n_{\text{cladding}})(n_{\text{core}} - n_{\text{cladding}})}$$
$$= \sqrt{(2n_{\text{core}})(n_{\text{core}}\Delta)} = n_{\text{core}}\sqrt{2\Delta} \tag{1-7}$$

此即为弱导近似下,阶跃型光纤数值孔径理论公式。图 1-6 为 Newport 公司生产的 F-MLD 多模光纤测得的曲线,EIA(Electronic Industries Association)建议,根据接收光功率最大值的 5% 取值。典型的通信级多模光纤的 $\Delta \approx 0.01$,这满足 $\Delta \ll 1$ 的弱导近似条件,对硅制备的光纤 n_{core} 近似为 1.46,可以算出 $NA=0.2$。这在图 1-6 中给出的最大入射角为 11.5°,全锥角为 23°。单模光纤 NA 值约为 0.1,通信级多模光纤为 0.2~0.3,大芯径光纤约为 0.5。

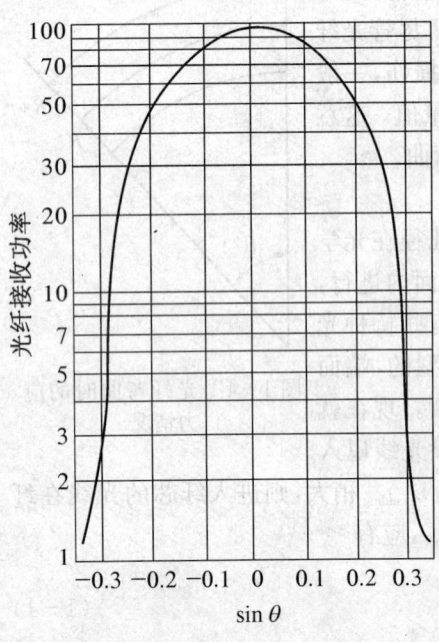

图 1-6 多模光纤数值孔径测量曲线

【实验仪器】

表 1-1 为部件清单。

表 1-1 部 件 清 单

Part#(部件)	Description	说 明	数量
L. Laser Assembly(激光器装置)			
340-RC	Clamp	夹具	1
40	Short rod	短棒(激光器支架杆)	1
ULM	Laser Mount	激光器底座	1
U-1101P	4 mW He-Ne Laser	4 mW 氦氖激光器	1
1201-2	Laser power supply	氦氖激光电源	1
FE. Fiber Emitting Assembly(入纤发射装置1)			
F-MLD-50	100/140 MM fiber, 2-3 meters	100/140 多模光纤,2~3 m	1
FP-1	Fiber positioner	光纤定位器	1
VPH-2	Post holder	2 英寸立杆支撑座	1
SP-2	Post	2 英寸立杆	1

续表

Part#（部件）	Description	说　　明	数　量
MPH-1	Micro-series holder	微型立杆支撑座	1
MSP-1	Micro-series post	微型立杆	1
RSP-2	Rotation stage	转角台	1
FE. Fiber Emitting Assembly(入纤发射装置2)			
F-MLD-50	100/140 MM fiber, 2-3 meters	100/140多模光纤,2~3 m	1
OM-TZ-89	Fiber positioner	光纤定位器	1
VPH-2	Post holder	2英寸立杆支撑座	1
SP-2	Post	2英寸立杆	1
TRB-1-5	Rotation stage	转角台	1
F. Fiber Assembly(出纤装置)			
FP-1	Fiber positioner	光纤定位器	1
VPH-2	Post holder	2英寸立杆支撑座	1
SP-2	Post	2英寸立杆	1
D. Detector Assembly(检测装置1)			
10657	Large area photodector	大面积光电探头	1
VPH-2	Post holder	2英寸立杆支撑座	1
SP-2	Post	2英寸立杆	1
1815-C	Power meter	光功率计	1
D. Detector Assembly(检测装置2)			
FK-DET	Photoelectric cell	光电池装置	1
VPH-2	Post holder	2英寸立杆支撑座	1
SP-2	Post	2英寸立杆	1
		数字电压表	1
Additional Equipment(附加仪器)			
F-CL1	Fiber cleaver	光纤切割刀	1
F-STR-175	Fiber stripper	光纤剥离器	1
另配立体变倍显微镜或显微视频装置，入纤发射装置与检测装置实验中选1			

【实验内容及操作要点】

按照表1-1的仪器部件分列装配各个单元装置（激光器、入纤、出纤、探测装置），根据图1-7所示光路合理布局各个单元的位置。

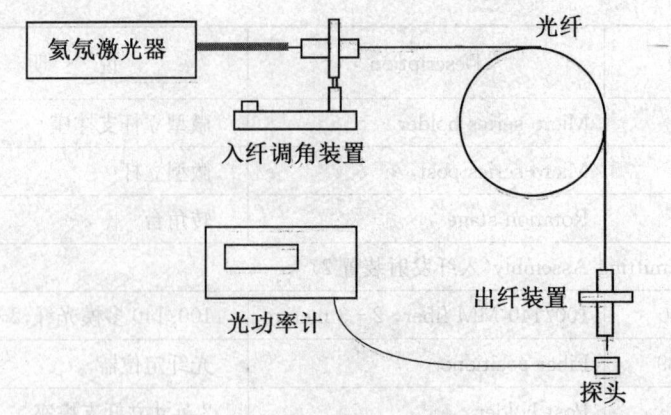

图1-7 数值孔径测量光路

1. 光纤处理

借助立体变倍显微镜完成光纤端面的制备,两个端面在显微镜下观察比较平整。

2. 光路粗调

务必将处理好的光纤入端置于调角仪的中心线上(可以用一把直角尺量),调整激光束的上下位置和偏转角度使其平行入射光纤,在光纤出端得到一个较好的圆光斑,如否需从新处理或调整光纤。

3. 光功率计调整

打开1815-C光功率计,将带有衰减器的探头(10657)对准光纤出端,调整光纤出端的光纤定位器三维坐标使光纤出射光斑完全进入探头光敏区。当使用检测装置2时,亦使光纤出射光斑完全进入光电池光敏区。

4. 光路细调

用一块黑板挡住光源,将光功率计调至灵敏度最高档,调零将环境光去掉,打开光路,将光功率计调至合适档级(尽量提高灵敏度),调整光纤入端的光纤定位器 x,y 坐标使光功率计的示值达到最大,转动调角仪的调角旋钮进一步使光功率计的示值达到最大,此时对应光功率极值点也就是入射零度角的位置,记录此时的调角仪的角度和光功率值。

5. 入射角的测量

先朝一个方向转动调角仪,每隔1°测一次光功率值,直到最大值的3%以内。将调角仪回到初始位置后再朝另一个方向转动调角仪,重复上面的过程。

6. 实验曲线

以入射角的正弦为横坐标,光功率的常用对数为纵坐标画出拟合曲线,确定最大光功率的5%所对应的两个对称的横坐标的值,以它们各自绝对值的平均值作为实际测得的光纤数值孔径值。

【注意事项】

1. 光学镜面或光敏面千万勿触摸。
2. 小心勿直视激光(包括其反射光)。

【预习与思考】

1. 光纤入射端面为何要位于调角仪的中垂线上?
2. 光纤入射端面倾斜将对数值孔径的测量值有何影响?
3. 激光的注入情况(光源的数值孔径和光斑的大小)对测量结果有何影响?

【参考文献】

Projects in Fiber Optics [M]. Newport Corporation, 1791 Deere Ave, Irvine, CA. USA, 1993.

实验二 半导体激光器特性测量

【背景知识】

20世纪60年代初开始将半导体材料作为激光媒质,伯纳德(Bernard)和杜拉福格(Duraffourg)提出在半导体中实现受激辐射的必要条件:对应于非平衡电子,空穴浓度的准费米能级差必须大于受激发射能量。由此,半导体激光器开始了从同质结到异质结的快速发展过程,单异质结最初由美国的克罗默(Kroemer)和苏联的阿尔费洛夫于1963年提出,其实质是把一个窄带隙的半导体材料夹在两个宽带隙半导体之间,从窄带隙半导体中产生高效率复合和辐射,这个设想很大程度上取决于异质结材料的生长工艺,1967年IBM公司的伍德尔(Woodall)用液相外延方法(LPE)在GaAs上生长出AlGaAs,两三年后,贝尔实验室的潘尼希(Panish)等人研制成功AlGaAs/GaAs单异质结半导体激光器。

虽然单异质结能够利用其势垒将注入电子限制在GaAs P-N结的P区内使室温阈值电流密度降到$10^3 A/cm^2$水平,但真正的突破是双异质结(DH)的发明:把p-GaAs半导体夹在N-$Al_xGa_{1-x}As$层和P-$Al_xGa_{1-x}As$层之间,两个异质结势垒能有效地将载流子和光场限制在p-GaAs薄层有源层内,使室温阈值电流密度减小了一个数量级。这项重要的发明由阿尔费洛夫、Hayashi、潘尼希等人共同完成。

整个20世纪70年代的工作重点是提高半导体激光器的各项基本参数要求:低的阈值电流密度;室温工作;连续大功率输出;长寿命;涵盖可见光与近红外的多种单频激光器;窄线宽;波长可调谐激光器等。80年代以来,随着分子束外延(MBE)、金属有机化学气相沉积(MOCVD)和化学束外延(CBE)技术取得重大突破,诞生了诸如量子阱激光器(MQW)、应变量子阱激光器(SL-MQW)、垂直腔面发射激光器及高功率激光器阵列等所谓"能带工程"的产物。

半导体激光器的最重要应用是光纤通信,比如将1.55 μm,窄线宽的分布反馈布拉格半导体激光器(DFB-LD)用于光纤通信,单信道码率可达10 Gb/s,为适应更高码率的波分复用(WDM)和时分复用(TWM)等光纤信号传输技术,发展了量子阱有源、多段结构的可调谐DFB-LD或DBR-LD(分布布拉格反射激光器),由于其线宽窄,微分增益系数大,有利于降低调制啁啾引起的展宽,这样即有助于提高信道码率;半导体激光器另一项重要应用在光盘技术领域,光盘技术是门综合技术,融会了计算机技术、激光与数字通信技术,半导体激光器用于光盘写入时,关键技术有光斑聚焦和光束圆化,强度和波长涨落以及光反馈影响方面的控制等。

【半导体激光器原理】

1. 半导体异质结能带结构和粒子数反转分布条件

半导体异质结是指由两种基本物理参数不同的半导体单晶材料构成的晶体界面(过渡区),不同物理参数可以是禁带宽度(E_g)、功函数(φ)、电子亲和势(χ)、介电常数(ε),对它们进行适当选择就可以获得诸如高注入比、超注入效应、对载流子和光场的限制作用、"窗口效应"等。

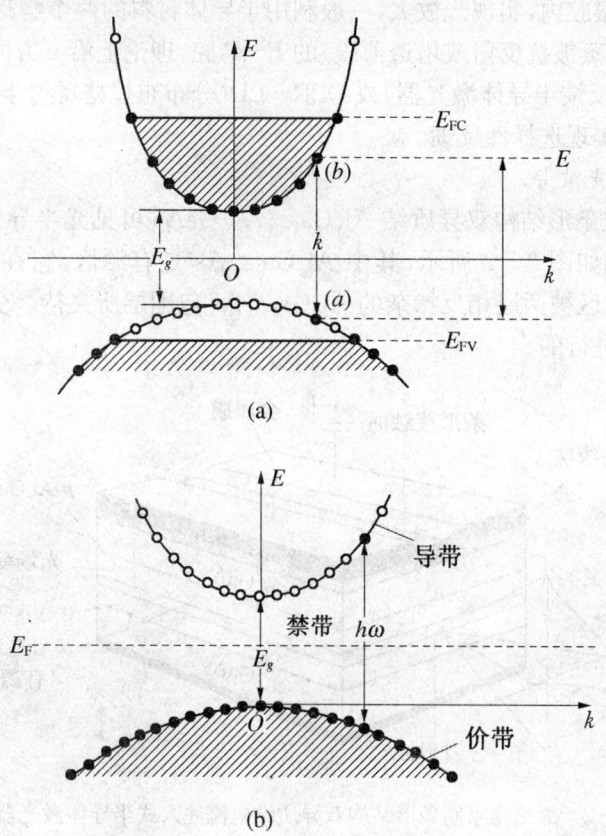

图 2-1 半导体异质结能带结构

对于直接带隙半导体,在热平衡状态下,电子基本上处于价带中(如图 2-1(a)),半导体介质对光辐射只有吸收而没有放大作用,但当电流注入结区时,热平衡状态被破坏(如图 2-1(b)),电子处于导带中能量为 E 的状态的概率 $f_c(E)$ 为

$$f_c = \frac{1}{e^{(E-E_{FC})/KT}+1} \quad (2-1)$$

电子处于价带中能量为 E 的状态的概率 $f_v(E)$ 为

$$f_v = \frac{1}{e^{(E-E_{FV})/KT}+1} \quad (2-2)$$

E_{FC} 和 E_{FV} 是导带和价带的准费米能级,为了在结区中心有源区内得到受激辐射,要求 $f_c > f_v$,即要求伯纳德-杜拉福格条件成立

$$E_{FC} - E_{FV} \geqslant E_2 - E_1 = h\nu \quad (2-3)$$

式(2-3)表明,半导体中产生受激发射的必要条件是非平衡电子和空穴的准费米能级之差应大于受激辐射的光子能量,也就是说,无论用光照还是电流激励,在激射发生之前,导带和价带的准费米能级之差应大于带隙 E_g,在这个条件下可形成集居数反转密度同时可得到净的总受激跃迁增益系数。

$E_{FC} - E_{FV} \geqslant h\nu$ 只是提出了产生激光的前提条件,要实际获得相干受激辐射,必须将增益介质置于光学谐振腔内,实现光放大,一般利用半导体材料的两个解理面(比如110晶面)构成部分反射(通过蒸镀抗反射或增透薄膜)的 F-P 腔,理论上沿 z 方向形成纵模分布。另外,DFB-LD(分布反馈半导体激光器)或 DBR-LD(分布布拉格反射半导体激光器)则是由内含布拉格光栅来实现选择性反馈。

2. 半导体介质光波导

典型的 F-P 腔条形结构双异质结 $Al_yGa_{1-y}As/GaAs$ 可见光半导体激光器(中心波长780 nm)的典型结构如图 2-2 所示,其中 $Al_yGa_{1-y}As$ 是有源区,它在 x 方向上的厚度为 $0.1 \sim 0.2~\mu m$。有源区被两层相反掺杂的 $Al_xGa_{1-x}As$ 包围层所夹持。受激辐射的产生与放大就是在有源区中进行的。

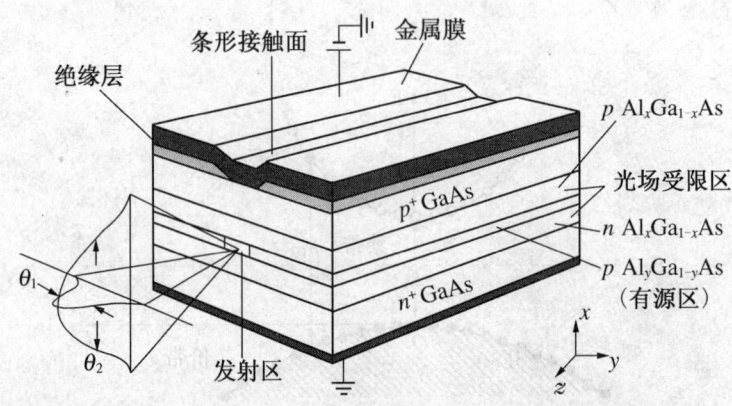

图 2-2 氧化物限制条形结构双异质结电流注入式半导体激光器管芯

异质结半导体二极管激光器中的二维光场约束(以及载流子约束)在 x 方向(横向)通常是通过折射率的阶跃变化来实现的,一般有 DH(双异质结)、LOC(大光腔)和 SCH(分别限制异质结)三种,而在 y 方向(侧向)则既可以通过折射率的阶跃变化(强折射率波导,实折射率差大于 0.01),也可以通过折射率的逐渐变化(弱折射率波导,实折射率差介于 0.005 和 0.01 之间)实现,或通过增益的适当空间分布来实现,就如氧化物限制条形方式使得在有源层中沿 y 方向形成一定的载流子浓度分布。上述两种光场约束方法分别称为折射率波导和增益波导,用电磁理论可以证明由增益所形成的波导作用将产生沿 y 方向的高斯光场分布,不过要想获得模式稳定的激光振荡,一般要用实折射率导波机制。

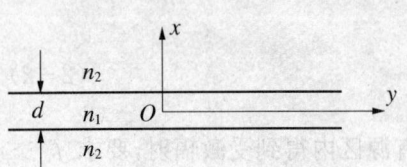

图 2-3 结区光场约束机制(平板波导)

条形半导体激光器当满足横向尺寸(y 方向)$W \gg d$ 时视做三层介质平板波导,在 x 方向的场分布可分为 TE 模和 TM 模(即只考虑沿 z 方向传播的光波模),应当指出,零阶横模始终存在,但要在弱导条件下实现基模运转(只有零阶横模),有源层厚度可能达微米量级。

3. 半导体激光器主要特性

(1) 阈值电流密度。

光波模的起振条件为该模式的光波在半导体激光器内沿 z 向往返一周获得的增益大于

该模式经受的损耗,模式的增益等于模式的损耗称为模式振荡的阈值条件。由于有源层载流子密度与增益系数成正比,因此光波模的阈值振荡条件是否满足取决于注入载流子密度、有源层厚度以及光约束因子等因素,在稳态振荡时,载流子注入有源层的速率应与有源层内载流子的复合速率相等,即

$$\frac{J_{th}}{e} = \frac{Sd}{\tau} \quad (2-4)$$

其中 J_{th} 为使光波模振荡的阈值注入电流密度;S 为注入载流子密度;$1/\tau$ 为单位时间内载流子的复合概率。

(2) 半导体激光器的输出功率。

受激辐射的光功率为

$$P = \frac{I - I_{th}}{e} \eta_i h\nu \quad (2-5)$$

式中,I 为二极管激光器的注入电流,η_i 是有源区内载流子复合而发射辐射的概率,称为内量子效率。考虑到有源层的增益和损耗,通过有源层两端输出的光功率为

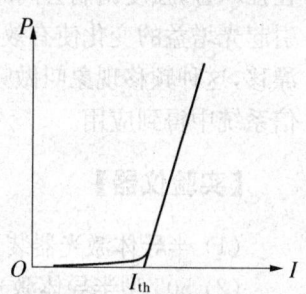

图 2-4 半导体激光器的电光特性曲线,I_{th} 为阈值电流

$$P_{out} = \frac{\ln\frac{1}{r}}{\alpha L + \ln\frac{1}{r}} \cdot \frac{I - I_{th}}{e} \eta_i h\nu \quad (2-6)$$

式中,r 为 z 方向间隔为 L 的两端面的能量反射率,α 为有源层的损耗系数。由此可见,只有超过阈值电流 I_{th} 的那部分注入电流才能产生激光输出,根据图 2-4 所示宽接触激光器的典型电光特性,可以计算外微分量子效率

$$\eta_d = \frac{(P - P_{th})/h\nu}{(I - I_{th})/e} \quad (2-7)$$

(3) 半导体激光器的远场特性。

对于三层对称平板介质波导结构,垂直于结平面的发散角

$$\theta_\perp \approx 2.3 \times 10^2 (n_1^2 - n_2^2) \frac{d}{\lambda_0} \quad (2-8)$$

(4) 光谱特性。

当驱动电流密度增加时,激光器有源区的粒子数反转增强,具有高 Q 值的模的功率增加,这些模的频率接近于增益谱特性的峰值附近,使谱宽变窄,Q 值上升,光功率集中到几个占优势的纵模。实际上,典型的 DH 结型半导体激光器的光谱一般较宽,这是因为空间烧孔效应的存在使得在时域分割的各个瞬间多个单模竞争出现,在一个长的时间段内平均谱特性呈现多模特性。

F-P 腔半导体激光器在直接调制工作状态下都将发生谱线展宽,展宽的原因很多,一般为洛仑兹型。

(5) 调制特性。

半导体激光器是电子和光子间直接进行能量转换的器件,因此具有直接信号调制的能力,高速调制要求激光器有很高的动态性能,表现为窄的光谱线宽不应调制而展宽;保持动态单纵模工作;对输出信号不产生调制畸变;发光与电流输出之间的延迟要小;不产生自持脉冲等。

半导体激光器的调制方式有强度(幅度)调制(IM)、频率调制(FM)和相位调制(PM);按信号类型分有模拟信号调制和脉码(数字)信号调制;按信号强弱有小信号调制和大信号调制。调制特性与器件结构有密切的关系,由于在半导体激光器中载流子和光子场之间存在强耦合,强度调制会同时造成频率或相位的调制,原因在于有源区内载流子浓度的变化会引起光增益的变化使有效折射率发生变化,这种调制的相关性导致谱线的动态展宽即频率漂移,这种频移现象叫做频率啁啾(Chirp),它是高速光纤通信的制约因素,但却在相干光通信系统中得到应用。

【实验仪器】

(1) 半导体激光器装置;
(2) 505 型半导体激光器驱动电源(基本知识附录);
(3) 1830-C 光功率计及光电探头(基本知识附录);
(4) 光栅单色仪。

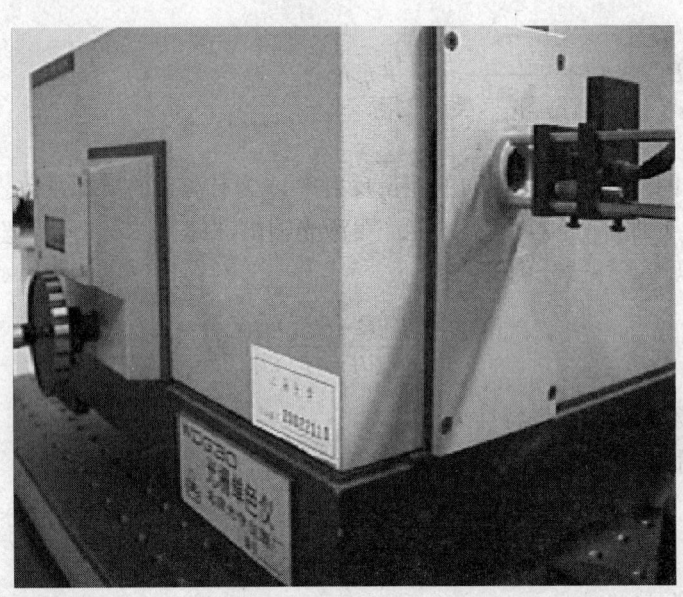

图 2-5　测量半导体激光光谱特性的装置(光谱单色仪及激光入射)

【实验内容】

1. 条形半导体激光器电光特性的测量

测量室温下条形半导体激光器的注入电流与输出光强之间的关系($I-P$ 曲线),确定激光器的阈值电流大小和外微分量子效率。

2. 光谱特性的测量

以光栅光谱仪作为分光仪器测量半导体激光器的光谱($\lambda-P$ 曲线),要求激光器分别工作在低于阈值电流和高于阈值电流两种状态,确定两种光谱的中心波长和半高宽,试比较这两种光谱和展宽类型。

3. 调制特性的测量(可选设计性实验,只给出原理和方法)

应用干涉方法可以测量半导体激光器在以正弦信号做强度直接调制时的输出光频的变化即频率漂移或频率啁啾。将调制激光引入 Michelson 干涉仪,从强度调制和频率调制双重假设出发导出光强干涉方程,通过测量干涉项的相位噪声确定频率漂移值。

实验装置如图 2-6 所示,偏振分束器和 1/4 波片构成一个光隔离器以阻止反射光进入激光器,实际上两光路稍稍倾斜以彻底挡住反馈光。压电微位移装置 PZT 与反射镜 M2 组成一个整体,调节稳压电源 SV 可以使它横向移动。

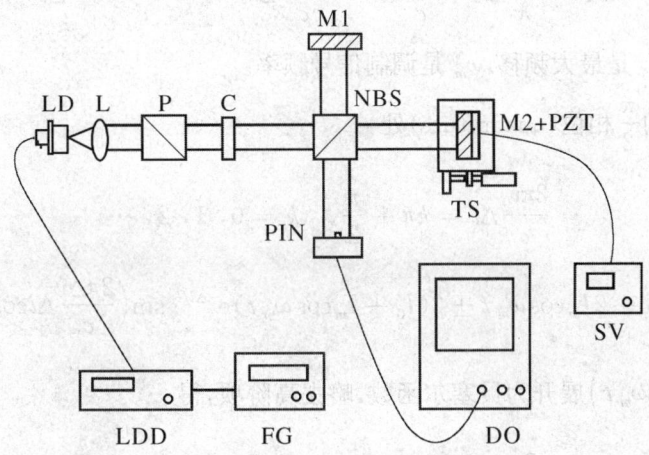

图 2-6 干涉法测量半导体激光器动态调制特性的装置

LD—单模半导体激光器;L—透镜;P—偏振分束器;C—1/4 波片;M1,M2—反射镜;NBS—非偏振分束器;PZT—压电微位移装置;TS—一维移动平台;PIN—针孔 PIN 光电探测器;LDD—半导体激光驱动器;FG—函数发生器;DO—数字示波器;SV—稳压电源

在 Michelson 干涉仪发生等厚干涉时,条纹如图 2-7 所示。

图 2-7 等厚干涉条纹　　图 2-8 动镜 M2 的压电微位移用于干涉条纹的定位

这时 M1、M2 相距几个 mm,光程差 OPD 约为 1 cm,PZT 所在的 M2 相对于 M1 运动,如图 2-8 所示。

干涉仪输出光强为[3]

$$I = I_1 + I_2 + 2\sqrt{I_1 I_2}\cos\Delta\Phi e^{-\Delta l/l_c} \tag{2-9}$$

$\Delta l = \text{OPD}$，取正值。$\Delta \Phi$ 是两路光的相位差，$e^{-\Delta l/l_c}$ 是由光源单色性引起的干涉条纹强度衰减因子。条纹可见度（fringe visibility）为

$$V = \frac{I_{\max} - I_{\min}}{I_{\max} + I_{\min}} = \frac{2\sqrt{I_1 I_2}\, e^{-\Delta l/l_c}}{I_1 + I_2} \qquad (2-10)$$

当 $I_1 = I_2$，$\Delta l = 0$ 时有最大值 1。

考虑 IM 和 FM 即正弦强度调制和正弦调频时[3]，设

$$I_1 = I_2 = I_0 + I_m \cos \omega_m t \qquad (2-11)$$

$$\nu = \nu_0 + \Delta\nu \cos \omega_m t \qquad (2-12)$$

$$\Delta\Phi = \frac{2\pi}{\lambda}\Delta l = \frac{2\pi\nu}{c}\Delta l = \frac{2\pi\nu_0}{c}\Delta l + \frac{2\pi\Delta\nu \cos \omega_m t}{c}\Delta l \qquad (2-13)$$

式中，ν_0 是光频，$\Delta\nu$ 是最大频移，ω_m 是调制信号频率。

在干涉条纹的 $\frac{\pi}{2}$ 相位（quadrature）处

$$\frac{2\pi\nu_0}{c}\Delta l = k\pi + \frac{\pi}{2}, \quad k = 0, 1, 2, \cdots \qquad (2-14)$$

$$I = 2I_0 + 2I_m \cos \omega_m t \pm 2(I_0 + I_m \cos \omega_m t) e^{-\Delta l/l_c} \sin\left(\frac{2\pi\Delta\nu}{c}\Delta l \cos \omega_m t\right) \qquad (2-15)$$

将 $\sin\left(\frac{2\pi\Delta\nu}{c}\Delta l \cos \omega_m t\right)$ 展开为贝塞尔函数，略去高阶项，得

$$\sin\left(\frac{2\pi\Delta\nu}{c}\Delta l \cos \omega_m t\right) \approx 2 J_1\left(\frac{2\pi\Delta\nu}{c}\Delta l\right) \cos \omega_m t \qquad (2-16)$$

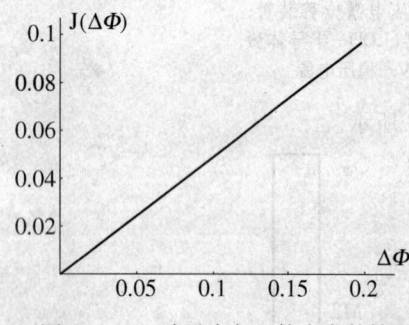

当 $\frac{2\pi\Delta\nu}{c}\Delta l \ll 1$，$J_1$ 呈线性，斜率约为 0.5，如图 2-9 所示，有

$$J_1\left(\frac{2\pi\Delta\nu}{c}\Delta l\right) \approx 0.5 \times \frac{2\pi\Delta\nu}{c}\Delta l \qquad (2-17)$$

$$\sin\left(\frac{2\pi\Delta\nu}{c}\Delta l \cos \omega_m t\right) = 2\pi\frac{\Delta\nu}{c}\Delta l \cos \omega_m t \qquad (2-18)$$

图 2-9 一阶贝塞尔函数小宗数情形

$$I = 2I_0 + 2I_m \cos \omega_m t \pm 4\pi(I_0 + I_m \cos \omega_m t)\frac{\Delta\nu}{c}\Delta l\, e^{-\Delta l/l_c} \cos \omega_m t \qquad (2-19)$$

上式取正号时，总光强峰-峰值（pp 值）为

$$dI_T = 4I_m + 8\pi I_0 \frac{\Delta\nu}{c}\Delta l\, e^{-\Delta l/l_c} \qquad (2-20)$$

单路光强 pp 值 $dI_1 = 2I_m$，均值 I_0，相位噪声（phase noise）pp 值

$$dI = 8\pi I_0 \frac{\Delta\nu}{c}\Delta l e^{-\Delta l/l_c} \tag{2-21}$$

典型的半导体激光器单模运行时的线宽约几兆赫至几十兆赫,相干长度 l_c 约几十米至几百米,衰减因子 $e^{-\Delta l/l_c} \approx 1$,输出光强

$$I = 2I_0 + 2I_m\cos\omega_m t + 4\pi(I_0 + I_m\cos\omega_m t)\frac{\Delta\nu}{c}\Delta l\cos\omega_m t$$

$$= 2(I_0 + I_m\cos\omega_m t)\left(1 + \frac{2\pi}{c}\Delta\nu\Delta l\cos\omega_m t\right) \tag{2-22}$$

相位噪声(pp 值)

$$dI = 8\pi I_0 \frac{\Delta\nu}{c}\Delta l = dI_T - 2dI_1 \tag{2-23}$$

最大频率漂移

$$\Delta\nu = (dI_T - 2dI_1)\frac{c}{8\pi I_0 \Delta l} \tag{2-24}$$

其中,dI_T 是干涉信号在90°相位(quadrature)处的峰-峰值(pp 值)。另外分别测定二路光各自在某频率点的峰-峰值,$2dI_1$ 用它们的和值代入,I_0 则以二路光各自的均值(直流分量)的平均值代入,Δl 是光程差。90°相位波形是取波形最大均值与最小均值的平均值时的波形,实验要点及讨论参阅参考文献[3]。

4. 半导体激光器与光纤耦合(可选拓展性实验)

本实验研究注入型激光二极管 ILD 与光纤的耦合。

(1) 半导体光源光发射特性。

一般地,光源亮度的角分布可表示为

$$B(\theta) = B_0(\cos\theta)^m, \quad \theta < \theta_{\max} \tag{2-25}$$

$\theta_{\max}$ 是离开光发射法线的最大角,由光源的几何形状决定。对漫射光源,$m = 1$,对准直光源,m 为大值,中间为部分准直光源,ILD 的辐射远场以典型的 $15° \times 30°$ 发散,呈扇形分布。这是由于这些器件的发射面积很小,形成远场衍射,如图 2-10 为一个 $m = 1$(典型 LED)和另一个 $m = 20$(典型 ILD)在极坐标系中的辐射特性。

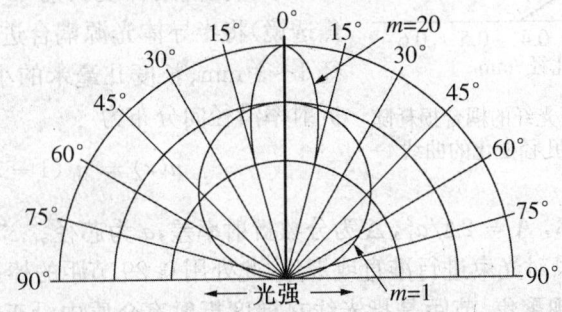

图 2-10 典型半导体激光或半导体二极管发光特性的极坐标分布

(2) 耦合效率。

耦合到光纤中的光能依赖于光纤的数值孔径,光纤仅能接收被光纤的数值孔径和芯径所限定的光锥内的那些光线。事实上有四个参数决定了耦合效率,它们是光源和光纤的数值孔径、光源的尺寸以及芯径。光源的尺寸和其数值孔径之积是一个常数,光源的数值孔径比光纤大的情形称为过注入,如图2-11(a)所示,通过加插透镜减小光源的数值孔径以适应光纤的数值孔径,但是光源在光纤端面上的成像尺寸将可能同时变大,耦合效率并不能获得提高。一种改善方法是所谓"贴背耦合",即不用透镜而直接将光纤紧贴光源发射区,这时接收光功率与发射光功率之比为

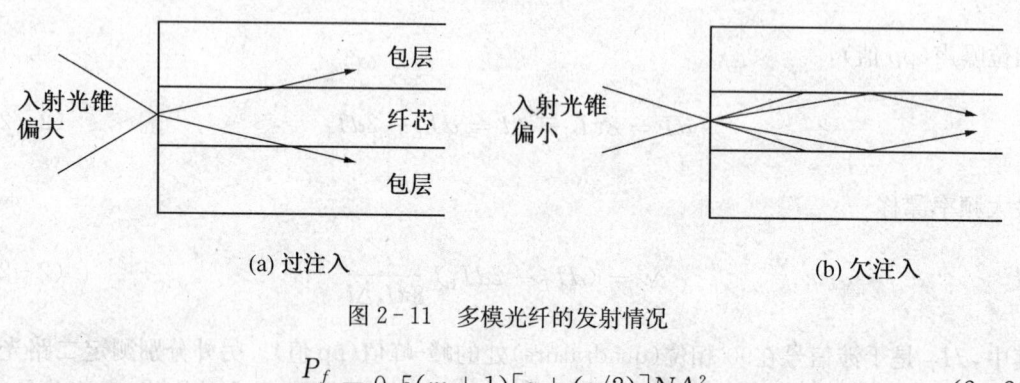

(a) 过注入   (b) 欠注入

图2-11 多模光纤的发射情况

$$\frac{P_f}{P_s} = 0.5(m+1)[\alpha + (\alpha/2)]NA^2 \qquad (2-26)$$

其中 α 为光纤的折射率轮廓因子(梯度折射率光纤为2,阶跃折射率光纤为∞),耦合损耗为 $-10\log\frac{P_f}{P_s}$。理论上的最佳耦合是指光源的尺寸和其数值孔径之积与光纤相匹配时的耦合,一般应使用透镜完成。

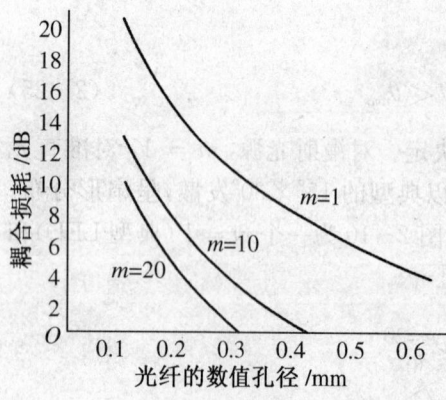

图2-12 不同 m 值下光纤的耦合损耗随光纤的数值孔径变化的曲线

图2-12显示了发散特性不同的光源的耦合损耗随光纤的数值孔径变化的情况,由图可知,在使用相同自聚焦透镜和光纤(数值孔径>0.25)的情况下,ILD($m=20$)的偶合损耗要比LED($m=1$)的小很多(约10 dB),LED光源的发散性使其耦合一般为过注入,当然耦合调整过程会容易些。

(3) GRIN 棒透镜。

本实验使用梯度折射率(GRIN)棒透镜(自聚焦透镜)将半导体光源耦合进光纤。这种透镜是直径1~3 mm、长度几毫米的小玻璃棒(圆柱体),其折射率沿径向分布为

$$n(r) = n_0(1 - Ar^2/2) \qquad (2-27)$$

式中,n_0 为轴上折射率,$A = 2\Delta/a^2$,Δ 为分数折射率差,a 为芯径。

GRIN棒透镜可以对光束进行准直或聚焦,此处用0.29节距的棒透镜(图2-13(b))对发散的半导体光源实现聚焦,节距是指光线在梯度折射率介质中沿正弦轨迹运行一周的长度。能够实现准直的为1/4节距的GRIN棒透镜(图2-13(a))。

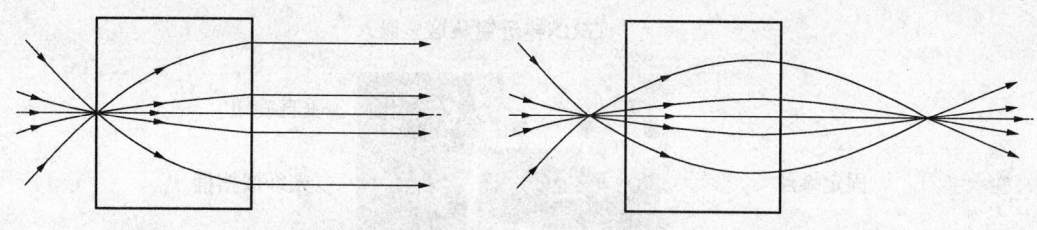

(a) 0.25 节距形成平行光　　　　　(b) 0.29 节距形成会聚光

图 2-13　梯度折射率(GRIN)棒透镜光路图

(4) 实验仪器。

实验所用仪器部件清单如表 2-1 所示。

表 2-1　部 件 清 单

Cat#	Description	说　明	Qty.
F-MLD-50	100/140 MM fiber, 1 meters	100/140 多模光纤,1 m	1
	633 nm SM fiber, 1 meter	633 nm 单模光纤,1 m	1
XSN-22	2×2 Breadboard	2×2 英尺光学平台	1
1815-C	Power meter	光功率计	1
B-1	Base	底衬板	3
VPH-2	Post holder	2 英寸立杆支撑座	3
SP-2	Post	2 英寸立杆	3
FP-1	Fiber positioner	光纤定位器(1 个在 F-925 上)	2
FK-GR29	NSG SLW-1.8-0.29 lens	0.29 节距自聚焦透镜	1
F-925	GRIN-rod lens fiber coupler	格兰棒透镜光纤耦合器	1
FK-ILD	780 nm Laser diode assembly	780 nm 半导体激光器装置	1
	635 nm Laser diode assembly	635 nm 半导体激光器装置	1
MH-2PM	Optics holder	光学支撑座(适配圈)	1
505	Laser Diode Driver	半导体光源驱动电源	1
F-IRC1	IR phosphor card	红外磷光片	1
818-BB-21	Silicon PIN Detector	硅 PIN 管光电探测器	1
TDS-210	Digital Real Time Oscilloscope	数字示波器	1
F-BK2	Fiber Cleaver	光纤切割刀	1

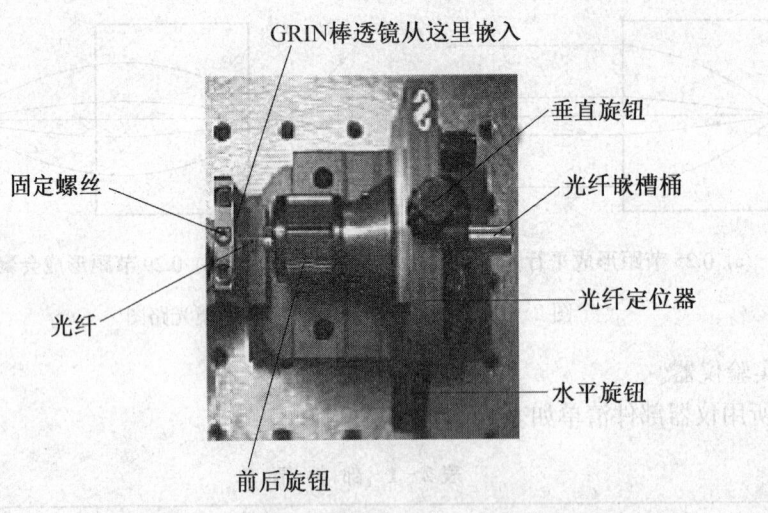

图 2-14　GRIN 棒透镜光纤耦合器安装图示

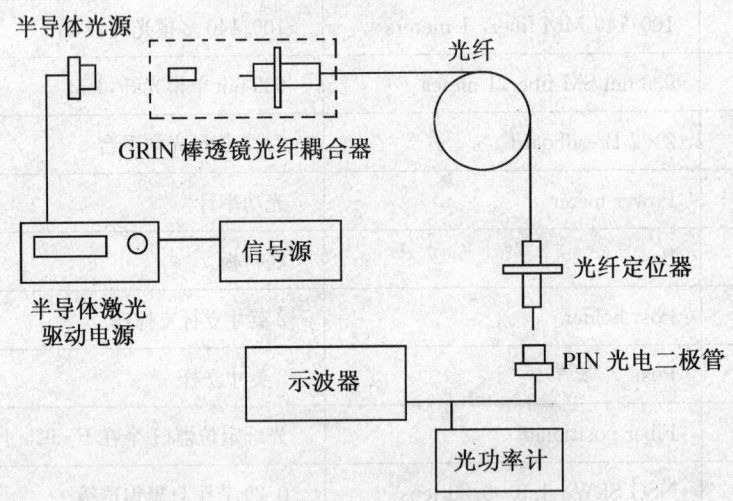

图 2-15　半导体光源与光纤耦合系统示意

(5) 操作要点。

① 开 505 激光驱动电源开关,将其限制电流调至 120 mA(已调好),注意此时激光驱动电源的钥匙处于关闭(off)状态,电流示值为零。

② 将激光驱动电源的钥匙拨向开(on)的位置,慢慢将电流从零调至 42 mA,按一下(注意只能按一次)激光输出按钮(output/on,灯亮),调整 GRIN 光纤耦合器(F-925)上的光纤定位器的 X,Y,Z 旋钮,将入纤端面置于 GRIN 镜后合适位置(离 GRIN 镜 2 mm 以内中央,不能碰到 GRIN 镜)。

③ 调整上述光纤定位器的 X,Y,Z 旋钮,将红外磷光片置于出纤端面前观察是否接收到光(有无光斑),如有,则将光斑调亮(即调整光纤入端光纤定位器的 X,Y 旋钮)后移去红外传感片,将光纤出端置于 PIN 光电管前 2 mm 以内对准小孔位置(不能碰到 PIN 管)。

④ 同时观察示波器上该通道的直流耦合信号的直流分量(平均值)是否随着激光器调

制电流的变化而变化,如否,则需检查步骤③。

⑤ 如接收信号有变化则通过调整出端光纤定位器的 X,Y 旋钮使得信号达最大,进一步调整光纤耦合器(F-925)上的光纤定位器的 X,Y,Z 旋钮使接收到的信号最大,此时光纤入端处于最佳耦合状态。

⑥ 将调制电流置零,从零开始到 50 mA 为止,测量半导体激光器 LD 的电光特性曲线($I-P$ 曲线,以示波器电压平均值代表光强 P,在接近阈值处开始每隔 1 mA 或 0.5 mA 测一次),确定 LD 的阈值电流大小(曲线直线段的延长线与横轴交点)。

【注意事项】
1. 完成实验后一定要将 LD 调制电流调回到零,先按一次激光输出按钮(灯灭),再拨钥匙至 off,最后才能关电源。
2. LD 器件勿用手摸,否则它们将因静电而被击坏。
3. LD 为近红外激光,小心不得直视或反射直视。
4. 光学镜面勿用手触摸。

【预习与思考】
1. 测量电光特性时,单色仪输出光波长偏离激光器中心波长将有什么不同?如果事先不知道激光器中心波长又该如何去做?
2. 有什么办法可以提高激光器的外微分量子效率?
3. 根据所得光谱数据如何判断其展宽类型?
4. 同时考虑正弦强度调制和正弦调频时,激光器的输出光强和输出频率如何表示,Michelson 干涉仪的相位差又如何表示?
5. 在用干涉方法测量半导体激光器频率漂移时,为何将干涉条纹定位在 90°相位处?
6. 如何测量半导体激光器与光纤的耦合效率?
7. 光纤端面紧贴 GRIN 棒透镜能否提高耦合效率?
8. 在"贴背耦合"时,阶跃折射率光纤的耦合效率高还是梯度折射率光纤的耦合效率高?
9. 如何测量半导体激光器的发散角?

【附录】 自聚焦透镜成像

在此,我们用矩阵的方法来描述透镜的几何光学行为,当考虑近轴子午光线的传播时,光线在自聚焦透镜中的轨迹参数如下:

$$\begin{bmatrix} r \\ t \end{bmatrix} = \begin{bmatrix} \cos(\sqrt{A}z) & \dfrac{\sin(\sqrt{A}z)}{n_0\sqrt{A}} \\ -n_0\sqrt{A}\sin(\sqrt{A}z) & \cos(\sqrt{A}z) \end{bmatrix} \begin{bmatrix} r_0 \\ t_0 \end{bmatrix} \tag{2-28}$$

其中

$$t = n(r)\sin\theta = n_0 \tan\theta \tag{2-29}$$

是透镜内光线的局部数值孔径,$\sqrt{A}$ 称为聚焦常数,r,t 两个参数分别描述透镜内光线的高度和方位,图 2-16 给出了自聚焦透镜的各个参数的定义,从成像角度,关于参数的符号,我们规定:

(1) 原点:可以是顶点(透镜端面与光轴交点)、主点(透镜主平面与光轴交点)或焦点(透镜焦平面与光轴交点);

(2) 线段:以原点为基点,顺光线传播方向(+z 轴方向)为正,反之为负;

(3) 角度：以光轴或端面法线为基轴，从基轴向光线转动，顺时针为负，逆时针为正；
(4) 标记：在成像图中出现的几何量(长度和角度)均取绝对值，正量直接标注，负量加"一"号。

我们选择透镜的顶点为原点，物面上有一物高为 r_0，自其顶端发出的光线的数值孔径为 t_0，此光线经过前焦点于入射面上某点(高度为 r_1)进入透镜，碰到主平面后变成平行于基轴的光线由出射面上某点(高度为 r_2)出来最后到达像面，像面的垂直位置可由物体顶端另一根平行光线经后主面过后焦点后与前述光线相交决定。

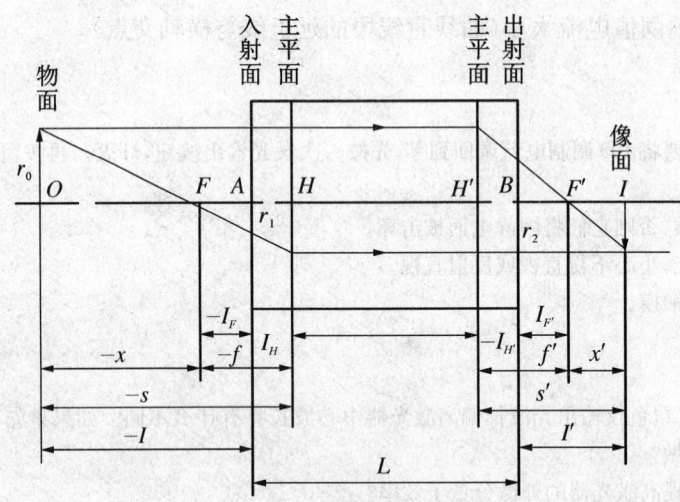

图 2-16　自聚焦透镜几何光学

显然，入射面上的光线参数

$$\begin{bmatrix} r_1 \\ t_1 \end{bmatrix} = \begin{bmatrix} 1 & -l \\ 0 & 1 \end{bmatrix} \begin{bmatrix} r_0 \\ t_0 \end{bmatrix} \tag{2-30}$$

出射面上的光线参数

$$\begin{bmatrix} r_2 \\ t_2 \end{bmatrix} = \begin{bmatrix} \cos(\sqrt{A}L) & \dfrac{\sin(\sqrt{A}L)}{n_0\sqrt{A}} \\ -n_0\sqrt{A}\sin(\sqrt{A}L) & \cos(\sqrt{A}L) \end{bmatrix} \begin{bmatrix} r_1 \\ t_1 \end{bmatrix} \tag{2-31}$$

像面上的光线参数

$$\begin{bmatrix} r \\ t \end{bmatrix} = \begin{bmatrix} 1 & l' \\ 0 & 1 \end{bmatrix} \begin{bmatrix} r_2 \\ t_2 \end{bmatrix}$$

$$= \begin{bmatrix} 1 & l' \\ 0 & 1 \end{bmatrix} \begin{bmatrix} \cos(\sqrt{A}L) & \dfrac{\sin(\sqrt{A}L)}{n_0\sqrt{A}} \\ -n_0\sqrt{A}\sin(\sqrt{A}L) & \cos(\sqrt{A}L) \end{bmatrix} \begin{bmatrix} 1 & -l \\ 0 & 1 \end{bmatrix} \begin{bmatrix} r_0 \\ t_0 \end{bmatrix} \tag{2-32}$$

这里的 r 就是像高，因此给定物点参数 (r_0, t_0)，像点参数 (r, t) 就确定了。下面我们用此公式来推导自聚焦透镜的一些参数。

令光线从前焦点 F 出发，则出射的是平行光线，有

$$\begin{bmatrix} (l_H - l_F)t_0 \\ 0 \end{bmatrix} = \begin{bmatrix} \cos(\sqrt{A}L) & \dfrac{\sin(\sqrt{A}L)}{n_0\sqrt{A}} \\ -n_0\sqrt{A}\sin(\sqrt{A}L) & \cos(\sqrt{A}L) \end{bmatrix} \begin{bmatrix} 1 & -l_F \\ 0 & 1 \end{bmatrix} \begin{bmatrix} 0 \\ t_0 \end{bmatrix} \tag{2-33}$$

即

$$\begin{cases} l_H - l_F = -l_F \cos(\sqrt{A}L) + \dfrac{\sin(\sqrt{A}L)}{n_0\sqrt{A}} \\ 0 = l_F\, n_0\sqrt{A}\sin(\sqrt{A}L) + \cos(\sqrt{A}L) \end{cases} \quad (2-34)$$

物方焦点为

$$l_F = -\frac{\cot(\sqrt{A}L)}{n_0\sqrt{A}} \quad (2-35)$$

物方主点为

$$l_H = \frac{\tan\left(\dfrac{\sqrt{A}L}{2}\right)}{n_0\sqrt{A}} \quad (2-36)$$

注意此两式的参考平面为透镜前端面(入射面)。因为像方焦点和物方焦点共轭,像方主点和物方主点共轭,所以

$$l_{F'} = \frac{\cot(\sqrt{A}L)}{n_0\sqrt{A}} \quad (2-37)$$

$$l_{H'} = -\frac{\tan\left(\dfrac{\sqrt{A}L}{2}\right)}{n_0\sqrt{A}} \quad (2-38)$$

它们的参考平面为透镜后端面(出射面)。由此,可得到物方焦距(参考面是前主平面)

$$f = -(l_H - l_F) = -\frac{1}{n_0\sqrt{A}\sin(\sqrt{A}L)} \quad (2-39)$$

像方焦距

$$f' = \frac{1}{n_0\sqrt{A}\sin(\sqrt{A}L)} \quad (2-40)$$

其他如节距(pitch)

$$P = \frac{2\pi}{\sqrt{A}} \quad (2-41)$$

聚焦常数

$$\sqrt{A} = \frac{2\Delta}{a} \quad (2-42)$$

其中 a 是透镜半径。由式(2-39)或(2-40)可知,自聚焦透镜是通过改变透镜长度来使焦距变化,L 和 f 或 f' 成反比,同时,聚焦常数 $\sqrt{A}$ 也反映了透镜对于光线的会聚能力,$\sqrt{A}$ 越大,或透镜半径 a 越小,焦距越短,透镜的会聚作用就越强,但 a 与透镜的数值孔径成正比,这一点却是制约透镜的集光本领的。

【参考文献】

[1] 周炳琨,高以智,等. 激光原理[M]. 北京:国防工业出版社,2000.
[2] 江剑平. 半导体激光器[M]. 北京:电子工业出版社,2001.
[3] 王叶. 干涉法测量半导体激光频率漂移实验[J]. 大学物理,2003,(12).
[4] Projects in Fiber Optics [M]. Newport Corporation, 1791 Deere Ave, Irvine, CA. USA, 1993.
[5] Projects in Single-mode Fiber Optics [M]. Newport Corporation, 1791 Deere Ave, Irvine, CA. USA, 1993.
[6] 樊昌信,等. 通信原理[M]. 北京:国防工业出版社,2001.

实验三 位移传感器

第一部分 光纤位移传感器

【背景知识】

从能量转换的角度讲,无论传感的对象是什么,最终都将直接地或间接地使光纤的模式场发生变化,这种变化可能来自一些模式的转移或转变,场发生泄漏,模式间产生耦合或者分解,场发生干涉等,有时要区分一些细微的模式变化是比较困难的,但是作为探测的目标或物理量,一般都归结为光强信号,如何建立起被传感对象与输出光强之间的关系是开发和解读光纤传感器的基本任务。

为了研究和认识的需要,我们把光纤传感器划分成两大类:单纯光强调制型的和相位调制型的,单纯光强调制型的含义是在这些光纤传感器中,引起光强变化的相位原因并不和传感对象显式关联,或者理论分析并未从相位变化着手,这类光纤传感器一般由多模光纤制成,传感过程中的相位变化难以精确处理,只是通过隐含相位变化的统计宏观量和其他一些宏观物理量表现出来。而对于相位调制型光纤传感器来说,模式的相位必须加以考虑,比如前面基础知识部分讨论过的光纤陀螺,它是基于光纤内的萨格奈克(Sagnac)效应,这是一种场的干涉,引起的相移和本地旋转角速度产生关系,这类光纤传感器往往由单模光纤制成,因为单一模式的原发场的相位及其变化较易把握也不能轻易忽略。

单纯光强调制型光纤传感器还可以分为两类:① 内效应方式(Internal effect);② 混合(杂)方式(Hybrid)。

(1) 内效应方式光纤传感器通过扰动光纤本身的光场状态去调制输出光强,这时光纤既是传输介质又是传感转换器或适配器(传感头)。转换器或适配器是光强信号与传感对象之间的桥梁,它是将传感对象模型化与定量测量的关键部件,当然内效应光纤传感器的传感头有时还需要另外的一些拼接部件,比如波纹压板(扰模器)等。这些传感器中的光强调制是通过模式扰动和模式耦合等效应完成的,比如扰模器的作用就是使光纤产生机械变形引起内部模式间的耦合,从而光功率发生再分布同时内部产生了热辐射。

(2) 混合方式光纤传感器,顾名思义,除光纤外,还需在光纤与传感对象间形成或插入更多的界面或物体,这包括可能需要对光纤做更复杂的处理,需要设计特殊的传感转换器或适配器等,所形成的系统的复杂程度取决于传感对象与光的变换关系以及对传感灵敏度等的要求。本实验要讨论的光纤位移传感器就是属于混合型的,虽然其结构看上去较为简单,但是理论上却有进一步探讨的地方。

表 3-1 常规光纤位移传感器分类及其应用形式

分 类	单光纤对型	一发多收型	光纤束型
透射或反射	√	多为反射	多为反射
可平行排列	√	√	√

续 表

分 类	单光纤对型	一发多收型	光纤束型
可倾斜排列	√	不常见	不常见
可对称排列		√	√
可随机交织		√	√
收发光纤不同型	√	√	√
定量分析	√	√	√

【实验目的】

(1) 掌握光纤位移传感器的基本特性和工作原理。

(2) 测量 Y 分叉式光纤束光纤位移传感器的光强调制曲线和灵敏度。

【实验原理】

光纤位移传感器的一些常见结构如图 3-1 所示。

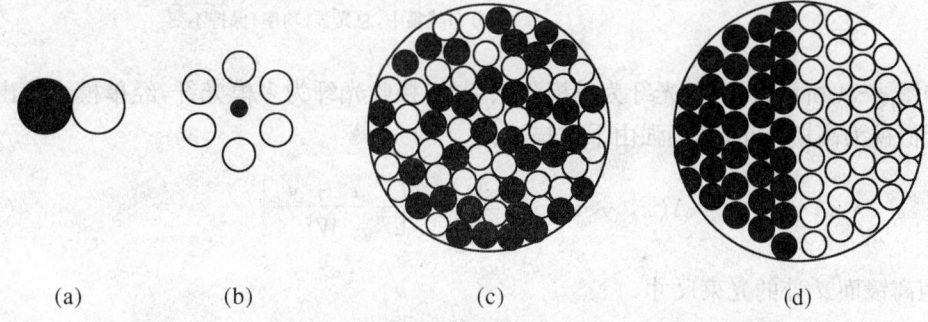

图 3-1 光纤位移传感器的一些常见结构

(a) 多模光纤构成发射与接收单光纤对端面结构；(b) 一根单模或多模光纤用于发射，六根多模光纤用于接收；(c) 随机型多模光纤束结构；(d) 半圆型多模光纤束结构

发射光纤（黑）是指从入端耦合光源的光然后传输至另一端出射的光纤，射出的光斑一般具有规则的形状，其大小及光强分布随位移而变。这个位移由传感通路上的发射及接收光纤的相对位置和路径决定，光强变化也可以由对光产生影响的某个位置的状态变化引起，因此位移传感器有时也可以称为位置传感器，比如图 3-2 中的发射和接收光纤是固定的，中间如果有物体通过，则接收光纤输出的光强必然发生变化(产生一个负脉冲)。

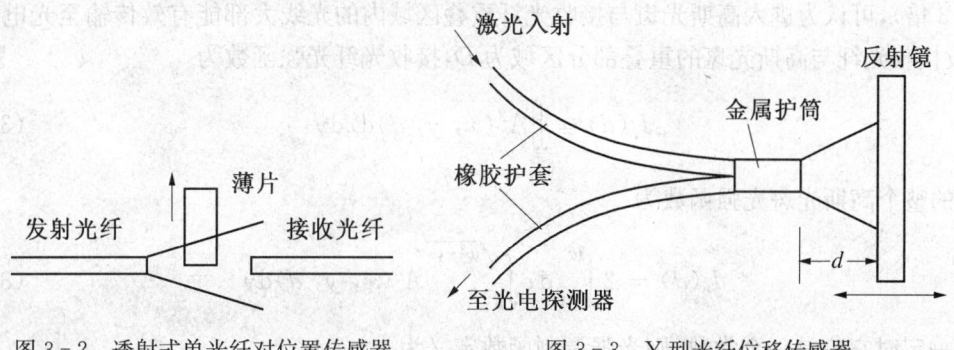

图 3-2 透射式单光纤对位置传感器　　图 3-3 Y 型光纤位移传感器

发射及接收光纤的相对位置可以是透射式的也可以是反射式的,图 3-3 是常见的反射式结构光纤位移传感器(Y 型)。

Y 型光纤位移传感器的出射端面情况可以是图 3-1 中的任何一种,现以单光纤对为例作理论探讨。

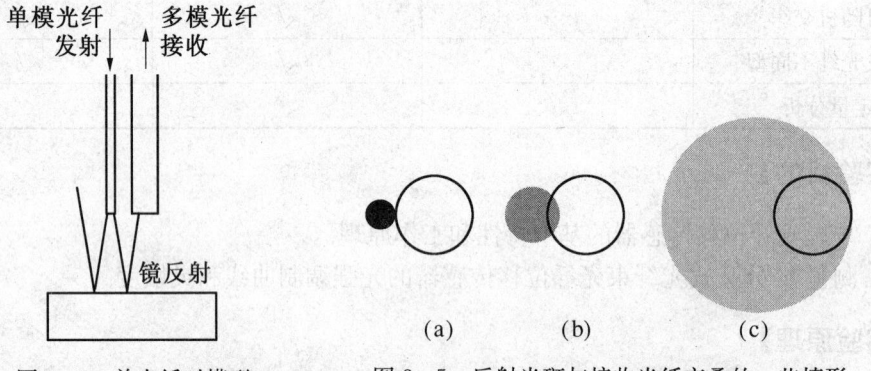

图 3-4 单光纤对模型

图 3-5 反射光斑与接收光纤交叠的一些情形

(a)至(c)为位移增加方向,位移越小,光斑尺寸越小,分布越集中,总光强(功率)保持不变

如图 3-4 所示,设入射光纤为单模阶跃型的,接收光纤为多模光纤,经单模光纤出射的光束近似视为高斯分布,其场强由下式描述:

$$A(x, y, d) = \frac{A_0}{\sqrt{\pi}W}\exp\left[-\frac{x^2+y^2}{W^2}\right] \tag{3-1}$$

W 是距离镜面 d 处的光束尺寸,

$$W(d) = W_0 + 2d\tan\theta \tag{3-2}$$

W_0 为单模光纤近场模半径,工程上,它可以由下式构建:

$$W_0 = r_{SF}(0.65 + 1.619V^{-1.5} + 2.879V^{-6}) \tag{3-3}$$

其中 r_{SF} 是单模光纤的芯半径,V 是其归一化波数(V 数),θ 由下式给出:

$$\theta = \arcsin(NA_{SF}) \tag{3-4}$$

出于模型简化的目的,同时考虑到接收多模光纤的数值孔径比单模光纤的大得多(约等于后者的 3 倍),可认为进入高斯光斑与接收光纤重叠区域内的光线大部能有效传输至光电探测器,设接收光纤与高斯光斑的重叠部分区域为 D,接收光纤光强函数为

$$I_r(d) = \iint_D A^2(x, y, d)\mathrm{d}x\mathrm{d}y \tag{3-5}$$

反射的整个高斯光斑光强函数为

$$I_e(d) = 2\int_{-W}^{W}\mathrm{d}x\int_0^{\sqrt{W^2-x^2}}A^2(x, y, d)\mathrm{d}y \tag{3-6}$$

当 d 一定时它应是一个常数,则光强调制函数定义为

$$M_s = \frac{I_r}{I_e} \tag{3-7}$$

一般地,除位移 d 外输出光强还依赖于光纤的一些特征参数如数值孔径、芯径、包层与涂层半径、单模光纤模场半径以及纤轴间距等。

【实验仪器】

实验仪器如表 3-2 所示。

表 3-2 部件清单

Part#(部件)	Description	说　　明	数量
L. Laser Assembly(激光器装置)			
340-RC	Clamp	夹具	1
40	Short rod	短棒(激光器支架杆)	1
ULM	Laser Mount	激光器底座	1
U-1101P	4 mW He-Ne Laser	4 mW 氦氖激光器	1
1201-2	Laser power supply	氦氖激光电源	1
FE. Fiber Sensor Emitting Assembly(光纤传感器入纤发射装置)			
AC-1	Lens Chuck	透镜卡座	1
VPH-2	Post holder	2英寸立杆支撑座	1
SP-2	Post	2英寸立杆	1
FBDS. Fiber Bundle Displacement Sensor Assembly(光纤束位移传感器装置)			
777-1	Y-Branched Fiber Bundle Displacement Sensor	Y分叉式光纤束位移传感器	1
FP-1	Fiber positioner	光纤定位器	1
VPH-2	Post holder	2英寸立杆支撑座	2
SP-2	Post	2英寸立杆	2
10D20ER.1	1″ Mirror	1英寸平镜	
P100-P	Mirror Mount	反射镜底座	1
UPA-1	1″Mirror Houlder	1英寸镜支撑座	1
SM13+423	Translation stage	13 mm 平移平台	1
FR. Fiber Sensor Receiving Assembly(光纤传感器出纤接收装置)			
AC-1	Lens Chuck	透镜卡座	1
VPH-2	Post holder	2英寸立杆支撑座	1

续表

Part#(部件)	Description	说　明	数量
SP-2	Post	2英寸立杆	1
D. Detector Assembly(检测装置)			
10657	Large area photodector	大面积光电探头	1
VPH-2	Post holder	2英寸立杆支撑座	1
SP-2	Post	2英寸立杆	1
1815-C	Power meter	光功率计	1

【实验内容及操作要点】

运用Y分叉式光纤束光纤位移传感器(图3-1(d))构成的实验装置如图3-6所示。

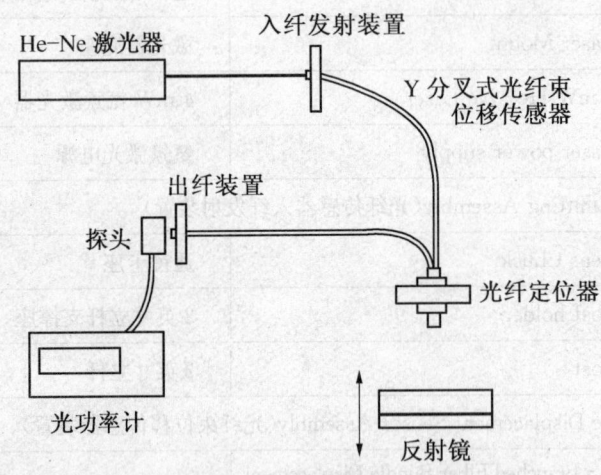

图3-6　实验装置示意

1. 接收光功率的测量

(1) 将SM-13测微计置于0 mm处(切勿将其乱拧和将它调到过零,这将可能损坏镜面)。

(2) 开激光,开1815-C功率计,选择合适的档级(保证有3~4位有效数字)。

(3) 用一块黑板挡住激光,将功率计调零(注意环境光的影响程度)。

(4) 记录光功率P,此时d(光纤传感器端面与镜面距离)假定为1 mm。

(5) 调节SM-13测微计,从零开始,每隔0.2 mm(20小格)测一次光功率,至SM-13的6 mm为止,实际d的范围为1~7 mm。

2. 传感灵敏度的测量

(1) 将实验1的测量结果以d为横坐标,P为纵坐标作图,找到一个斜率较大的线性段,回到实验中,从此线性段内的某处开始每隔10 μm(1小格),连续测12次数据。

(2) 用逐差法(可分为两组)计算单位长度(以10 μm为单位)的光强变化(微瓦)即灵敏度R。

$$R = \frac{\Delta P}{\Delta d} \qquad (3-8)$$

其中 ΔP 可根据下式计算:

$$\Delta P = \frac{1}{36}(|P_7 - P_1| + |P_8 - P_2| + \cdots) \qquad (3-9)$$

(3) 计算此灵敏度的误差(不确定度)。

【注意事项】
1. 光学镜面或光敏面千万勿触摸。
2. 小心勿直视激光(包括其反射光)。

【预习与思考】
1. 从直观及从式(3-7)作图出发讨论光强调制曲线的形状。
2. 哪些因素将会影响传感灵敏度?
3. 用什么方法或新的设计可以消除光强漂移对灵敏度的影响?
4. 试分析图 3-1(c)、(d)两种光纤束位移传感器的光强调制关系。

【参考文献】
[1] Projects in Fiber Optics [M]. Newport Corporation, 1791 Deere Ave, Irvine, CA. USA, 1993.
[2] 王叶,张义郎,孙逦疆. 进阶实验教学及个案[J]. 物理实验,2008(增刊).

【附录】 光纤位移传感器设计实验

1. 光纤位移传感器制作

在实验室内,利用石英、塑料裸光纤、光纤连接器(光纤跳线)、有机玻璃棒、不锈钢管等材料可以很方便地制作各种类型的光纤位移传感器。如图 3-7 所示,它们都属于混合(杂,hybrid)方式,直反式光强类型。图 3-7(a)的入射光纤由多模光纤连接器构成,一端根据光纤基本知识给出的线缆光纤端面处理步骤进行处理,另一端通过尾纤接头可连接至半导体激光器。塑料光纤为 2 mm 直径的 PMMA(聚甲基丙烯酸甲酯)光纤,其两端要经过切割和打磨,用抛光纸手工打磨一般只能达到 80%的透过率,将处理过的入射光纤和出射光纤插入一个预先打好孔的有机玻璃棒合并为直反式光纤探头。

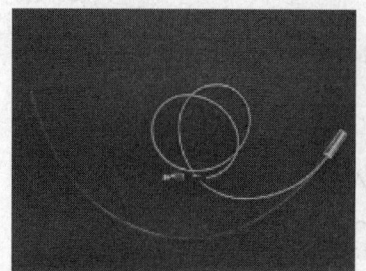
(a) 石英塑料混合型
光纤位移传感器

(b) 全塑料(PMMA 有机玻璃)
光纤位移传感器

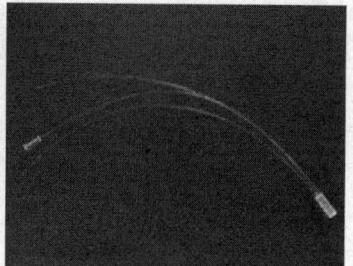
(c) 一发二收补偿式全塑料
光纤位移传感器

图 3-7 自制光纤位移传感器

表 3-3 光纤元件或材料的一些参数

名　称	参数和数据	备　注
PMMA 塑料光纤	直径：2 mm	
	数值孔径：0.5	
	损耗：≤180 dB	650 nm
	弯曲直径：≥8 D	
光纤连接器	尾纤类型：FC/PC，FC/APC	注意激光注入条件
	光纤：标准多模光纤，62.5/125	芯径/包层直径
	数值孔径：	待测

2. 建模

直反式单光纤对光纤位移传感器的建模并不简单。一般先基于两个理想条件，即

(1) 反射面为理想镜面；

(2) 两根光纤的轴互相平行且垂直于反射面(取决于加工、制作)。

对于发射、接收皆为多模光纤的情况，从发射角度要考虑的问题是：

(1) 场型特征。涉及激发条件及其强度分布、包层光作用、光纤对间耦合、表面缺陷及反射干扰等；

(2) 位型关系。涉及两根光纤的芯径、数值孔径、间隔、光斑圆度等。

从接收角度要考虑的问题是：

(1) 接收强度的算法；

(2) 位移精度与灵敏度；

(3) 抗干扰与补偿；

(4) 线性区间及其定标。

一般地，发射可以假设为高斯型、准高斯型或朗伯型，接收可以用交叠面积比、光强积分(包括光度法)等方法处理。得到所谓光强调制函数，定义为

$$M = \frac{I_r}{I_s} \tag{3-10}$$

式中，I_s 表示发射光强，I_r 表示接收光强，具体算法参阅参考文献。图 3-8 是根据有关理论得到的一些仿真结果。

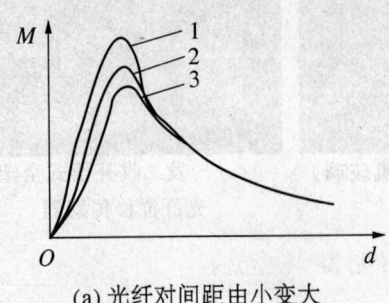

(a) 光纤对间距由小变大

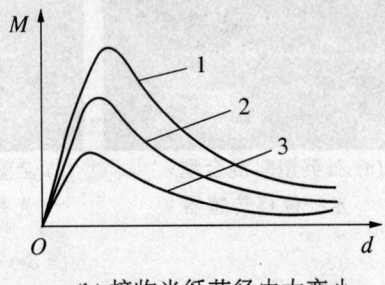

(b) 接收光纤芯径由大变小

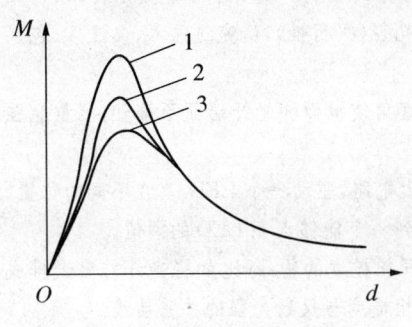 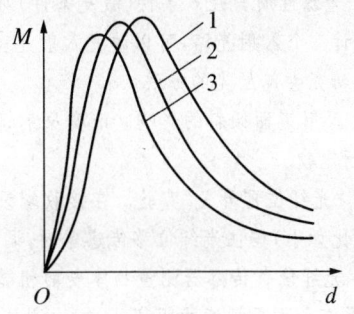

(c) 入射光纤芯径由小变大　　　　　　　(d) 芯径相同数值孔径由小变大

图 3-8　多模光纤构成的直反式光纤位移传感器光强调制函数的理论曲线

因此,从理论及实验出发可以讨论光强调制曲线的形状变化,如表 3-4 所示。

表 3-4　光纤参量对单光纤对光纤位移传感器光强调制特性的讨论

单参量变化	起始距离 d_0	峰顶距离 d_p	峰顶高度 M_p	峰顶宽度	前坡灵敏度	填表说明
p 增加						用增大、减小、不变或基本不变表示
r_1 增加						
r_2 增加						
θ_N 增加						

(1) 哪些因素将会影响传感灵敏度?
(2) 试分析光纤位移传感器的稳定性。
(3) 用什么方法或新的设计可以消除光强漂移对灵敏度的影响?
(4) 试分析单模光纤发射,多模光纤接收时的光强调制关系。

3. 研究性与应用实验

实验装置如图 3-9 所示。

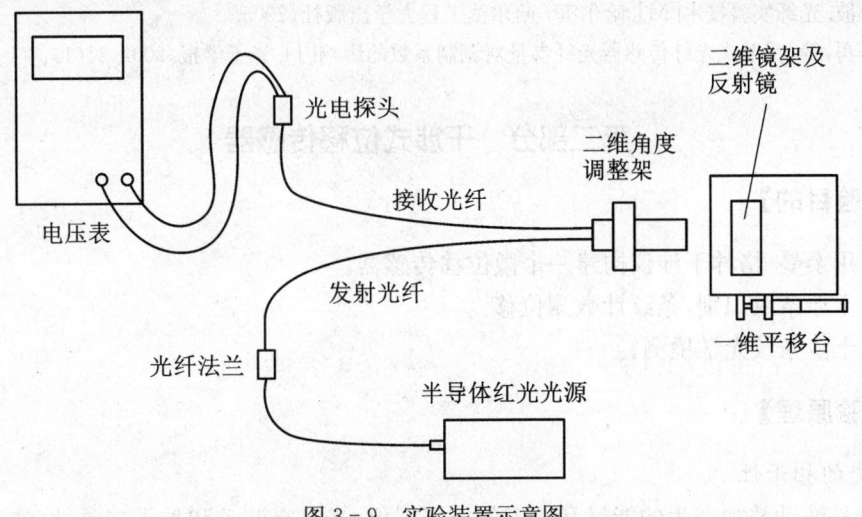

图 3-9　实验装置示意图

(1) 光源性质与注入条件(激发条件)对纤端发射光强分布的影响。使用半导体激光或 He－Ne 激光或 LED,设计一个入射光路,可以改变入射光斑的大小和数值孔径(平行性),研究过注入、欠注入、包层发射等的影响,研究去包层光的方法。

(2) 反射镜面倾斜的影响。改变反射镜架的水平或垂直角使镜面和光纤端面不垂直,测量光强调制曲线并进行比较。

(3) "光纤位置开关"实验。在接收端设计一个电压放大电路,驱动一个 LED,当在不同的位置、用不同的物品(比如手)挡住光纤位移传感器时,调整放大倍数,找到一个能够点亮 LED 的阈值。

(4) 光纤位移传感器测量物体表面粗糙度实验。用不同粗糙度的物品(比如将光纤打磨纸排成一行),放置在具有合适灵敏度的距离处,依次测量反射强度,画出粗糙度与反射光强的关系曲线。

表 3-5 实验装置基本配置(部件)

	名　称	规格或型号	数　量
1	半导体红光光源	650 nm,1 mW	1
2	石英-塑料光纤位移传感器		1
3	全塑料光纤位移传感器		1
4	二维角度调整架	孔径 12 mm	1
5	二维角度调整架	孔径 25.4 mm	1
6	反射镜	25.4 mm	1
7	一维平移台	10 μm 精度	1
8	光纤法兰		1
9	光电探头及适配器		1
10	万用表	0.01 mV 精度	1
11	内六角螺刀	5 mm	1
12	平头螺刀		1

【参考文献】

[1] 苑立波.光纤实验技术[M].哈尔滨:哈尔滨工程大学出版社,2005.
[2] 杨华勇,等.反射式光纤传感器光纤参量对调制系数的影响[J].光子学报,2002,31(1):74-78.

第二部分　干涉式位移传感器

【实验目的】

(1) 用泰曼-格林干涉仪构建一个微位移传感器。
(2) 干涉条纹识别,条纹计数测位移。
(3) 干涉条纹光学检测。

【实验原理】

1. 光的相干性

干涉是波动叠加产生的能量和能流的群聚现象,光具有波动和粒子二重性,波动的特点是其幅度呈现时间周期性和空间周期性，干涉是遵循确定性的规律的波动叠加的空间分布，另一方面，光波动是由原子(分子)的辐射所形成，发光粒子的运动及其发光过程本质上具有随机性，发光是一个随机过程，光的相干性实际上就是指光源的相干性。考虑一个实际的热光源，在一定的时间内，大量的自发辐射光子组成规则有序(指其频率、相位、传播方向和偏振状态皆相同)的光子流(光波)，叫做波列(波包)，光源可同时向不同的方向辐射不同的波列(波包)，不同的波列是不相干的，干涉实验要揭示的是在大量的随机的波列的作用下，每一个波列自身的相干性。

波列的相干性可以由两种方法实现观察，杨氏双孔干涉实验用分波面法将一个波包分成两个子波包进行相干叠加，迈克尔逊干涉实验用分振幅法将一个波包分成相当于两个相干光源的波包进行叠加，考虑到波包或子波的群体作用及其场矢的随机特性，干涉条纹是否清晰可见需用条纹可见度(反衬度)描述

$$\gamma = \frac{I_{\max} - I_{\min}}{I_{\max} + I_{\min}} \tag{3-11}$$

$I_{\max}$ 和 $I_{\min}$ 体现了波包或子波间相干群聚和非相干群聚的总效果。

光源的广延(尺寸)对光场呈现相干性的影响称为光源的空间相干性。如图3-10所示，单色面光源宽度为 b，它到双孔所在面的距离为 L，双孔距离为 d，粗略地可以证明，当下式成立时才有清晰的干涉条纹

$$\frac{b}{L} \ll \frac{\lambda}{d} \tag{3-12}$$

此条件表明尺寸很小的光源才具有空间相干性。严格地讲，对于一个任意

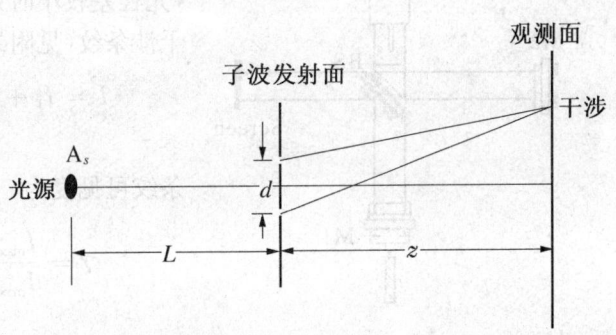

图3-10　光源的空间相干性

面积的非相干均匀光源，双孔所在面上理论上存在一个区域使得该区域内任意两点发出的子波具有相干性，由Van Cittert-Zernike定理可以证明此区域的面积为

$$A_c = \frac{(\lambda z)^2}{A_s} \tag{3-13}$$

式中，A_s 是光源的面积，A_c 用来表示光源的空间相干性，称为相干面积，它在统计光学(或信号统计检测理论)中的确切定义是

$$A_c = \iint_{-\infty}^{+\infty} |\mu(\Delta x, \Delta y)|^2 \mathrm{d}\Delta x \mathrm{d}\Delta y \tag{3-14}$$

$\mu(\Delta x, \Delta y)$ 是位于双孔所在面的所谓复相干系数，它是光源强度分布的二维傅里叶变换，$\Delta x, \Delta y$ 是双孔所在面任意两点之间的坐标增量，$\mu(\Delta x, \Delta y)$ 量度任意两个子波间的相关性，A_c 是这种相关性的统计幅值。

除了空间相干性之外，光源还具有时间相干性，光源的时间相关性是由辐射光谱的线宽决定的。波列是有一定时间长度的，即使从同一点发出的波列，长度也可能是随机的，其中任意两个波列间的时间相关性可以由复自相干度描述。对于准单色光源，波列的有限时间

长度和光谱的有限频率宽度相对应,相干时间原本是波列间时间相关性的统计幅值,为避免空间相干性的影响,利用准单色点光源发出的波列,两个波列的先后时间间隔只有小于这个相干时间时,它们才能相干叠加,可得相干长度

$$l_c = c\tau_c = \frac{c}{\Delta\nu} = \frac{\lambda^2}{\Delta\lambda} \tag{3-15}$$

$\tau_c = \dfrac{1}{\Delta\nu}$ 称为相干时间,它是光源线宽(频域量)在时域中的反映。应当指出,光源的时间相干性始终存在。

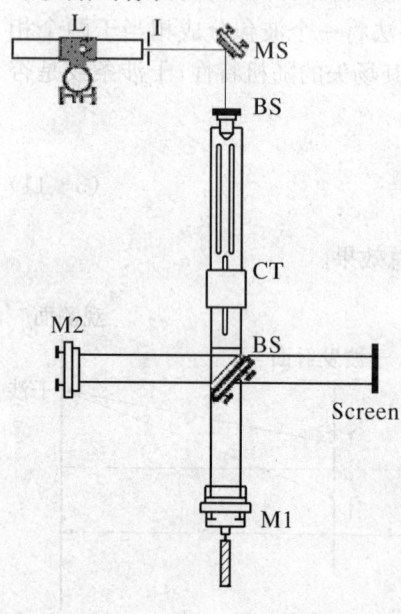

图 3-11 泰曼-格林干涉仪装置
L—氦氖激光;I—光栏;MS、M1(安装了测微计);M2—反射镜;BE—扩束及准直器;BS—分束器;Screen—屏

2. 泰曼-格林干涉仪

泰曼-格林干涉仪是以迈克尔逊干涉仪为原型的激光双光束波前干涉装置,如图 3-11 所示。

迈克尔逊干涉仪的详细原理请参阅有关光学书籍。实际测量时,光束应稍稍发散即以小角度入射,这样事先可以得到所需的同心圆型(光程差较大时)或椭圆型(光程差较小时)甚至双曲线型(光程差很小时)的等倾干涉条纹(见附录2),其干涉光强方程

$$I = I_1 + I_2 + 2\sqrt{I_1 I_2}\cos\theta\cos\Delta\phi \cdot e^{-|\Delta l|/l_c} \tag{3-16}$$

条纹可见度为

$$\gamma = \frac{I_{\max} - I_{\min}}{I_{\max} + I_{\min}} = \frac{2\sqrt{I_1 I_2}\cos\theta \cdot e^{-|\Delta l|/l_c}}{I_1 + I_2} \tag{3-17}$$

其中,θ 是入射偏振的方位角,设它为零。l_c 是相干长度,在零光程差附近($\Delta l \approx 0$),再设 $I_1 = I_2$,$V \to 1$,可见性最佳。

相位差由下式给出

$$\Delta\phi = \frac{2\pi}{\lambda}n_{1,2}\Delta l \tag{3-18}$$

在空气中,折射率 $n_{1,2}=1$,条纹周期性的路程差 $\Delta l=\lambda$,它应是动镜位移量的 2 倍,此即为借助条纹干涉测量进行微位移测量的理论基础。n 个条纹所对应的位移为

$$d = n\frac{\lambda}{2} \tag{3-19}$$

也可以通过调整两反射镜的倾角使两者之间形成斜劈获得平行的等厚干涉条纹进行条纹平移计数测量,如图 3-11 所示,另外使用针孔光电探头定位于干涉条纹某处,经过连续测量可以得到诸如图 3-12 所示的采样序列波形,计算一定的峰、谷数目

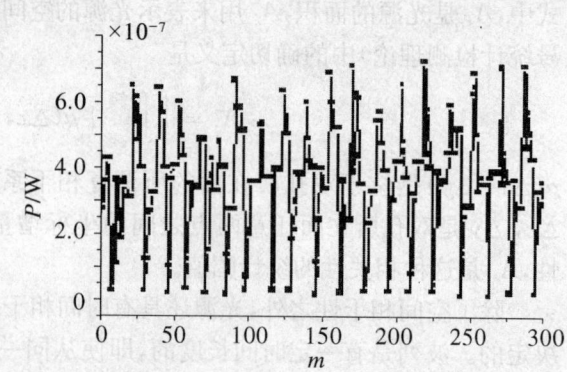

图 3-12 干涉条纹的光电计数法得到的信号样本序列

亦能得到相应的位移。

【实验仪器】

(1) 4 mW 氦氖激光器及电源;
(2) 扩束镜装置;
(3) 准直系统;
(4) 分光器装置;
(5) 反射镜装置三套;
(6) 测微计及平移机构一套;
(7) 光栏;
(8) 白屏。

仪器组装与调整参阅附录 1。

【实验内容】

1. 干涉条纹观察、计数与位移测量

根据附录 1 的干涉仪调整技术和附录 2 的干涉条纹原理,找到干涉仪零光程差位置,并相应验证同心圆、椭圆、双曲线等不同干涉条纹形状与条件。选择同心圆或椭圆条纹,从某处开始,记读一定量的条纹数(比如 50 个条纹)时的测微计位置读数,来回测 6 次,计算位移值及误差。或一个方向连续测 6 次,作条纹序列和位移曲线(m-d 曲线),进行直线拟合并由斜率求得光源波长。

2. 棱镜表面几何等级检测

如图 3-13 所示,用一个 PT-1 棱镜架代替 M2 反射镜架,PT-1 棱镜架和 MM-2 镜座对

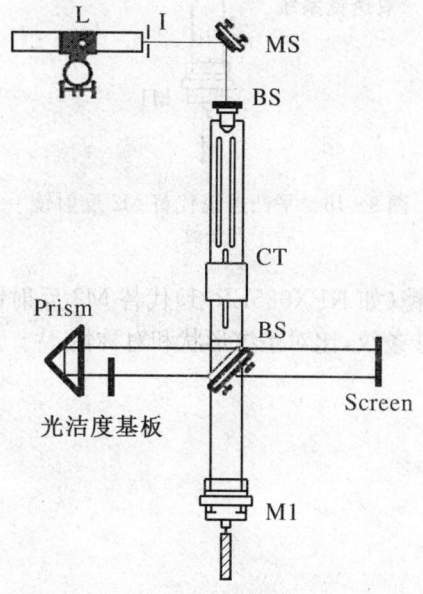

图 3-13　棱镜架代替 M2 反射镜架后干涉条纹观察

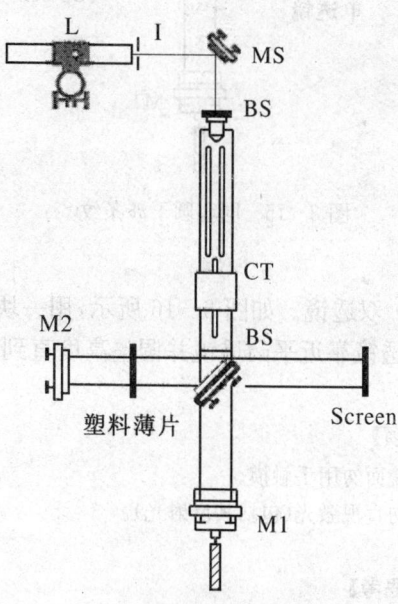

图 3-14　干涉仪测试光路中插入一块塑料薄片(如有机玻璃)后通过伸缩、弯折、卷曲、加力等产生不同的干涉条纹

接,调整 MM-2 镜座的倾角直到干涉条纹出现。调整棱镜和 M1 反射镜的倾角得到两边对称的 V 形条纹,条纹要在底边相交。

用一块光洁度基板挡住棱镜测试光路的一半,如果基板光洁度非常高,试比较两边干涉条纹的区别。

3. 塑料薄片厚度起伏检测

如图 3-14 所示,在干涉仪的测试光路中插入一块塑料薄片(如有机玻璃),通过伸缩、弯折、卷曲、加力等产生不同的干涉条纹并加以比较。

4. 透镜表面检测

(1) 单透镜。如图 3-15 所示,在干涉仪的测试光路中插入一块双凸透镜,调整透镜与 M2 反射镜的距离使光会聚于 M2 上,调整反射镜的倾角可以观察到同心圆干涉条纹,从条纹的形状、厚度变化等可以判断透镜表面加工品质。

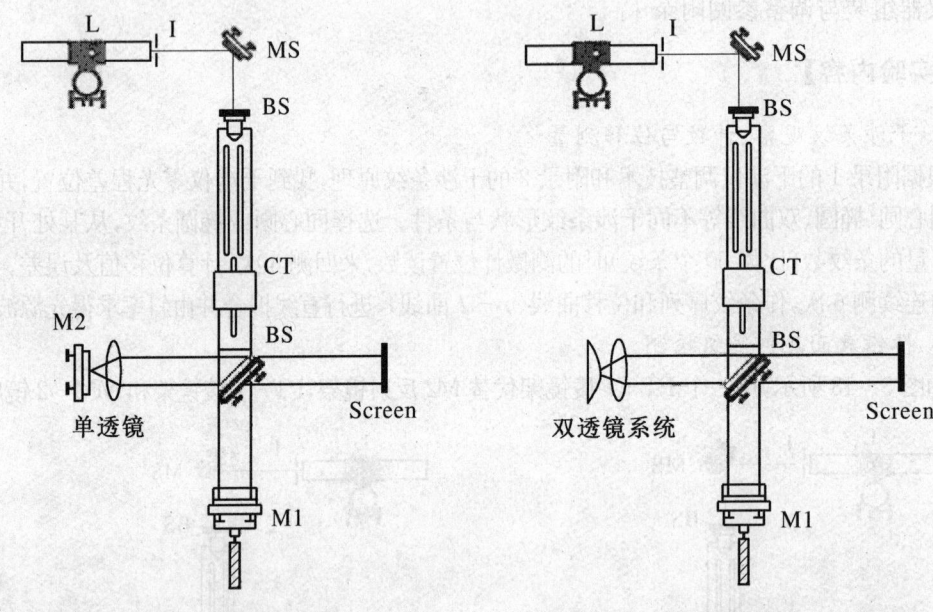

图 3-15　同心圆干涉条纹　　　图 3-16　平凸透镜代替 M2 反射镜后干涉条纹

(2) 双透镜。如图 3-16 所示,用一块平凸透镜(如 KPX085ER.1)代替 M2 反射镜,移动双凸透镜靠近平凸透镜并调整高度直到获得干涉条纹,比对条纹形状和对称性。

【注意事项】
1. 光学镜面勿用手触摸。
2. 小心勿直视激光(包括其反射光)。

【预习与思考】
1. 估算 1 Å 线宽光源的相干长度。
2. 试举出提高干涉传感灵敏度的方法。
3. 试举出提高机械位移精度的方法。
4. 思考光学元件干涉条纹图像检测的定量方法。

【附录1】 光路部件及其调整

光路部件如表 3-6 所示。

表 3-6 部件清单(由美国 Newport 公司提供产品型号)

Part#(部件)	Description	说　明	数量
L. Laser Assembly(激光器装置)			
340-C	Clamp	夹具	1
40	Post	激光器支架杆	1
807	Laser Mount	激光器底座	1
U-1101P	4 mW He-Ne Laser	4 mW 氦氖激光器	1
1201	Laser power supply	氦氖激光电源	1
I. Iris Assembly(光栏装置)			
ID-0.5	Iris	瞳栏	2
MCF	Flat Carrier	滑轨平载板	2
MH-2P	Iris Mount	瞳栏座	2
MSP-3	3″ Post	3 英寸立杆	2
MPH-3	3″ Post Houlder	3 英寸立杆支撑座	2
MRL-3	Micro Optical Rail	3 英寸微型光学滑轨	1
MRL-18	Micro Optical Rail	18 英寸微型光学滑轨	1
MS. Steering Mirror Assembly(偏转反射镜装置)			
10D20ER.1	1″ Mirror	1 英寸平镜	1
COR-1	Center of Rotation Adapter	中心转条适配器	1
P100-P	Mirror Mount	反射镜底座	1
UPA-1	1″ Mirror Houlder	1 英寸镜支撑座	1
SP-4	4″ Post	4 英寸立杆	1
VPH-4	4″ Post Houlder	4 英寸立杆支撑座	1
BE. Beam Expander Assembly(扩束装置)			
B-2	Base Plate	平底衬板	1
M-40X	Objective Lens	40 倍物镜	1
MH-2PM	Objective Mount	物镜底座	1
SP-3	3″ Post	3 英寸立杆	1
VPH-3	3″ Post Houlder	3 英寸立杆支撑座	1
CT. Collimation Tester Assembly(准直测试装置)			
20QS20	2″ Collimation Tester	2 英寸准直测试器	1

续 表

Part#（部件）	Description	说　明	数量
AC-2	Lens Mount	透镜底座	1
LC-V	Collimater Module	准直器模板	1
B-2	Base Plate	平底衬板	1
SP-3	3″ Post	3英寸立杆	1
VPH-3	3″ Post Houlder	3英寸立杆支撑座	1
BS. Beamsplitter Assembly(分束器装置)			
20B20BS.1	2″ Beamsplitter	2英寸分束镜	1
GM-2	Mirror Mount	镜底座	1
SP-3	3″ Post	3英寸立杆	1
VPH-3	3″ Post Houlder	3英寸立杆支撑座	1
M1 and M2 Mirror Assembly(M1和M2反射镜装置)			
20D20ER.1	2″ Mirror	2英寸反射镜	2
462-X-M	Trans Stage	平移平台	1
DM-13	Diff. Micrometer	高精度测微计(0.5 μm)	1
GM-2	Mirror Mount	镜底座	2
SP-2	2″ Post	2英寸立杆	1
SP-3	3″ Post	3英寸立杆	1
VPH-2	2″ Post Houlder	2英寸立杆支撑座	1
VPH-3	3″ Post Houlder	3英寸立杆支撑座	1
Screen Assembly(观察屏装置)			
B-2	Base Plate	平底衬板	1
BC-2	Base Clamp	底座夹具	1
FC-1	Filter Clamp	滤波器夹具	1
SP-2	2″ Post	2英寸立杆	1
VPH-2	2″ Post Houlder	2英寸立杆支撑座	1

光路调整：

(1) 将光学平台放置于稳定平面上，台面近旁留有空间以便安放电源和其他无须支起的部件。

(2) 激光器调整。用内六角旋转扳手将激光器支架杆立于光学平台的一角，将340-C夹具套入激光器支架杆，并将807激光器底座与340-C夹具连接起来，将激光器插入其底座，旋转激光器使其出光的偏振方向垂直于台面(使用已知偏振方向的偏振片，获得S偏振)。

(3) 激光束对准。将光栏装置Ⅰ立于MRL-3滑轨上，开启激光器，控制光束使其沿光学平台的一边并调整出射光束高度达6英寸，将光栏装置置于激光器出射端(如图3-17 I1位置)，调整光栏高度使光束通过其光瞳(光瞳尺寸应由大变小)，再将另一光栏移到平台的另一端(I2位置)，调整激光器的倾斜和垂直位置使光束既通过 I1 又能通过 I2 从而平行于平台表面。

(4) 将光栏置于如图 3-18 所示的位置 I1(激光器要旋转90°),加入偏转反射镜装置 MS,让光束打到其中心(调整其立杆高度),将另一光栏置于 MS 后调整 MS 的倾角使光束前后等高。

(5) 干涉仪的构建。如图 3-18,将 2 英寸分束镜装于 GM-2 镜底座上,同样将 2 英寸反射镜 M1 和 M2 装于 GM-2 镜底座上,并用 2 英寸立杆和 2 英寸立杆支撑座将 M1 反射装置固定于平移平台上(装配好测微计的平移平台已事先固定于光学平台上),再用 2 英寸立杆和 2 英寸立杆支撑座将 M2 反射装置固定于光学平台上,两反射镜与分束镜相隔 20 cm 左右,调整分束镜装置 BS 使出射双光束互相垂直(不垂直行不行?),这样就构成了泰曼-格林干涉仪的基本框架。

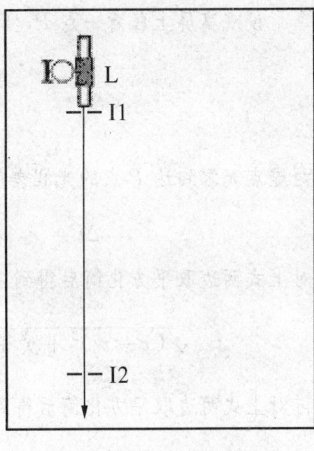

图 3-17 激光器出射端

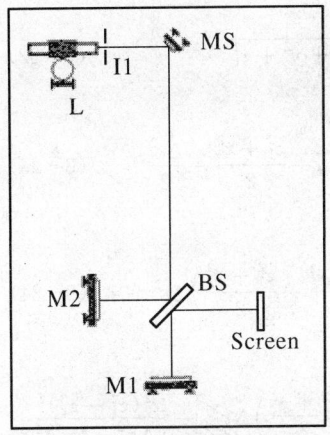

图 3-18 干涉仪结构

(6) 干涉仪的调整。调整 BS 装置立杆高度使光束打到其中心,将光栏分别置于 BS 装置的两出射光束光路上,调整 BS 装置的倾角使光束前后等高,再让两束光分别打到 M1,M2 的中心,将光栏置于 M1 和 M2 前,调整 M1 和 M2 反射镜的倾角使光束前后等高,实际上,在光路调整期间,可以通过观察屏上的光点移动来判断两束光的平行性,调整完毕时两束光的中心光点应重合在一起。

(7) 扩束准直定位。将 2 英寸准直测试器通过透镜底座固定于准直器模板的合适位置(相对于扩束镜 BS 后准直器模板的约 3/4 处),将 B-2 平底衬板用 4 mm 螺丝固定于 3 英寸立杆的顶部,将其插入 3 英寸立杆支撑座内并固定于光学平台上,将安装好的准直器搁到 B-2 平底衬板上(注意重心,否则要调整平板支撑座的孔位),调整高度使光束通过其中心,将装配好的扩束装置固定于如图 3-11 所示位置,扩束镜的高度偏向使扩束后的光斑充满准直器光瞳。

(8) 观察屏上有无干涉条纹,可通过调节两反射镜 M1 和 M2 的倾角将干涉条纹移至屏中央,前后移动准直器使出现 4、5 个条纹为宜。

【附录 2】 干涉条纹形状轨迹方程的数学推导

此推导的出发点是将干涉仪的分振幅双光束干涉视为两个虚点光源之间的球面波波前干涉。为简化问题的讨论,假定两虚点光源在垂直台面方向上(即等高)无投影,只在前后、左右叉开一定的距离(如图 3-19),则在观察屏上建立这样的直角坐标系 xOy,可使两虚点光源 S_1 和 S_2 的坐标为 $(x_0, 0, z_1)$ 和 $(-x_0, 0, z_2)$,如图 3-20 所示。

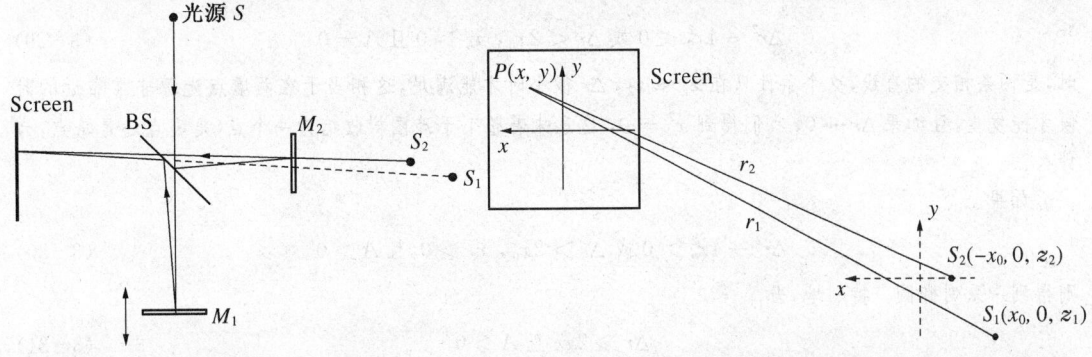

图 3-19 等效虚点光源示意图　　图 3-20 两等效虚点光源的波前在 P 点形成干涉

设观察屏上任意一点 P,坐标为 (x,y),它到两虚点光源的距离分别为 PS_1 和 PS_2,则有

$$r_1 = PS_1 = \sqrt{(x-x_0)^2 + y^2 + z_1^2} \tag{3-20}$$

$$r_2 = PS_2 = \sqrt{(x+x_0)^2 + y^2 + z_2^2} \tag{3-21}$$

两虚点光源到达 P 点的光程差就为

$$\Delta r = r_2 - r_1 = \sqrt{(x+x_0)^2 + y^2 + z_2^2} - \sqrt{(x-x_0)^2 + y^2 + z_1^2} \tag{3-22}$$

对上式两边取平方化简后得到

$$\sqrt{(x+x_0)^2 + y^2 + z_2^2} \times \sqrt{(x-x_0)^2 + y^2 + z_1^2} = x^2 + y^2 + x_0^2 + \frac{z_1^2 + z_2^2}{2} - \frac{\Delta r^2}{2} \tag{3-23}$$

再对上式两边取平方化简后得到

$$(\Delta r^2 - 4x_0^2)x^2 + 2x_0(z_1^2 - z_2^2)x + \Delta r^2 y^2 = \frac{(z_1^2 - z_2^2)^2}{4} + \left(\frac{\Delta r^2}{4} - \frac{z_1^2 + z_2^2}{2}\right)\Delta r^2 \tag{3-24}$$

将 x 配成平方项得到

$$\left[x + \frac{x_0(z_1^2 - z_2^2)}{\Delta r^2 - 4x_0^2}\right]^2 + \frac{\Delta r^2 y^2}{\Delta r^2 - 4x_0^2} = \frac{1}{\Delta r^2 - 4x_0^2}\left[\frac{(z_1^2 - z_2^2)^2}{4} + \left(\frac{\Delta r^2}{4} - \frac{z_1^2 + z_2^2}{2}\right)\Delta r^2\right] + \frac{x_0^2(z_1^2 - z_2^2)^2}{(\Delta r^2 - 4x_0^2)^2}$$

$$= \frac{(z_1^2 - z_2^2)^2}{\Delta r^2 - 4x_0^2}\left(\frac{x_0^2}{\Delta r^2 - 4x_0^2} + \frac{1}{4}\right) + \frac{\Delta r^2}{\Delta r^2 - 4x_0^2}\left(\frac{\Delta r^2}{4} - \frac{z_1^2 + z_2^2}{2}\right) = A \tag{3-25}$$

上式当

$$\Delta r = \begin{cases} k\pi, \ k = \pm 1, \pm 2, \cdots \text{时是亮条纹轨迹} \\ (2k+1)\dfrac{\pi}{2}, \ k = 0, \pm 1, \pm 2, \cdots \text{时是暗条纹轨迹} \end{cases} \tag{3-26}$$

因此,当 Δr 取分列值时可对应不同的亮条纹或暗条纹,并且当

$$\Delta r^2 - 4x_0^2 < 0 \text{ 或 } \Delta r < 2x_0, \ x_0 > 0, \text{且 } A > 0 \tag{3-27}$$

时,是一系列贯轴(transverse axis)在 x 方向的双曲线。

当

$$\Delta r^2 - 4x_0^2 < 0 \text{ 或 } \Delta r < 2x_0, \ x_0 > 0, \text{且 } A < 0 \tag{3-28}$$

时,是一系列贯轴在 y 方向的双曲线。

特别地,当

$$\Delta r^2 - 4x_0^2 < 0 \text{ 或 } \Delta r < 2x_0, \ x_0 > 0 \text{ 且 } A = 0 \tag{3-29}$$

时,是两条相交的直线,这个条件只在 $z_1 \approx z_2$,Δr 很小时才能满足,这相当于在两虚点光源非常靠近的时候才能发生,且如果 $\Delta r \to 0$,我们得到 $x^2 = 0$,这意味着整个干涉图样收缩为一个点(是亮点还是暗点,为什么?)。

如果

$$\Delta r^2 - 4x_0^2 > 0 \text{ 或 } \Delta r > 2x_0, \ x_0 > 0, \text{且 } A > 0 \tag{3-30}$$

则得到一系列椭圆。特别地,当

$$\Delta r \gg 2x_0 \text{ 且 } A > 0 \tag{3-31}$$

时,条纹轨迹方程为

$$\left[x+\frac{x_0(z_1^2-z_2^2)}{\Delta r^2}\right]^2+y^2=\frac{(z_1^2-z_2^2)^2}{\Delta r^2}\left(\frac{x_0^2}{\Delta r^2}+\frac{1}{4}\right)+\left(\frac{\Delta r^2}{4}-\frac{z_1^2+z_2^2}{2}\right)=A \qquad (3-32)$$

它是一系列圆。

由此,一般地,当测微计移动时,z_1 将有较大的变化,而 x_0 变化微小,可认为不变时,光程差 Δr 的变化基本取决于测微计的移动量,

$$\Delta r = r_2 - r_1 \approx z_2 - z_1 \qquad (3-33)$$

所以,当测微计相对于零光程位置由远而近时,可分别得到同心圆型(光程差较大时)或椭圆型(光程差较小时)甚至双曲线型(光程差很小时)的等倾干涉条纹。

采用等厚干涉条纹进行微位移测量时也应注意光程差与实际位移稍有不同的问题,读者可自行思考。

【参考文献】

Projects in Interferometry [M]. Newport Corporation,1791 Deere Ave, Irvine, CA. USA, 1993.

单元三　原子物理与光谱测量技术

3.1　原子物理基本知识

化学已经阐明各种物体是由元素构成的,原子是元素的最小单元。各种元素的原子的结构与性质有各自的结构和特性,因而组成的物体丰富多样。科学的发展证实了原子的存在,但它不是如同古代先哲所想象的那样简单而不可分割的,它有复杂的内部结构和运动。

近代重大实验发现有:1869年门捷列夫发现元素周期表,1885年巴耳末发现氢原子光谱规律,1895年伦琴发现X射线,1896年贝克勒耳发现放射线,1897年汤姆逊发现电子。1890年普朗克建立黑体辐射理论(能量子)、1911年卢瑟福建立原子核式结构和1913年玻尔建立玻尔量子理论等三大发现揭开了近代物理的序幕,使原子物理学开始了新的篇章。原子物理学的发展导致了量子理论和量子力学的诞生。1925年前后,量子力学建立,至此,对原子这一层次的认识,从实验到理论才获得比较完全的认识。

1911年物理学家卢瑟福用α粒子穿过金箔产生的散射现象,提出了原子结构的一种模型——"原子行星模型",认为原子的质量几乎全部集中在直径很小的核心区域,叫原子核,原子核带正电,电子带负电,电子在原子核外绕核作轨道运动。但根据古典力学原理,这样的原子会因为电子发射电磁波而不稳定。而且,所发射出来的电磁波波谱不符合所观测到的原子光谱。

这些问题在1913年被丹麦物理学家玻尔改进的原子模型所解决,在玻尔模型中位于特殊轨道的电子具有取决于轨道半径才拥有特定的能量(这个能量值后来被称作能级)。因为仅允许有特定轨道,所以电子只具有特定能量,产生特定允许能阶图。电子在允许轨道上部发射电磁能,但电子从一个轨道跃迁到另一个轨道上时,发射或吸收的能量为两轨道允许能量的差值,而这正与所观察到的原子光谱一致。

虽然玻尔模型提供了一种有用的形象化模型,但近代原子理论还是采用量子力学而向前发展。电子具有波动性,因此玻尔轨道模型可以解释为一种要求,以适合绕核电子波的总波数。原子中的电子较好地被表示为标以特定量子数组合的电荷分布,而不是在圆轨道上的点状粒子。量子数的每种可能的组合对应到一个能级。玻尔的理论能部分地解释原子光谱,而现代量子理论则能明确地详细计算光谱。

基态原子的电子的量子数,严格地确定了原子在元素周期表上的位置;而电子结构则确定于其他原子形成化学键的类型。氢原子的特性可以非常精确地计算,但对于较复杂的原子,预期特性的问题就变得非常困难。光谱学与原子间的碰撞被用于检测对能级和其他特性所做的预测。原子物理的直接技术应用包括激光和原子钟。

3.2 光谱测量技术

1. 光谱仪器的基本组成和分类

光谱仪器主要用于测定被研究的光(所研究的物质发射的、吸收的、散射的、受激而发射的荧光等)的光谱组成,包括它的波长、强度、轮廓和宽度。为此,仪器应具有的功能是:

① 把被研究的光按波长或波数分解开来;

② 测定各波长的光所具有的强度,或其强度按波长的分布,即测定谱线的轮廓或半宽度;

③ 把分解开的光波及其强度按波长的分布记录和显示出来成为光谱图。

要具备上述基本功能,一般光谱仪器的基本组成包括光源和照明系统、准直系统、色散系统、聚焦成像系统、检测记录和显示系统。

(1) 光源和照明系统。

利用物质辐射的特征光谱分析物质的化学成分和研究物质的结构是光谱分析的基本内容。在历史上,科学家们应用光谱分析先后发现了铷、铯、铟、镓等元素以及一些稀土元素和稀有气体。在现代,在科学技术和一些生产领域,特别是在地质、冶金、核工业、化工和环保等领域,光谱分析仍然有着广泛的应用。

光谱仪器是光谱分析中必不可少的仪器,它的基本功能是测定物质的光谱组成,包括谱线波长、强度等。光谱仪的种类很多,根据分解光谱的工作原理,大致可分为四大类:棱镜光谱仪、光栅光谱仪、干涉光谱仪和新型光谱仪。棱镜光谱仪是最早使用的光谱仪。随着光谱刻画技术和复制技术的提高,以及光栅分光相比具有色散均匀、分辨高、能量集中、光谱范围宽等优点,光栅光谱仪的使用越来越普遍。干涉光谱仪(如法布里-珀罗干涉光谱仪)属于高分辨率光谱仪,其分辨率可达到 5×10^7。棱镜光谱仪和光栅光谱仪的分辨率一般为 10^5 量级。采用光谱调制成的新型光谱仪(如傅里叶变换光谱仪等)可同时兼顾光强与分辨率,适应高分辨率、高灵敏度、高检测信噪比的要求。

在研究物质的发射光谱时,是用光源发生器如气体火焰、交流或直流电弧以及电火花等激发试样——被研究的物质来获得光谱的,因此光源就是被研究的对象。在研究物质的吸收光谱、拉曼光谱、荧光光谱时,光源是用来照射或激发被研究的物质的。

照明系统用来尽可能多地会聚光源辐射的光能量,并传递给仪器的准直系统。不同的光谱技术和不同的检测记录系统对照明系统的要求也不同。但是,共同要求是:聚光本领要大、与仪器主体的相对孔径相匹配、保证充满色散系统的通光孔径。

(2) 准直系统。

准直系统一般由入射狭缝和准直物镜组成。对于仪器内部的系统而言,入射狭缝成为替代的、实际的光源,限制着进入仪器的光束。入射狭缝位于准直物镜的焦平面上,这样,由它发出的光束经准直物镜后成为平面光束投向色散系统,造成夫琅和费的衍射条件。

(3) 色散系统。

将入射的复合光分解为光谱。经典的光谱仪器所采用的色散系统,按其作用原理分为三类:

① 物质色散。不同的波长的辐射在同一介质中传播的速度不同，因而折射率不同。具体的元件是光谱棱镜。

② 多缝衍射。不同波长的辐射在同一入射角条件下射到多缝上，经衍射后衍射主极大的方向不同。具体的元件是熟知的光栅。

③ 多光束干涉。一束包含各种波长的辐射在平板上被分割成多支相干光束，根据干涉光束互相加强的条件，各波长的干涉极大值位于空间上不同点。常用的元件是法布里-珀罗干涉仪。

（4）聚焦成像系统。

把在空间上色散开的各波长的光束会聚或成像在成像物镜的焦平面上，形成一系列按波长排列的单色狭缝像。这单色狭缝像的集合有三种情况：分立的线状的，称线状光谱，每一波长的狭缝像称谱线；在小波段范围内连续的，称带状光谱；在大波段范围内连续的，称连续光谱。

（5）检测记录和显示系统。

经过前面几个系统将入射的复合光展开成光谱后，这一部分的作用就是接收各光谱元的信号，并测量其组成——波长和强度，或轮廓、宽度，并记录和显示成为光谱图。

最简单的是目视接收系统，接收元件是眼睛。只需配上目镜把成像物镜焦面上的谱线转移到眼睛的视网膜上。目视接收的仪器只能进行比较测定，而且无法将有关资料记录并显示出来。

第二种是感光材料接收系统，接收元件是光谱感光板。将感光板放在成像物镜的焦面上直接摄取所需工作光谱范围内的谱线。这类仪器结构比较简单，并且可以获得能长久保存的光谱照片。然而操作比较麻烦费事。底片感光后还要经过显影、定影的手续。要测定谱线的波长、强度和轮廓，进行定性和定量分析，还要使用光谱投影仪、光谱比长仪和测微光度计等一整套设备。总的来说，摄谱仪器工作效率不高，不易实现数字化和自动化。

第三种是光电探测元件根据光谱范围可以用光电器件、热电器件和气体探测器、光声池等单通道探测器。也可以用光电成像器件如二极管列阵、摄像管、像增强器、电荷耦合器件等作为多通道探测器。用单通道探测器时，将一个或多个出射狭缝放在成像物镜的焦面上分离出所需要的波长的单色狭缝像或谱线，将这单色束或谱线的能量传递到探测器件的灵敏面（如光电阴极等）上，则光信号就能被转换成电信号，经放大、测量、记录得到光强随波长变化的谱图。或者把放大检测后的信号传入电子计数机或微处理机作进一步的处理，而后显示或经各种记录绘图设备绘成谱图，并将数据直接打印出来。作为现代实验室分析测试和研究手段用的或工厂控制生产过程要求快速实时分析用的仪器，这后一部分——放大测量和记录及微机系统都已成为仪器不可分割的一部分。

电荷耦合器件CCD(charge coupled devices)是由美国贝尔实验室的W. S. Boyle 和G. E. Smith于1970年提出来的新型半导体器件。CCD像感器具有尺寸小、重量轻、功率小、线性好、噪声低、动态范围大、光谱响应范围宽、寿命长、实时传输和自扫描等一系列优点。四十多年来，CCD的研究和应用得到了惊人的发展，已成为跨行业的一种光电产品，是现代光电技术中最活跃、最富有成果的器件。

应用光电探测系统使光谱仪器扩大了能够检测的工作光谱范围；提高了测量的精度、灵敏度和速度；实现了数字化和自动化。同时为多种光谱技术，如干涉调制、矩阵变换、导数光谱、相关光谱、光声光谱等新技术的出现提供了可能性。

上面简述的光谱仪器的五个基本组成部分及其作用可用图3-2-1和图3-2-2表示。

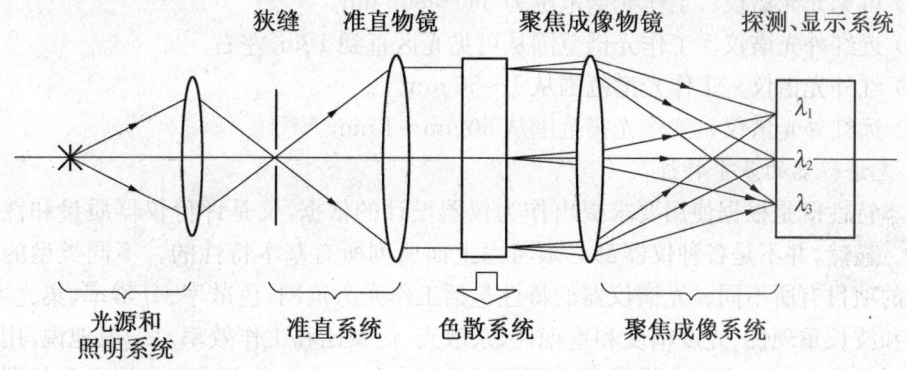

图3-2-1 光谱仪器基本工作原理

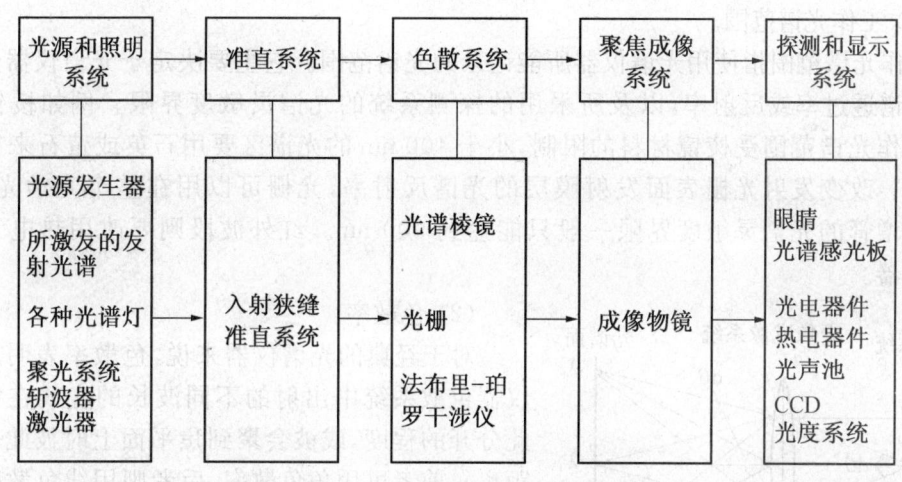

图3-2-2 光谱仪器基本结构框图

现代的光谱仪器种类很多,分类方法也多,这和分类的依据有关。根据所采用的分解光谱的工作原理,我们可把光谱仪器分为经典的和新型的两大类。经典的光谱仪器是利用前述三种不同的物理现象把复合光在空间上分解色散原理可将仪器分为：棱镜光谱仪器、衍射光栅光谱仪器和干涉光谱仪器。

新型光谱仪器是建立在调制的原理上的,故又称之为调制光谱仪。在实际使用中,又往往根据检测和记录光谱的方法来分类,主要有：

(1) 看谱镜；
(2) 摄谱仪；
(3) 光电光谱仪,又称光电直读光谱仪和分光光度计。

单色仪通常指不带探测器、主要作用是输出波长可连续变换的单色光束的仪器。这种仪器既可以是独立的,也可以成为其他分光计、分光光度计的核心部分。

此外,在习惯上还常常按照光谱仪器所能正常工作的光谱范围来划分仪器的类型：

(1) 真空紫外(远紫外)光谱仪。工作光谱范围在6~200 nm。由于大气波长为185 nm以下的光有强烈吸收,在这范围内工作的仪器内部要抽真空,让光在真空中行进。

(2) 紫外光谱仪。工作光谱范围约为 185～400 nm。

(3) 可见光光谱仪。工作光谱范围为 360～800 nm。

(4) 近红外光谱仪。工作光谱范围从可见光区直到 1 μm 左右。

(5) 红外光谱仪。工作光谱范围从 1～50 μm。

(6) 远红外光谱仪。工作光谱范围从 50 μm～1 mm。

2. 光谱仪器的基本特性

基本特性既是根据使用要求提出作为仪器设计的依据,又是评价仪器质量和性能的基本指标。显然,并不是各种仪器都必须考虑上面所列所有基本特性的。不同类型的仪器基本特性的项目有所不同。光谱仪器的特性包括工作光谱范围、色散率、分辨率、集光本领、波长精度和波长重现性、光度精度和重现性、杂散光、信噪比和工作效率。一般地说,用光电探测的光谱要求全面考虑以上指标。下面简述最基本的特性的定义或含义以及和仪器各组成系统的关系。

(1) 工作光谱范围。

工作光谱范围指使用光谱仪器所能记录的光谱范围。它主要决定于光谱仪器光学零件的光谱透过率或反射率,以及所采用的探测系统的光谱灵敏度界限。例如棱镜光谱仪的工作光谱范围受棱镜材料的限制,小于 400 nm 的光谱区要用石英或萤石来制作光学零件。改变发射光栅表面发射膜层的光谱反射率,光栅可以用在整个光学光谱区。光电倍增管的光谱灵敏度界限一般只能达到 900 nm。红外波段则要改用热电元件作为探测器。

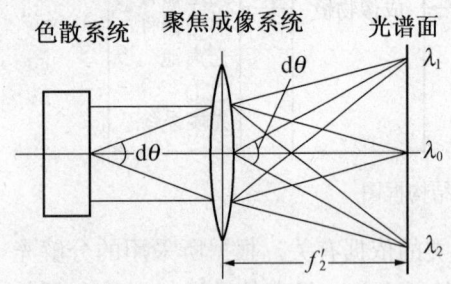

图 3-2-3 角色散率和线色散率的关系

(2) 色散率。

对于经典的光谱仪器来说,色散率表明从光谱仪器色散系统中出射的不同波长的光线在空间彼此分开的程度,或被会聚到焦平面上时彼此分开的距离。前者可用角色散率,后者则用线色散率来表述。角色散率和线色散率的关系如图 3-2-3 所示。

① 角色散率。表明两不同波长的光线彼此分开的角距,定义为 $d\theta/d\lambda$。$d\theta$ 是两个不同波长的光线经色散系统后的偏向角之差,$d\lambda$ 是两光线的波长差。角色散率的单位是 rad/mm 或 rad/cm^{-1}。角色散率的大小主要取决于色散元件的几何参数、个数和它们在仪器中的安放位置。

② 线色散率。表明不同波长的两条谱线在成像系统焦平面上彼此分开的距离,定义为 $dl/d\lambda$。$d\lambda$ 是两条不同波长的谱线相隔的距离。线色散率的单位一般是 mm/nm 或 mm/cm^{-1}。

在棱镜和光栅光谱仪器中,线色散率和角色散率的关系为

$$\frac{dl}{d\lambda} = f'_2 \frac{d\theta}{d\lambda} \tag{3-2-1}$$

式中,f'_2 为成像物镜的焦距。

如果实际成像面位置不在理想的高斯像面 AB 处,而在倾斜的 DC 面上,如图 3-2-4 所示。设 DC 面和成像系统光轴的夹角为 ε,则

$$\overline{DC} = \overline{AB}/\sin\varepsilon \qquad (3-2-2)$$

这时线色散率为

$$\frac{\mathrm{d}l}{\mathrm{d}\lambda} = \frac{f_2'}{\sin\varepsilon} \cdot \frac{\mathrm{d}\theta}{\mathrm{d}\lambda} \qquad (3-2-3)$$

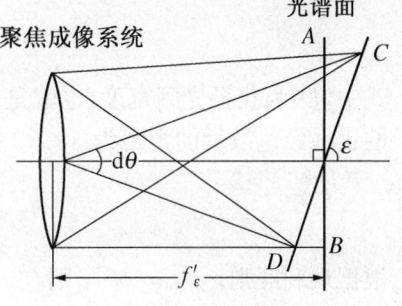

图 3-2-4 成像面倾斜的情形

上式表明,成像面倾斜时,线色散率比垂直时大。

仪器的线色散率和色散系统的选择和设计有关,也和成像物镜的焦距有关。在棱镜摄谱仪中还和物镜的类型(是否消色差)有关。当色散系统的型式、材料、几何尺寸选定后,角色散率就确定了。这时想增加线色散率,只可增加物镜焦距 f_2(棱镜摄谱仪还可设法减小角 ε),但焦距的增加有一定的限度,因为焦距增大要减小仪器的集光本领。

(3) 分辨率。

分辨率是光谱仪器极重要的性能指标,它表明光谱仪器分开波长极为接近的两谱线的能力。

两条光谱线能否被分辨,不仅取决于仪器的分辨色散率,还和观测到的两谱线的强度分布轮廓及其相对位置有关。由于仪器引入了多种导致谱线轮廓畸变和增宽的因素,观测到的谱线轮廓失真,其半宽度比真实轮廓要大得多。这些因素有:衍射、入射和出射狭缝的几何宽度,光学系统的像差,仪器机械和电学系统的惰性,或是感光底片乳胶颗粒的大小等,情况很复杂。这种因素的影响可以用仪器函数来描述。通常以瑞利提出的仅考虑衍射现象的分辨率作为仪器的理论分辨率。

瑞利认为,由于衍射现象的存在,线度极小(趋于零)的单缝被不同波长的光照射,这些光经色散后对应于每一波长的单缝像,谱线不是严格的线状,而存在由仪器的孔径光阑衍射所决定的弥散宽度。如两谱线的强度相等,且衍射宽度是对称分布的,这时一谱线的衍射极大值落在另一谱线的极小值处,它们合成的光强度会在两极大值处中间产生一个凹陷,凹陷处的强度约为极大值的 80%,这样的两谱线即认为是可以被分辨的,这就是平常所说的瑞利准则。

按照瑞利准则,可被分辨的两谱线波长差记为 $\delta\lambda$,有时称之为分辨极限,则分辨率定义为

$$R = \frac{\overline{\lambda}}{\delta\lambda} \qquad (3-2-4)$$

式中,$\overline{\lambda}$ 为两谱线的平均波长。

瑞利准则假定:① 两条谱线强度相等,且每一谱线的强度分布曲线是对称的;② 探测系统的灵敏度约为 20%。而实际上光电探测器可以判别 5% 的能量差,因此在设计仪器中是根据使用要求提出实际的分辨率,而后按经验乘以一定的放大系数,得出要求的理论分辨率作为确定色散系统的起始数据。

在棱镜和光栅光谱要求中,一般都以色散元件口径作为孔径光阑,并且都是矩形,因而根据矩孔衍射,波长 λ_0 的单色谱线衍射后呈一定的分布,极大值到第一极小值处的衍射宽度可用角度表示,即

$$\mathrm{d}\theta_0 = \frac{\lambda}{D'} \qquad (3-2-5)$$

式中，D' 为孔径光阑宽度，也就是色散元件在色散平面内的有效孔径宽度。两波长差为 $\delta\lambda$ 的谱线经色散后的角距为

$$\delta\theta' = \frac{\mathrm{d}\theta}{\mathrm{d}\lambda}\delta\lambda \qquad (3-2-6)$$

根据瑞利准则，$\mathrm{d}\theta_0 = \delta\theta'$，则有

$$\frac{\lambda}{D'} = \frac{\mathrm{d}\theta}{\mathrm{d}\lambda} \cdot \delta\lambda$$

分辨率为

$$R = \frac{\lambda}{\delta\lambda} = D'\frac{\mathrm{d}\theta}{\mathrm{d}\lambda} \qquad (3-2-7)$$

从上式可以看出，棱镜和光栅光谱仪器的理论分辨率是色散系统的角色散率和色散平面内有效孔径宽度的乘积。

(4) 集光本领。

集光本领是表征光谱仪器收集和传递光强度的本领，即表明辐射光源的光谱亮度和光谱仪器所直接测得的光度数值之间的关系。这被测得的数值和探测器的感光性质有关。在用感光底片摄谱时测量的是光谱的照度，而在光电记录时是集中在光谱线上的辐射通量。通常以光源亮度和被测得的照度或辐射通量数值间的比例系数来表示光谱仪器的集光本领。集光本领和仪器参数的关系不仅因探测器件不同而异，还与光源是线光谱或连续光谱有关。

(5) 波长精度和波长重现性。

这是单色仪和以它为核心的分光光度计一类仪器的又一个重要性能指标。用这类仪器工作时需要知道输出的单色光束的波长值。然而由于转换单色光束波长的扫描机构和读数机构总是有误差的，因此，通过示数机构读得的波长和真正的波长值总有差别，而且对同一波长每次读数也不可能一致。一般地，波长精度取决于整个波长扫描机构和示数机构的精度，而光学系统调整的好坏、工作环境的温度变化都会影响波长精度。波长示数的不重复性则和机械机构的空间、受力和摩擦情况的变化、机械系统的稳定性、电学系统的稳定性等有关。工作时环境温度的波动也是影响因素之一。

(6) 光度精度和重现性。

这是近代光电光谱仪器的重要特性，它表示测量光谱强度的准确性和重要性。从整个光能传递过程直到探测器把它转换为电信号并经放大、测量、显示出来。影响测量精度的误差来源很多，主要包括：

① 测量的方式：直读式或比较式；
② 光源、探测器和放大测量系统的稳定性；
③ 光学系统的杂散光；
④ 模—数转换器的位数、精度引入的测量误差；
⑤ 仪器在设计时引入的一些误差；

⑥ 工作条件的限制和影响。

(7) 光谱仪器的工作效率。

工作效率是对光谱要求记录光谱的精度和速度的综合评价。所说的精度包括记录光谱的波长精度和光度精度,是和仪器整机包括光学系统的基本特性、机械系统以及光电系统有关的。而记录光谱的速度是指仪器启动到获得最后的测量或分析结果所需的时间,对近代的光电光谱仪器来说只需要几分钟或更少。狭义地,可把光谱仪器的分辨率和集光本领的乘积作为比较不同仪器的工作效率 η,即

$$\eta = R \times P \qquad (3-2-8)$$

式中,R 为光谱仪器的分辨率,P 为光谱仪器的集光本领。

实验四 电子束在电场/磁场中的运动规律

【背景知识】

电子是人们发现的第一个基本粒子,它是构成物质世界的重要成员。在电子的发现过程中,J. J. 汤姆逊起到了关键性的决定作用。电子的发现是物理学基本粒子层次突破的开始,具有划时代的意义。

电子的荷质比(electron charge-mass ratio)是电子电量 e 和电子静质量 m 的比值 e/m,是电子的基本常数之一。1897 年 J. J. 汤姆逊通过电磁偏转的方法测量了阴极射线粒子的荷质比,它比电解中的单价氢离子的荷质比约大 2 000 倍,从而发现了比氢原子更小的组成原子的物质单元,定名为电子。精确测量电子荷质比的值为 $-1.758\,819\,62\times 10^{11}$ C/kg,根据测定电子的电荷,可确定电子的质量。20 世纪初 W. 考夫曼用电磁偏转法测量 β 射线(快速运动的电子束)的荷质比,发现 e/m 随速度增大而减小,这是电荷不变质量随速度增加而增大的表现,与狭义相对论质速关系一致,是狭义相对论实验基础之一。

【实验目的】

(1) 了解电子束电聚焦和磁聚焦;
(2) 掌握电子束电偏转和磁偏转基本规律。

【基本原理】

1. 电子束电偏转

如图 4-1 所示,阴极射线管由阴极 K,控制栅极 G,阳极 A_1、A_2 等组成电子枪。阴极被灯丝加热而发射电子,电子受阳极的作用而加速。

电子从阴极发射出来时,初速度很小。电子枪内阳极 A_2 相对阴极 K 具有几百伏甚至几千伏的加速正电位 U_2。它产生的电场使电子沿轴向加速。电子从速度为 0 到达 A_2 时速度为 v。由能量关系有

$$\frac{1}{2}mv^2 = eU_2, \text{所以} \ v = \sqrt{\frac{2eU_2}{m}} \tag{4-1}$$

设电子的速度方向为 z,电场方向为 y(或 x)轴。当电子进入平行板空间时,$t_0=0$,电子速度为 v,此时有 $V_z = v$,$V_y = 0$。设平行板的长度为 l,电子打到显示屏所需的时间

$$t = \frac{l}{V_z} = \frac{l}{v} \tag{4-2}$$

过阳极 A_2 的电子具有 v 的速度进入两个相对平行的偏转板间,若在两个偏转板上加上电压 U_d,则平行板间的电场强度 $E = \dfrac{U_d}{d}$,电场强度的方向与电子速度 v 的方向相互垂直,如图 4-2 所示。电子在平行板间受电场力的作用,电子在与电场平行的方向产生的加速度为

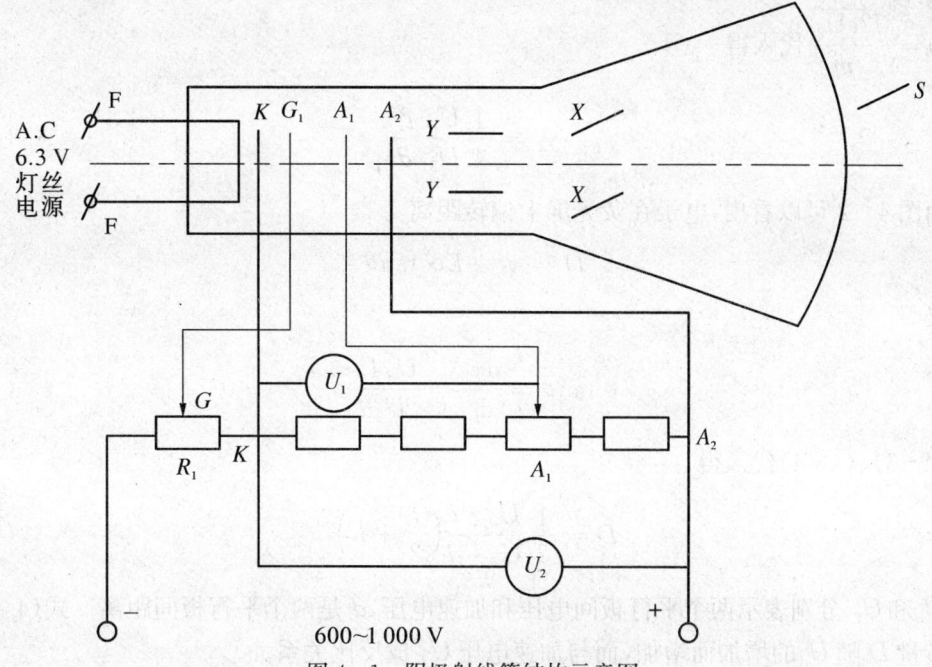

图 4-1 阴极射线管结构示意图

K—阴极；G—栅极；A_1—聚焦阳极；A_2—第二阳极；Y—垂直偏转板；X—水平偏转板；S—荧光屏

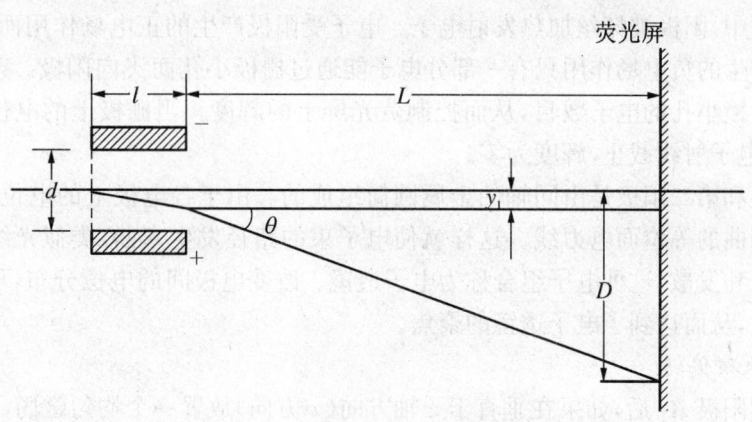

图 4-2 电场中电子束运动轨迹

$a_y = \dfrac{-eE}{m}$。其中 e 为电子的电量，m 为电子的质量。负号表示加速度 a_y 方向与电场方向相反。当电子射出平行板时，在 y 方向电子偏离轴的距离

$$y_1 = \frac{1}{2} a_y t^2 = \frac{1}{2} \frac{eE}{m} t^2$$

将 $t = \dfrac{l}{v}$ 代入得

$$y_1 = \frac{1}{2} \frac{eE}{m} \frac{l^2}{v^2}$$

再将 $v=\sqrt{\dfrac{2eU_2}{m}}$ 代入得

$$y_1 = \frac{1}{4}\frac{U_d}{U_2}\frac{l^2}{d} \tag{4-3}$$

由图 4-2 可以看出,电子在荧光屏上偏转距离

$$D = y_1 + L \cdot \tan\theta$$

又

$$\tan\theta = \frac{\mathrm{d}y_1}{\mathrm{d}_L} = \frac{U_d L}{2U_2 d} \tag{4-4}$$

将式(4-3)、(4-4)代入得

$$D = \frac{1}{2}\frac{U_d \cdot l}{U_2 \cdot d}\left(\frac{l}{2}+L\right) \tag{4-5}$$

式中 U_d 和 U_2 分别表示两个平行板间电压和加速电压,d 是两个平行板间距离。式(4-5)表明偏转量 D 随 U_d 的增加而增加,而与加速电压 U_2 成反比关系。

2. 电子束电聚焦

电子射线束的聚焦是所有射线管如示波管、显像管和电子显微镜等都必须解决的问题。在阴极射线管中,阳极被灯丝加热发射电子。电子受阳极产生的正电场作用而加速运动,同时又受栅极产生的负电场作用只有一部分电子能通过栅极小孔而飞向阳极。改变栅极电位能控制通过栅极小孔的电子数目,从而控制荧光屏上的辉度。当栅极上的电位负到一定的程度时,可使电子射线截止,辉度为零。

聚焦阳极和第二阳极是由同轴的金属圆筒组成的。由于各电极上的电位不同,在它们之间形成了弯曲的等位面电力线。这样就使电子束的路径发生弯曲,类似光线通过透镜那样产生了会聚和发散,这种电子组合称为电子透镜。改变电极间的电位分布,可以改变等位面的弯曲程度,从而达到了电子透镜的聚焦。

3. 电子束磁偏转

电子通过阳极 A_2 后,如果在垂直于 z 轴方向(x 方向)放置一个均匀磁场,那么以速度 v 飞越的电子在 y 方向上也将发生偏转。由于电子受洛仑兹力 $F=eBv$,大小不变,方向与速度方向垂直,因此电子在洛仑兹力的作用下作匀速圆周运动,洛仑兹力就是向心力,有

$$evB = \frac{mv^2}{R}$$

所以

$$R = \frac{mv}{eB} \tag{4-6}$$

式中,R 为电子匀速圆周运动的半径,B 为外加磁场强度。

如图 4-3 所示,当电子离开磁场区域以后,将沿切线方向飞出,沿着直线运动,该直线与 z 方向的夹角为 θ,角度 θ 满足关系式

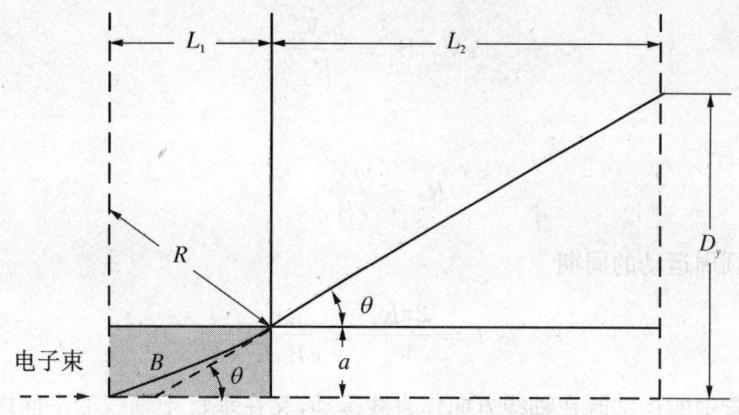

图 4-3 电子束在磁场中的运动轨迹示意图

$$\sin\theta = \frac{L_1}{R} = \frac{eB}{mv}L_1 \tag{4-7}$$

电子穿出磁场区域时在 y 方向的位移

$$a = R - R \cdot \cos\theta \tag{4-8}$$

电子束打到荧光屏上的位置与未加磁场时的位置之间的偏离为 D_y,则有

$$D_y = L_2 \cdot \tan\theta + a \tag{4-9}$$

考虑到本实验中偏转角度 θ 很小,可以近似地认为 $\tan\theta \approx \theta$,$\cos\theta = 1 - \frac{1}{2}\theta^2$,于是得到偏转量 D_y 与外加磁场的关系:

$$D_y = \frac{eB}{\sqrt{2meV_2}}L_1 \cdot \left(L_2 + \frac{L_1}{2}\right) \tag{4-10}$$

式中 V_2 为加速电压,L_1 为磁场区域的宽度,L_2 为电子束从磁场区域穿出到显示屏的距离;m,e 分别为电子的质量和电荷量。公式(4-10)说明电子束的偏转与磁场 B 成正比,而与加速电压的平方根成反比,这一点与静电偏转的情况不同,这是因为磁场力本身又与速度有关的缘故。

4. 磁聚焦和电子荷质比测量

示波管置于长直螺线管中,在不受任何偏转电压的情况下,在荧光屏上出现一个小亮点。若第二加速阳极 A_2 的电压为 U_2,电子的轴向运动速度用 $V_{/\!/}$ 表示,则有

$$V_{/\!/} = \sqrt{\frac{2eU_2}{m}} \tag{4-11}$$

当给其中一对偏转板加上交变电压时,电子将获得垂直于轴向的分速度(用 $V_\perp$ 表示),此时荧光屏上便出现一条直线,随后给长直螺线管通一直流电流 I,于是螺线管内便产生磁场,其磁场感应强度用 $B_\perp$ 表示。运动电子在磁场中要受到洛仑兹力 $f = eV_\perp B_\perp$ 的作用,这样电子束在直螺线管中以 $V_{/\!/}$ 沿 z 方向作匀速运动,在垂直于磁场(也垂直于螺线管轴线)的平面内作圆周运动。设其圆周运动的半径为 $R_\perp$,则有

$$eV_\perp B_\perp = \frac{mV_\perp^2}{R_\perp}$$

即得到

$$R_\perp = \frac{mV_\perp}{eB_\perp} \tag{4-12}$$

于是得到电子圆周运动的周期

$$T = \frac{2\pi R_\perp}{V_\perp} = \frac{2\pi m}{eB_\perp} \tag{4-13}$$

电子长直螺线管中的运动既在轴线方向作直线运动,又在垂直于轴线的平面内作圆周运动,见图 4-4,它的轨道是一条螺旋线,其螺距用 h 表示,则有

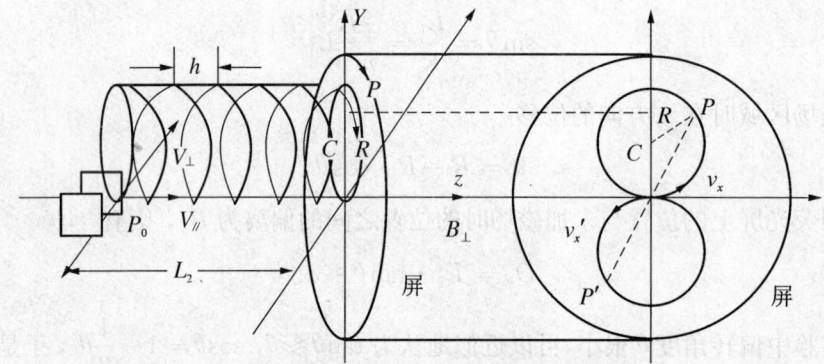

图 4-4 电子束在直螺线管中的运动

$$h = V_\parallel T = \frac{2\pi}{B}\sqrt{\frac{2mU_2}{e}} \tag{4-14}$$

有趣的是,从(4-13)、(4-14)两式可以看出,电子运动的周期和螺距均与 $V_\perp$ 无关。电子在作螺线运动时,它们从同一点出发,尽管各个电子的 $V_\perp$ 各不相同,但经过一个周期以后,它们又会在距离出发点相距一个螺距的地方重新相遇,这就是磁聚焦的基本原理。由式(4-14)可得

$$\frac{e}{m} = \frac{8\pi^2 U_2}{h^2 B^2} \tag{4-15}$$

长直螺线管的磁感应强度 $B_\perp$,可以由下式计算:

$$B_\perp = \frac{\mu_0 NI}{\sqrt{L^2 + D_0^2}} \tag{4-16}$$

可得电子荷质比为

$$\frac{e}{m} = \frac{8\pi^2 U_2(L^2 + D_0^2)}{(\mu_0 NIh)^2} \tag{4-17}$$

μ_0 为真空中的磁导率 $\mu_0 = 4\pi \times 10^{-7}$ H/m,本仪器的其他参数如下:

螺丝管内的线圈匝数　　　　　　　$N = 498 \pm 3$
螺线管的长度　　　　　　　　　　$L = 222$ mm
螺线管的直径　　　　　　　　　　$D_0 = 92$ mm
螺距(Y 偏转板至荧光屏距离)　　$h = 137$ mm

【实验内容】

1. 电子束电偏转

实验装置仪器面板如图 4-5 所示。

(1) 开启电源开头,将"电子束-荷质比"选择开关打向电子束位置,辉度适当调节,并调节聚焦,使屏上光点聚成一细点。应注意：光点不能太亮,以免烧坏荧光屏。

(2) 光点调零,将 X 偏转输出的两插孔和电偏转电压表的两输入插孔相连接,调节"X 调节"旋钮,使电压表的指针在零位,再调节"X 调零"旋钮,使光点位于示波管垂直中线上,同 X 调零一样,将 Y 调节后,光点位于示波管的中心原点。

(3) 测量偏转量 D 随 U_d 变化：调节阳极电压旋钮,给定阳极电压 U_2。将电偏转电压表并在电偏转输出的两插孔上测 U_d（垂直电压）,每调节一个 U_d 测一组 D 值；然后再改变 U_2 后测 D-U_d 变化（U_2 可调范围：600～1 000 V）,要求作三种不同加速电压。

(4) 数据分析并作图。

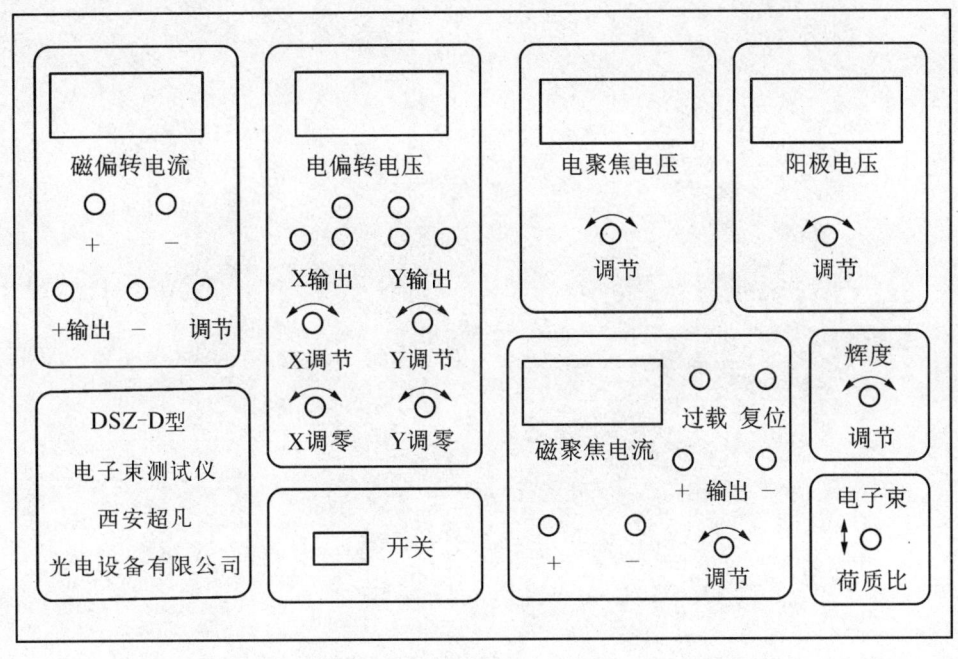

图 4-5　电子束实验仪器面板图

2. 电子束磁偏转

测量偏转量 D 随磁偏电流 I 的变化。加速电压 U_2 可调范围：600～1 000 V,选择三种不同加速电压,测量偏转量 D-I 数据。

3. 电子束磁聚焦及电子的荷质比测量

(1) 开启电子束测试仪电源开关,"电子束-荷质比"开关置于荷质比方向,此时荧光屏上出现一条直线,阳极电压调到 600 V。

(2) 将磁聚焦电流部分的调节旋钮反时针方向调节到头,并将磁聚焦电流表串在输出和螺线管之间。

(3) 调节输出调节旋钮,逐渐加大电流使荧光屏上的直线一边旋转一边缩短,直到变成一个小光点。读取电流值,然后将电流调为零。再将电流换向(对调螺线管前方两插孔中的连线),重新从零开始增加电流使屏上的直线反方向旋转并缩短,直到再得到一个小光点,读取电流值。

(4) 改变阳极电压为 700 V,重复上述步骤,数据记录和处理。

将所测各数据记入表中,计算出电子荷质比 e/m。

【注意事项】

1. 在实验过程中,光点不能太亮,以免烧坏荧光屏。
2. 在改变螺线管电流方向时,应先将磁聚焦电流调到最小后再换向。
3. 内置的磁聚焦电源的过电流保护点设置在 2 A,如果电流大于 2 A,就会出现过载指示(红色发光二极管亮),此时,需反时针方向旋转调节旋钮,按压一下复位按钮,即可恢复正常。
4. 磁偏转电流表和磁聚焦电流表在使用时,必须串联在电路中,切勿并联在电源上。
5. 改变加速电压后,光点亮度会改变,这时应重新调节亮度,若调节亮度后加速电压有变化,再调加速电压。

实验五 氢原子光谱

氢原子由一个质子及一个电子构成,是最简单的原子,因此其光谱一直是了解物质结构理论的主要基础。研究其光谱,可借由外界提供其能量,使其电子跃至高能阶后,在跳回低能阶的同时,会放出能量等同两高低阶间能量差的光子,再以光栅、棱镜或干涉仪分析其光子能量、强度,就可以得到其发射光谱。依其发现之科学家及谱线所在之能量区段可将其划分为莱曼(Theodore Lyman,1914 年)线系、巴耳末(J. J. Balmer,1885 年)线系、帕邢(Friedrich Paschen,1908 年)线系、布拉克(Frederick Sumner Brackett,1922 年)线系、蒲芬德(August Herman Pfund,1924 年)线系和汉弗莱(Curtis J. Humphreys,1953 年)线系系列,图 5-1 是氢原子光谱与电子跃迁图。

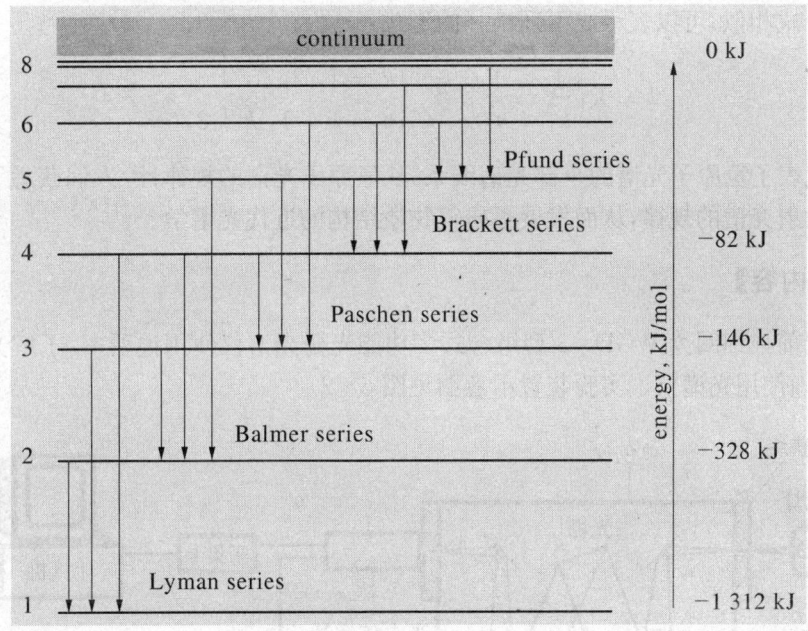

图 5-1 氢原子光谱与电子跃迁

第一部分 氢原子光谱与里德堡常数

1855 年瑞士物理学家巴耳末通过对氢原子光谱的深入研究,发现了光谱线的规律性,特别是其中四条位于可见光区用 H_α, H_β, H_γ, H_δ 表示的谱线,其波长可以很准确地用经验公式

$$\lambda_H = B \frac{n^2}{n^2 - 4} \tag{5-1}$$

来表示,式中 B 为一常数,$B = 364.56$ nm,当 $n=3, 4, 5, 6$ 时,分别给出了氢光谱中 H_α, H_β, H_γ, H_δ 四条谱线的波长,其结果与实验结果一致,式(5-1)又可改写为下列形式:

$$N = \frac{1}{\lambda_H} = \frac{4}{B}\left(\frac{1}{2^2} - \frac{1}{n^2}\right) = R\left(\frac{1}{2^2} - \frac{1}{n^2}\right) \tag{5-2}$$

式中 N 表示波数,表示 1 cm 长度中所包含的波的个数,n 是大于 2 的正整数,$R=\dfrac{4}{B}=1.096\,77\times10^{7}(\mathrm{m}^{-1})$,称为里德堡常数。

表 5-1 氢光谱巴耳末线系($k=2$)谱线波长

N		λ_H/nm
3	H_α	656.28
4	H_β	486.13
5	H_γ	434.05
6	H_δ	410.17

随着氢光谱的深入研究,除了巴耳末光谱系之外,又发现了其他光谱线,它们的规律都和巴耳末公式相似,可以表示成下列统一的形式:

$$N=R\left(\dfrac{1}{k^2}-\dfrac{1}{n^2}\right) \quad \begin{cases} k=1,2,3,4 \\ n=k+1,k+2,\cdots \end{cases} \tag{5-3}$$

式(5-3)代表了氢原子光谱的全部光谱线系,从氢原子光谱的规律性,人们获悉了原子的内部结构和发射光谱的规律,从而发展了研究物质结构的近代光谱学。

【实验内容】

实验之前详细阅读 WGD-3 型组合式多功能光栅光谱仪使用说明书,了解光谱仪的测量原理,正确使用光谱仪。实验装置示意图见图 5-2。

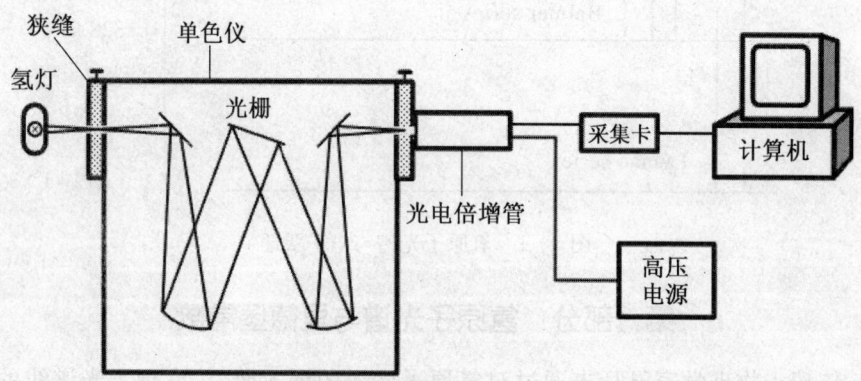

图 5-2 光栅光谱仪实验装置示意图

1. 校准谱仪

利用汞灯(GY-5)校准多功能光栅光谱仪波长,具体操作方法如下:

(1) 调节入射狭缝和出射狭缝,选择合适的宽度;
(2) 光电倍增管选择合适的高压;
(3) 工作范围:400～600 nm,设置合适的扫描间隔;
(4) 扫描汞灯光谱,寻峰,根据汞灯光谱线公认值校准谱仪。

2. 测量氢原子光谱

(1) 狭缝宽度不变;高压和增益设置不变;

(2) 选择工作范围和扫描间隔,扫描氢灯光谱;选定一条中等强度的谱线定波长扫描,移动氢灯,使强度最大;

(3) 工作范围:400~660 nm,设置合适的扫描间隔,扫描氢灯光谱。

3. 计算里德堡常数

(1) 利用 H_α,H_β,H_γ,H_δ 四条谱线波长的测量值计算里德堡常数;

(2) 确定其他谱线的线系。

第二部分 氢氘同位素位移

每个元素都有其特征光谱线,并且同位素对于每根光谱线的能量都有微量的影响。对于每条谱线,同位素引起的能量差被称为同位素位移。原子(离子)或分子光谱都存在同位素的位移。

由于同位素的质量不同,电荷分布不同(中子数不同),其能级也会有相应的偏移,即同位素位移。设一原子(离子)上能级为 E',下能级为 E,那么两能级之间的跃迁能量为

$$\Delta E = E' - E = h\nu \tag{5-4}$$

式中 ν 为光子跃迁频率,h 为普朗克常数。一般地,对于不同的同位素,这个跃迁能量不同。考虑两个同位素,分别用 H 和 L 表示重同位素和轻同位素,由上式可得

$$\begin{cases} E'_H - E_H = h\nu_H \\ E'_L - E_L = h\nu_L \end{cases} \tag{5-5}$$

同位素位移等于差值 $h\nu_H - h\nu_L = h\delta\nu$,即

$$\Delta_{IS} = h\delta\nu = (E'_H - E_H) - (E'_L - E_L) \tag{5-6}$$

同位素位移(Δ_{IS})包括质量位移(Δ_{MS})和场位移(Δ_{FS}),其中质量位移又分为正常质量位移(Δ_{NMS})和特殊质量位移(Δ_{SMS}),即

$$\Delta_{IS} = \Delta_{MS} + \Delta_{FS} = \Delta_{NMS} + \Delta_{SMS} + \Delta_{FS} \tag{5-7}$$

正常质量位移引起两个同位素的光谱线频率 ν_H 和 ν_L 满足下式:

$$\frac{\nu_H - \nu_L}{\nu_H} = \frac{m(M_H - M_L)}{M_H(M_L + m)} \tag{5-8}$$

由于频率相对偏移 $\frac{\delta\nu}{\nu} \propto \frac{1}{M^2}$,因此对于重元素,这一效应很微小。例如,对于质量数 A 约为 100 的相邻两个同位素($\delta M = 1$),$\frac{\delta\nu}{\nu}$ 约为 5×10^{-8}。氢同位素产生的质量效应最大,例如氢和氘,$\frac{\delta\nu}{\nu}$ 约为 2.7×10^{-4},普通的光谱仪就可以观察到。本实验利用光栅多道谱仪测量充氢和氘气体灯的谱线,测量巴耳末 H_α,H_β 谱线氢氘同位素移位。

【实验内容】

在实验之前,详细阅读 WGD-8A 型组合式多功能光栅光谱仪使用说明书。氢同位素

位移测量实验装置示意图见图 5-3。

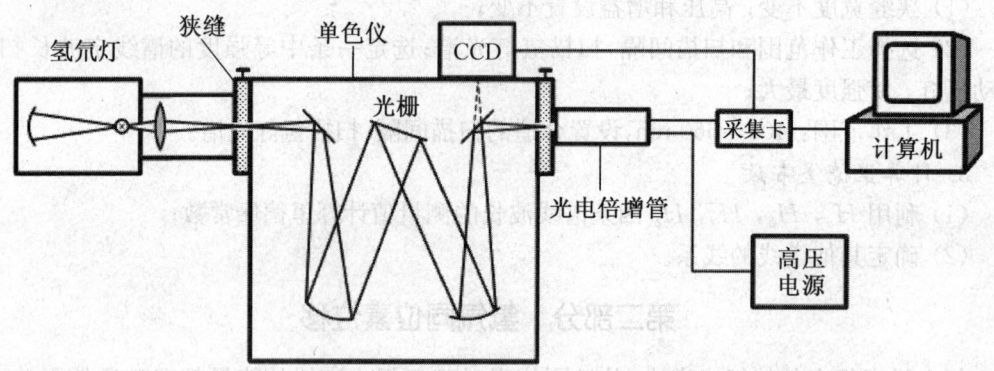

图 5-3 氢同位素位移测量实验装置图

1. 校准谱仪

利用钠灯（GY-4）双黄线（589.00 nm，589.59 nm）校准组合式多功能光栅光谱仪，具体操作如下：

（1）调节入射狭缝和出射狭缝宽度；

（2）选择合适的高压和增益；

（3）设置工作范围：580～600 nm；选择合适的间隔；

（4）扫描钠灯光谱，寻峰，根据钠灯双黄线公认值对组合式多功能光栅光谱仪进行校准。

2. 测量氢氘同位素位移

由于测量氢氘同位素位移要求有较高的光谱分辨率，入射狭缝宽度和出射狭缝宽度适当调小，高压和增益设置需要适当提高。具体操作方法同(1)。

根据测量的数据计算氢氘同位素位移，并与理论值进行比较。

【思考题】

1. 根据实验得到的氢氘同位素位移结果，分析引起氢氘同位素位移的主要原因。
2. 在调节组合式多功能光栅光谱仪时，如何提高光谱的分辨率？

【参考文献】

[1] 马洪良.同位素位移实验测量[J].物理实验,2002,20(3).
[2] 杨福家.原子物理学.3 版[M].北京：高等教育出版社,2000.
[3] 林木欣.近代物理实验教程[M].北京：科学出版社,2001.
[4] 戴道宣,戴乐山.近代物理实验.2 版[M].北京：高等教育出版社,2006.

实验六 黑体辐射

【实验原理】

任何物体都具有不断辐射、吸收、发射电磁波的本领。辐射出去的电磁波在各个波段是不同的,也就是具有一定的谱分布。这种谱分布与物体本身的特性及其温度有关,因而被称为热辐射。为了研究不依赖于物质具体物性的热辐射规律,物理学家们定义了一种理想物体——黑体(black body),以此作为热辐射研究的标准物体。

1893 年,维恩利用经典热力学和电动力学得到了能量密度公式。但是仅仅适用于黑体辐射曲线高频区。1899 年,瑞利和金斯利用经典统计物理和电磁理论推导出瑞利-金斯公式,但是公式在高频区能量密度发散,与事实不符。1900 年,普朗克抛弃了能量是连续的传统经典物理观念,导出了与实验完全符合的黑体辐射经验公式。在理论上导出这个公式,必须假设物质辐射的能量是不连续的,只能是某一个最小能量的整数倍。普朗克(Planck)把这一最小能量单位称为"能量子"。普朗克的假设解决了黑体辐射的理论困难。普朗克还进一步提出了能量子与频率成正比的观点,并引入了普朗克常数 h。量子理论现已成为现代理论和实验的不可缺少的基本理论。普朗克由于创立了量子理论而获得了诺贝尔物理学奖。

什么是黑体?满足下面三个条件之一:

(1) 在任何条件下,完全吸收任何波长的外来辐射而无任何反射的物体;
(2) 吸收比为 1 的物体;
(3) 在任何温度下,对入射的任何波长的辐射全部吸收的物体。

所谓黑体是指入射的电磁波全部被吸收,既没有反射,也没有透射(当然黑体仍然要向外辐射)。基尔霍夫辐射定律(Kirchhoff),在热平衡状态的物体所辐射的能量与吸收率之比与物体本身物性无关,只与波长和温度有关。按照基尔霍夫辐射定律,在一定温度下,黑体必然是辐射本领最大的物体,可叫作完全辐射体。

任何物体,只要其温度在绝对零度以上,就向周围发射辐射,也称为温度辐射。黑体是一种完全的温度辐射体,即任何非黑体所发射的辐射通量都小于同温度下的黑体发射的辐射通量;非黑体的辐射能力不仅与温度有关,而且与表面的材料的性质有关,而黑体的辐射能力则仅与温度有关。黑体的辐射亮度在各个方向都相同,即黑体是一个完全的余弦辐射体。

普朗克辐射定律则给出了黑体辐射的具体谱分布,在一定温度下,单位面积的黑体在单位时间、单位立体角内和单位波长间隔内辐射出的能量为

$$M(\lambda, T) = \frac{c_1}{\lambda^5 (e^{\frac{c_2}{\lambda T}} - 1)} \tag{6-1}$$

式中 $M(\lambda, T)$ 是黑体光谱辐射出射度,单位是 W/m^3,第一辐射常数 $c_1 = 2\pi h c^2 = 3.74 \times 10^{-16} \text{ W} \cdot \text{m}^2$,第二辐射常数 $c_2 = hc/k = 1.4398 \times 10^{-2} \text{ m} \cdot \text{K}$。黑体能量密度公式:

$$E(\nu, T) * \mathrm{d}\nu = \frac{c_1 \cdot \nu^3 \cdot \mathrm{d}\nu}{\exp(c_2 \cdot \nu/T) - 1} \tag{6-2}$$

式中,$E(\nu, T) * \mathrm{d}\nu$ 表示在频率范围$(\nu, \nu+\mathrm{d}\nu)$中的黑体辐射能量密度;λ 和 ν 分别表示辐射波长和频率;T 表示黑体热力学温度;c 表示光速,$c = 2.998 \times 10^8$ m/s;h 表示普朗克常数,$h = 6.626 \times 10^{-34}$ J·s;k 表示玻尔兹曼(Bolfzmann)常数,$k = 1.380 \times 10^{-23}$ J/K。式(6-2)表明:

(1) 在一定温度下,黑体的谱辐射亮度存在一个极值,这个极值的位置与温度有关,这就是维恩位移定律(Wien's displacement law)

$$\lambda_\mathrm{m} \cdot T = b \tag{6-3}$$

式中 λ_m 表示最大黑体谱辐射亮度处的波长;b 称为维恩位移常数,2002 年国际科技数据委员会(CODATA)推荐值:$b = 2.897\,768\,5(51) \times 10^6$ m·K。维恩位移定律说明了一个物体越热,其辐射谱的波长越短。比如,在宇宙中不同恒星随着表面温度的不同会显示不同的颜色,濒临燃尽而膨胀的红巨星表面温度只有 2 000~3 000 K,因而显红色;太阳的表面温度是 5 778 K,根据维恩位移定律计算得到峰值辐射波长为 502 nm,为黄光。对于地球物体,温度约为 300 K,辐射中最大谱辐射亮度处波长 λ_m 约为 9.6 μm,属于红外区域。

(2) 在任一波长处,高温黑体的谱辐射亮度绝对大于低温黑体的谱辐射亮度,不论这个波长是否是光谱最大辐射亮度处。

如果把式(6-1)对所有的波长积分,那么可得到斯特藩-玻尔兹曼定律(Stefan-Boltzmann law),热力学温度为 T 的黑体单位面积在单位时间内向空间各方向辐射出的总能量为

$$M(T) = \int_0^\infty M(\lambda, T) \mathrm{d}\lambda = \delta T^4 \tag{6-4}$$

式中 δ 为斯特藩-玻耳兹曼常数,$\delta = \frac{2\pi^5 k^4}{15h^3 c^2} = 5.670 \times 10^{-8}$ W·m^{-2}·K^{-4}。

【仪器介绍】

黑体实验装置是天津港东仪器厂生产的黑体实验实验仪,型号 WGH-10,由光栅单色仪、接收单元、扫描系统、电子放大器、A/D 采集单元、电压可调的稳压溴钨灯光源、计算机及打印机组成。该设备集光学、精密机械、电子学、计算机技术于一体,具体结构见仪器说明书。

入射狭缝、出射狭缝均直狭缝,宽度范围:0~2.5 mm 连续可调。顺时针旋转为狭缝宽度加大,反之减小,每旋转一周狭缝宽度变化 0.5 mm。为延长使用寿命,调节时注意最大不超过 2.5 mm,平日不使用时,狭缝最好开到 0.1~0.5 mm 左右。光源发出的光束进入入射狭缝 S1,S1 位于发射式准光镜 M2 的焦面上,通过 S1 射入的光束经 M2 发射成平衡光束投向平面光栅 G 上,衍射后的平衡光束经物镜 M3 成像在 S2 上。经 M4、M5 会聚在光电接收器 D 上。

黑体实验光源采用溴钨灯光源,标准黑体应是体实验的主要设置,但购置一个标准黑体其价格太高,所以本实验装置采用稳压溴钨灯作光源,溴钨灯的灯丝是钨丝制成,钨是难熔

金属，它的熔点为 3 665 K。

本实验装置的工作区间在 800～2 500 nm，所以选用硫化铅（PbS）作为光信号接收器，从单色仪出缝射出的单色光信号经调制器，调制成 50 Hz 的频率信号被 PbS 接收。选用的 PbS 是晶体管外壳结构，该系列探测器是将硫化铅元件封装在晶体管壳内，充以干燥的氮气或其他惰性气体，并采用熔融或焊接工艺，以保证全密封。该器件可在高温、潮湿条件下工作且性能稳定可靠。

【实验内容】

（1）设计内容验证普朗克辐射定律。
（2）设计内容验证斯特藩-玻耳兹曼定律。
（3）设计内容验证维恩位移定律。

实验七 塞曼效应

【背景知识】

1896年,荷兰物理学家塞曼使用半径10英尺的凹形罗兰光栅观察磁场中的钠火焰的光谱,他发现钠的D谱线似乎出现了加宽的现象。这种加宽现象实际是谱线发生了分裂。随后不久,塞曼的老师、荷兰物理学家洛仑兹应用经典电磁理论对这种现象进行了解释。他认为,由于电子存在轨道磁矩,并且磁矩方向在空间的取向是量子化的,因此在磁场作用下能级发生分裂,谱线分裂成间隔相等的三条谱线。塞曼和洛仑兹因为这一发现共同获得了1902年的诺贝尔物理学奖。塞曼效应(Zeeman effect)是继1845年法拉第效应和1875年克尔效应之后发现的第三个磁场对光有影响的实例。塞曼效应证实了原子磁矩的空间量子化,为研究原子结构提供了重要途径,被认为是19世纪末20世纪初物理学最重要的发现之一。应用正常塞曼效应测量谱线分裂的频率间隔可以测出电子的荷质比。由此计算得到的荷质比数值与汤姆生在阴极射线偏转实验中测得的电子荷质比数量级是相同的,二者互相印证,进一步证实了电子的存在。在天体物理中,塞曼效应可以用来测量天体的磁场。1908年美国天文学家海尔等人在威尔逊山天文台利用塞曼效应,首次测量到了太阳黑子的磁场。

【实验原理】

1. 原子的总磁矩

由原子物理可知,原子的总磁矩起源于原子内部电子和核子的运动。单个电子的轨道运动和自旋运动分别产生轨道磁矩 μ_L 和自旋磁矩 μ_S。

$$\mu_L = \frac{e}{2m}P_L, \quad P_L = \sqrt{L(L+1)}\frac{h}{2\pi} \tag{7-1}$$

$$\mu_S = \frac{e}{m}P_S, \quad P_S = \sqrt{S(S+1)}\frac{h}{2\pi} \tag{7-2}$$

式中 P_L 和 P_S 是原子的轨道角动量及自旋角动量,L 和 S 是相应的轨道量子数和自旋量子数,e,m 分别是电子的电荷和质量。

原子核也有磁矩,但它要比电子的磁矩小三个数量级,故可忽略其对原子总磁矩的贡献。碱金属原子只有一个价电子,原子实的总角动量为零,原子的总磁矩由价电子的总角动量决定,这个结论可推广至多价电子原子情形,只是电子的自旋轨道耦合情况更复杂,对于两个价电子原子,对应LS耦合的朗德因子表述为

$$g = 1 + \frac{J(J+1) - L(L+1) + S(S+1)}{2J(J+1)} \tag{7-3}$$

计算对于汞546.1 nm谱线($6s7s\,^3S_1 \rightarrow 6s6p\,^3P_2$)上下能级的 g 因子各是多少?

原子的总有效磁矩为

$$\mu_J = g\frac{e}{2m}P_J \tag{7-4}$$

2. 外磁场对原子的作用

从动力学的角度看,原子的总磁矩受磁场作用将发生旋进,产生这个旋进的力矩是

$$\bm{L} = \bm{\mu}_J \times \bm{B} \tag{7-5}$$

这种运动引入的附加能量为

$$\Delta E = -\bm{\mu}_J \cdot \bm{B} = g\frac{e}{2m}\bm{P}_J \cdot \bm{B} = g\frac{e}{2m}P_J B\cos\beta \tag{7-6}$$

P_J 在磁场中的取向是量子化的,也就是 β 角不是随意的,$P_J\cos\beta$ 是 P_J 在磁场方向的分量。β 的量子化也就是这个分量的量子化,它只能取如下数值:

$$P_J\cos\beta = M\frac{h}{2\pi} \tag{7-7}$$

其中 M 称为磁量子数,$M=J, J-1, \cdots, -J$。

$$\Delta E = Mg\frac{eh}{4\pi m}B = Mg\mu_B B \tag{7-8}$$

式中 μ_B 称为玻尔磁子,$\mu_B = \frac{eh}{4\pi m}$,若用波数表示,式(7-8)可以表示为

$$\Delta\tilde{\nu} = \frac{\Delta E}{hc} = Mg\frac{eB}{4\pi mc} = MgL \tag{7-9}$$

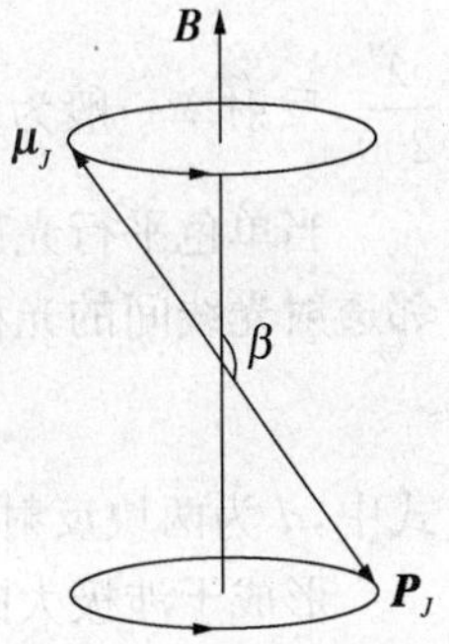

式中 L 称为洛仑兹单位,$L = \frac{eB}{4\pi mc}$。式(7-9)表明,原来的一个能级在磁场作用下分裂为 $2J+1$ 个能级,分裂能级的能量是原来的能量加上由式(7-8)决定的附加能量,裂距可以用洛仑兹单位表示。

图 7-1 原子总磁矩受磁场作用发生的旋进

设谱线由 E_1 和 E_2 能级间跃迁产生

$$h\nu_0 = E_2 - E_1 \tag{7-10}$$

在外场作用下,上下各分裂能级间的跃迁为

$$h\nu = (E_2 + \Delta E_2) - (E_1 + \Delta E_1) \tag{7-11}$$

能级分裂后的谱线与原谱线的频率差为

$$\Delta\nu = \nu - \nu_0 = \frac{1}{h}(\Delta E_2 - \Delta E_1) \tag{7-12}$$

用波数差表示为

$$\Delta\tilde{\nu} = \frac{\Delta\nu}{c} = \frac{1}{hc}(\Delta E_2 - \Delta E_1) = (M_2 g_2 - M_1 g_1)\frac{eB}{4\pi mc} = (M_2 g_2 - M_1 g_1)L \tag{7-13}$$

跃迁应满足的选择定则:

$\Delta M = 0$，产生 π 线（当 $\Delta J = 0$ 时，$M_2 = 0 \to M_1 = 0$ 除外）；

$\Delta M = \pm 1$，产生 σ 线。

当 $\Delta M = 0$ 时，垂直于磁场方向观察时产生线偏振光，线偏振光的振动方向平行于磁场，叫做 π 线。平行于磁场观察时 π 成分不出现。

当 $\Delta M = \pm 1$ 时，垂直于磁场方向观察时产生线偏振光，线偏振光的振动方向垂直于磁场，叫做 σ 线。平行于磁场观察时，产生圆偏振光，圆偏振光的转向依赖于 ΔM 的正负、磁场方向以及观察者相对磁场的方向。

已证实，圆偏振光具有角动量 $\dfrac{h}{2\pi}$，且角动量和电矢量组成右手螺旋定则。

3. 法布里-珀罗标准具（简称 F-P 标准具）

可以计算，当外加磁场 $B = 1$ T，谱线波长 λ 为 500 nm，能级分裂后的谱线 $\Delta \lambda \approx 0.012$ nm，这样的间隔用一般的光谱仪很难观测，法布里-帕罗标准具是一种高分辨率的分光仪器，它由两块镀有高反射率膜的玻璃（或熔凝石英）平行放置，内表面平整度高达 $\dfrac{\lambda}{20}$ 到 $\dfrac{\lambda}{200}$，反射率一般为 95%。

当单色平行光束以小角度入射到标准具内部后，光线将在两内表面多次反射和透射，相邻透射光线间的光程差

$$\Delta = 2nd\cos\theta \tag{7-14}$$

式中，d 为两块反射镜的间距，n 为空气折射率，θ 为光束入射角。

形成干涉极大的条件是

$$2nd\cos\theta = N\lambda \tag{7-15}$$

式中 N 为整数，称干涉序。λ 不变则不同的干涉序对应不同的入射角，在扩束光源照明时将形成等倾干涉，干涉条纹是一系列同心圆环。

(1) 分辨率。

标准具的理论分辨率为

$$\frac{\lambda}{\delta\lambda} = \frac{2nh\pi\sqrt{R}}{\lambda(1-R)} \tag{7-16}$$

式中 R 为标准具内表面反射率。

(2) 自由光谱范围。

考虑两个具有微小波长差的单色光 λ_1 和 λ_2 入射到标准具上，如 $\lambda_2 > \lambda_1$，则相同 N 的 λ_1 在外圈，λ_2 在里圈，如设入射波长分别为 λ 与 $\lambda+\Delta\lambda$，当前者的 $N+1$ 序环和后者的 N 序环重叠，有

$$(N+1)\lambda = N(\lambda + \Delta\lambda) \tag{7-17}$$

式中 $\Delta\lambda$ 称为自由光谱范围，即入射波长的区间应小于 $\Delta\lambda$，否则将发生不同级次的重叠。当入射光近似为平行光时，我们用 $\Delta\lambda_F$ 表示 F-P 标准具的自由光谱范围，

$$\Delta\lambda_F = \frac{\lambda}{N} = \frac{\lambda^2}{2nd} \tag{7-18}$$

（3）精细常数 F（精细度）。

精细常数是指两个相邻干涉序之间能够被分辨的干涉花纹的最大数目，

$$F = \frac{\Delta\lambda_F}{\delta\lambda} = \frac{\pi\sqrt{R}}{1-R} \quad (7-19)$$

它仅由反射率 R 决定，当 $R = 95\%$ 时，F 约为 61，R 越大，F 越大，分辨本领越高。

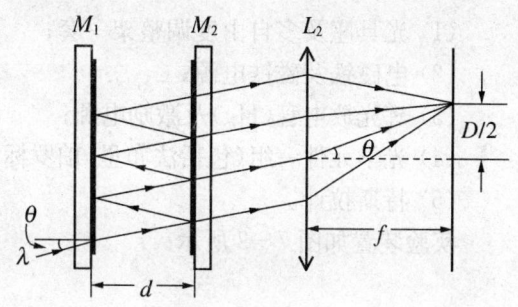

图 7-2 入射光在 F-P 标准具中的多次反射

4. F-P 干涉仪测量微小波长差原理

设成像透镜的焦距为 f，干涉环的直径 D 与其入射角 θ 有如下关系：

$$\cos\theta = \frac{f}{\sqrt{f^2 + \left(\frac{D}{2}\right)^2}} = \left(1 + \frac{D^2}{4f^2}\right)^{-\frac{1}{2}} \approx 1 - \frac{1}{8}\frac{D^2}{f^2} \quad (7-20)$$

将式(7-20)代入式(7-15)，并设 $n = 1$（空气中），则有

$$2d\left(1 - \frac{1}{8}\frac{D^2}{f^2}\right) = N\lambda \quad (7-21)$$

N 与 D^2 成反向线性关系，干涉环随 N 的减小越来越密；N 一定，λ 越大，D 越小（思考：为什么？）。

当波长 λ 一定，相邻两序 N 与 $N-1$ 间干涉条纹存在，

$$\Delta D^2 = D_{N-1}^2 - D_N^2 = \frac{4f^2\lambda}{h} \quad (7-22)$$

N 一定，属于该序的 λ_a 和 λ_b 的微小波长差为

$$\lambda_a - \lambda_b = \frac{h}{4f^2 N}(D_b^2 - D_a^2) = \frac{\lambda}{N}\frac{D_b^2 - D_a^2}{D_{N-1}^2 - D_N^2} \quad (7-23)$$

考虑取近中心的干涉序，$\theta \approx 0°$

$$N = \frac{2d}{\lambda} \quad (7-24)$$

则有

$$\lambda_a - \lambda_b = \frac{\lambda^2}{2d}\frac{D_b^2 - D_a^2}{D_{N-1}^2 - D_N^2} \quad (7-25)$$

用波数表示

$$\tilde{\nu}_b - \tilde{\nu}_a = \frac{1}{2d}\frac{D_b^2 - D_a^2}{D_{N-1}^2 - D_N^2} \quad (7-26)$$

【实验装置】

本实验主要仪器设备如下：

(1) 光具座及多自由度调整架一套;
(2) 电磁铁及磁铁电源;
(3) 辉光放电管(Hg)及激励电源;
(4) 光学元件一组(包括法布里-珀罗标准具);
(5) 特斯拉计。

实验装置如图 7-3 所示。

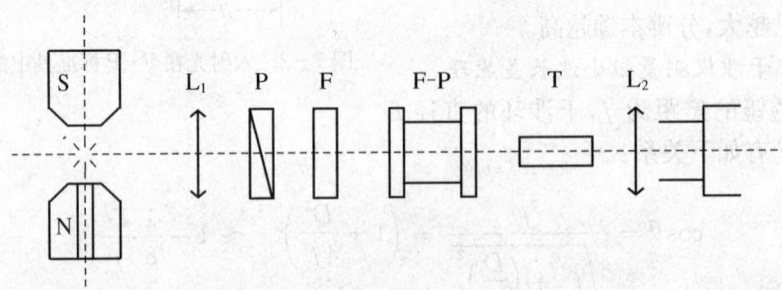

图 7-3 塞曼效应实验装置布局图

L_1—会聚透镜;P—1/4 波片;F—干涉滤光片;F-P—法布里-珀罗标准具;T—测量望远镜;L_2—成像透镜

【实验内容】

(1) 画出 Hg 546.1 nm 谱线在磁场中的能级分裂图,并计算所有可能的 ΔMg;
(2) 试由式(7-13)与式(7-26)导出电子荷质比公式;
(3) 观察零场干涉图样;
(4) 开启电磁铁电源,电流调至 5 A,观察横向(垂直磁场方向)塞曼效应,鉴别分裂谱的偏振情况;
(5) 自拟方案测量干涉环的直径;
(6) 计算荷质比的平均值并和理论值 $1.758\ 819\ 62 \times 10^{11}$ C/kg 进行比较;
(7) 观察纵向塞曼效应。

【注意事项】

1. 光学元件表面切勿用任何物品擦拭。
2. 应缓慢调节 HY1791-5 直流稳定电源,磁场电流小于 5 A,以免电源烧坏。
3. 调光路时,HY1791-5 直流稳定电源输出电流应小于 2 A,光路调好后,测干涉环直径时,HY1791-5 直流稳定电源输出电流增大到需要值(不能超过 5 A)。
4. 做实验时,勿触及电磁铁及其支架、HY1791-5 直流稳定电源的输出端和笔形 Hg 灯电源的输出端,以免烫伤或触电。

【参考文献】

[1] 林木欣. 近代物理实验教程[M]. 北京:科学出版社,2001.
[2] 戴道宣,戴乐山. 近代物理实验. 2 版[M]. 北京:高等教育出版社,2006.

实验八 X射线装置及实验

【背景知识】

　　X射线是波长在 10 nm 到 0.01 nm 范围的电磁波,1895 年德国科学家伦琴(W. K. Rontgen)发现 X 射线,是人类揭开研究微观世界序幕的"三大发现"之一(另两大发现分别是 1896 年法国贝克勒发现放射性和 1897 年英国汤姆逊发现电子)。今天的电视机显像管,源出于 19 世纪末的"阴极射线管"。当时,科学家发现,如果在一根玻璃管的两端密封上正负两个电极并加上高电压,当玻璃管中的空气被抽空时,正极那一头的玻璃管壁上会发出漂亮的光辉。当时认为,是阴极发射的"阴极射线"(后来被证实是电子流)打到玻璃管壁上,使它发出光辉来。于是,将这种抽真空的管子称为"阴极射线管"。研究阴极射线是当时物理学界的热门课题,其中有德国维尔茨堡大学校长、物理学家伦琴。1895 年 11 月初的一个晚上,为了防止外界对阴极射线的影响,同时也不让阴极射线与可见光线漏出管外,他用黑纸把放电管包得严严实实,实验室也用窗帘密封成暗室。就在这黑暗的环境中做实验时,伦琴意外地发现 1 m 以外的荧光屏竟发出了微弱的荧光,这一现象使他十分惊奇。因为当时已查明阴极射线在空气中只能穿过几厘米,而现在即使把荧光屏移到 2 m 开外,它仍能发出荧光。很显然,这阴极射线管发射出的除了阴极射线外,还有别的东西。伦琴以为是自己的错觉,于是又重新做放电实验,但荧光又出现了。伦琴大为震惊,他一把抓过桌上的火柴,嚓的一声划亮。原来离工作台 1 m 远处立着一个亚铂氰化钡小屏,荧光是从那里发出的。但是由放电管阴极发出的射线——阴极射线是不能通过数厘米厚的空气的,怎么能使 1 m 远处的荧光屏闪光呢?莫非是一种未发现的新射线?伦琴兴奋地托起荧光屏,一前一后地挪动位置,可是那一丝绿光总不会逝去。看来这种射线的穿透能力很强,与距离没有多大关系。那么除了空气外它还能不能穿透其他物质呢?他试着用书、薄铝片挡住射线,荧光屏上照样出现亮光,当他用一张薄铅片挡住射线时,亮光没了。现在可以肯定确实是有一种新射线,因为对这种射线还不了解,所以伦琴给它取名为"X 射线"。伦琴有两个习惯,一是喜欢一个人干,经常是连助手都不要;二是没有得到最后结果决不透露一点消息。其后,伦琴就整日钻在实验室里。这天,妻子贝尔格偷偷溜进实验室,这次伦琴破天荒地邀请她协助实验。突然,贝尔格喊道:"妖魔,妖魔,你这实验室里出了妖魔!""贝尔格,你冷静点!我就在你跟前,别怕,你刚才看见什么了?""刚才太可怕了,我的两只手只剩下几根骨头了。"伦琴一听,一拍额头,说道:"亲爱的,我们是发现了一种妖魔,这家伙能穿过人的血肉,也许这正是它的用途呢?不要慌,我们再来试一遍。"这次,伦琴将自己的手伸在屏幕上,果然显出五根指骨的影子。然后他又取出一个装有照相底板的暗盒,让贝尔格将一只手平放在上面,再用放电管对准,这样照射了 15 min。底片在显影液里捞出来后手部的骨骼清晰可见。伦琴高兴极了,他终于发现了 X 射线,这个发现成为 19 世纪 90 年代物理学上的三大发现之一,为此,伦琴于 1901 年荣获全世界首次颁发的诺贝尔物理学奖。

　　X射线管的制成,则被誉为人造射线源史上的第二次大革命(第一次是电灯的制成,第三次是激光的出现)。X 射线在医学(如 X 射线诊断)、工业(如 X 射线探伤)、材料科学(如 X 射线分析)、天文学(如 X 射线望远镜)、生物学(如 X 射线显微镜)等方面的应用十分广泛。本实验要求了解 X 射线的产生及其特性,并初步掌握一种利用 X 射线测定晶面间距的方法。

【实验原理】

当具有一定能量的电子与原子发生碰撞时,可把原子的外层电子撞击到高能态(称为激发)甚至击出原子(称为电离)。当电子从高能态回归到低能态,或被电离的原子(离子)与电子复合时,就会发射荧光。这是一般气体放电射线源(如生活中常用的日光灯、实验室常用的汞灯、钠灯等)的基本发射线过程。如果电子的能量高达几万电子伏(约为 10^{14} J)时,它就可能把原子的内层电子撞击到高能态,甚至击出原子。这时,原子的外层电子就会向内层跃迁,其所发出的光子能量较大,即波长较短,通常为 X 射线。例如,铜原子内主要有两对电子可在内层跃迁的能级,电子从高能级跃迁到低能级时,分别发出波长为 0.154 nm 和 0.139 nm 两种 X 射线。这两种 X 射线在射线谱图上表现为两个尖峰(如图 8-1 中的两尖峰曲线所示),在理想情况下则为两条线,称为"线光谱",这种线光谱反映了金属铜的特性,称为"标识 X 射线谱"或"X 射线特征射线谱"。此外,高速电子接近原子核时,原子核的库仑场要使它偏转并急剧减速,同时产生电磁辐射,这种辐射称为"轫致辐射",它的能量分布是连续的,在光谱图上表现为很宽的光谱带,称为"连续谱"(如图 8-1 中的宽带曲线所示)。总之,只要让高速电子撞击金属,就可以产生 X 射线。

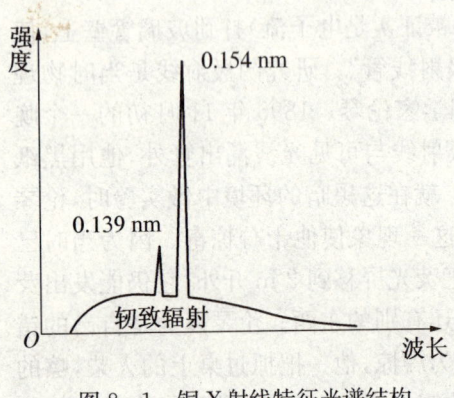

图 8-1 铜 X 射线特征光谱结构

【X 射线装置介绍】

本实验使用的 X 射线装置是德国莱宝教具公司生产的 X 射线实验仪,如图 8-2 所示。

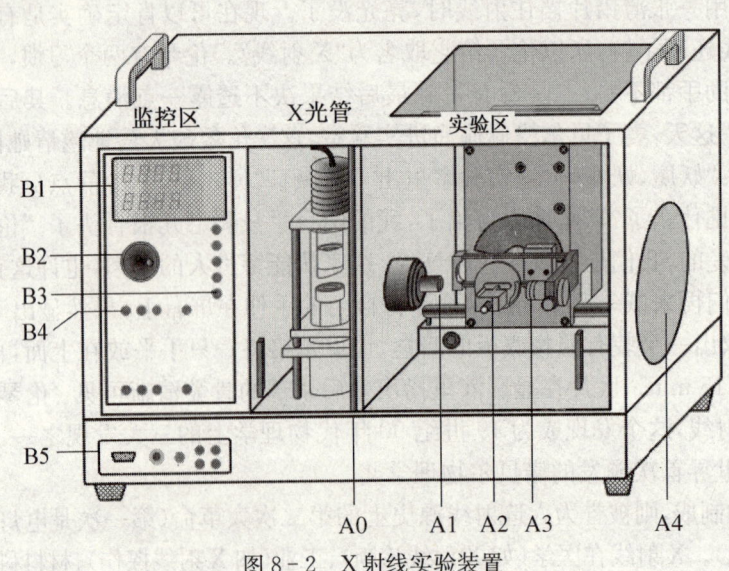

图 8-2 X 射线实验装置

它的正面装有两扇铅玻璃门,既可看清楚 X 射线管和实验装置的工作状况,又保证人身不受到 X 射线的危害。要打开这两扇铅玻璃门中的任一扇,必须先按下 A0,此时 X 射线管上的高压立即断开,保证了人身安全。

X 射线装置分为三个工作区:中间是 X 射线管,右边是实验区,左边是监控区。A1 是 X 射线的出口,做 X 射线衍射实验时,要在它上面加一个射线光阑,使出射的 X 射线成为平行的细射线束。A2 是安放晶体样品的靶台,把样品(平板)轻轻放在靶台上,向前推到底;将靶台轻轻向上抬起,使样品被支架上的凸楞压住;顺时针方向轻轻转动锁定杆,使靶台被锁定。

X 射线管的结构如图 8-3 所示。它是一个高真空石英管,其中 ① 螺旋状热沉,用以散热;② 铜块;③ 靶(铜/钼靶);④ 接地的电子发射极,通电加热后可发射电子;工作时加以几万伏的高压。电子在高压作用下轰击钼原子/铜原子而产生 X 射线,靶受电子轰击的面呈斜面,以利于 X 射线向水平方向射出;⑤ 是管脚。A3 是装有 G-M 计数管的传感器,它用来探测 X 射线的强度。G-M 计数管是一种用来测量 X 射线(或 β 射线、γ 射线等放射性粒子)的强度的探测器,其计数 N 与所测射线的强度成正比。根据放射性的统计规律,射线的强度为 $N \pm \sqrt{N}$,其相对不确定度为 $\dfrac{\sqrt{N}}{N} = \dfrac{1}{\sqrt{N}}$,故计数 N 越大相对不确定

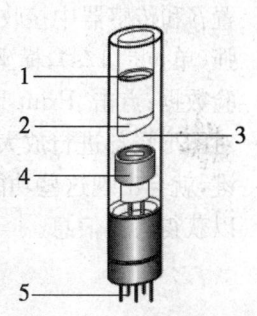

图 8-3 X 射线管结构图

度越小。延长计数管每次测量的持续时间,从而增大总强度计数 N,有利于减少计数的相对不确定度。A2 和 A3 都可以转动,并可通过测角器分别测出它们的转角。

左边的监控区包括电源和各种控制装置。B1 是液晶显示区,它分上下两行,通常情况下,上行显示 G-M 计数管的计数率 N(正比于 X 射线光强 R),下行显示工作参数。B2 是个大转盘,各参数都由它来调节和设置。B3 有五个设置按键,由它确定 B2 所调节和设置的对象。这五个按键是:① U 键,设置 X 射线管上所加的高压值(通常设置为 30 kV);② I 键,设置 X 射线管内的电流值(通常取 1 mA);③ Δt 键,设置每次测量的持续时间;④ $\Delta \beta$ 键,设置自动测量时测角器每次转动的角度,即角步幅;⑤ β-LIMIT 键,在选定扫描模式后,设置自动测量时测角器的扫描范围,即上限角与下限角。(第一次按此键时,显示器上出现"↓"符号,此时可利用 B2 选择下限角;第二次按此键时,显示器上出现"↑"符号,此时可利用 B2 选择上限角。)

B4 有三个扫描模式选择按键和一个归零按键。三个扫描模式按键是:① SENSOR 键,传感器扫描模式键,按下此键时,可利用 B2 手动放置传感器的位置,也可用 β-LIMIT 设置自动扫描时靶台的上限角与下限角,显示器的下行此时显示靶台的角位置;② COUPLED 键,耦合扫描模式键,按下此键时,可利用 B2 手动同时旋转靶台和传感器的位置——传感器的转角自动保持为靶台转角的 2 倍,而显示器的下行此时显示靶台的角位置,也可利用 β-LIMIT 设置自动扫描时靶台的上限角与下限角;③ ZERO 键,归零按键,按下此键后,靶台和传感器都回到 0 位。

B5 有五个操作键,它们是:① RESET 键,按下此键,靶台和传感器都回到测量系统的 0 位置,所有参数都回到缺省值,X 射线管的高压断开;② REPLAY 键,按下此键,仪器会把最后的测量数据再次输出至计算机或输出到记录仪,本实验中不必用它;③ SCAN(ON/OFF)

键,此键是整个测量系统的开关键,按下此键,在 X 射线管上就加了高压,测角器开始自动扫描,所得数据会储存起来(若开启了计算机的相关程序,则所得数据自动输出至计算机);④◀键,此键是声脉冲开关,本实验中不必用它;⑤ HV(ON/OFF)键,此键开关 X 射线管上的高压,它上面的指示灯闪烁时,表示高压已加上。

本实验仪器专用的软件"X-ray Apparatus"已安装在计算机内,只要双击该快捷键的图标,即可出现一个测量画面,它主要由上面的菜单栏、左边的数据栏和右边的图形栏三部分组成。在菜单栏上选择"Bragg",即可进行布拉格衍射实验。当在 X 射线实验仪中按下"SCAN"开关(ON)时,软件就开始自动采集和显示测量结果:屏幕的左边显示靶台的角位置 β 和传感器中接收到的 X 射线光强的数据;而右边则将此数据作图,其纵坐标为 X 射线光强(单位是 1/s),横坐标为靶台的转角[单位是(°)],点击"Save Measurement",可以存储实验数据;点击"Print Diagram",可以打印衍射谱图。该软件还有许多功能,例如"Zoom"可以对图形局部进行放大,"Set Market"可以在图上写字作标记等,只要在图上任意位置点击右键,就会出现这些功能的菜单供选择。为详细了解该软件的功能,可点击菜单中的"Help",以获得有关信息。

第一部分 X 射 线 衍 射

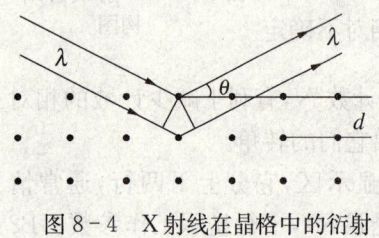

图 8-4 X 射线在晶格中的衍射

由于 X 射线的波长与一般物体中原子的间距同数量级,因此 X 射线成为研究物质微观结构的有力工具。当 X 射线射入原子有序排列的晶体时,会发生类似于可见射线入射到射线栅时的衍射现象。1913 年,英国科学家布拉格父子(W. H. Bragg 和 W. L. Bragg)证明了 X 射线在晶体上衍射的基本规律为(如图 8-4 所示):

$$2d \cdot \sin\theta = k\lambda \tag{8-1}$$

式中,d 为晶体的晶面间距,即相邻晶面之间的距离;θ 为衍射射线的方向与晶面的夹角;λ 为 X 射线的波长;k 为衍射级次。式(8-1)就称为布拉格反射公式。式(8-1)表明当已知 X 射线波长,测量得到衍射尖峰的角度,就可以计算得到晶体的晶面间距。根据布拉格公式,既可以利用已知的晶体(d 已知)通过测量 θ 角来研究未知 X 射线的波长,也可以利用已知 X 射线(λ 已知)来测量未知晶体的晶面间距。本实验利用已知 X 射线特征谱线来测量氟化锂(LiF)单晶晶体的晶面间距。

本实验 X 射线装置使用的阳极是铜阳极,特征谱线 k_α, k_β 波长见表 8-1。

表 8-1 铜阳极特征谱线 k_α, k_β 对应波长

	k_β/nm	k_α/nm
铜阳极	0.139	0.154

【实验内容】

1. 测量 NaCl 单晶晶体 X 射线衍射曲线

(1) 将 NaCl 单晶晶体固定在靶台上,注意 NaCl 晶体易潮、易碎,安装时要特别小心;

(2) 关闭铅玻璃门后开启 X 射线装置,启动软件"X-ray Apparatus";

(3) 设置 X 光管的高压 $U = 25 \sim 30\,\text{kV}$,电流 $I = 1.0\,\text{mA}$;测量时间 $\Delta t = 1\,\text{s}$,角步幅 $\Delta \beta = 0.1°$;

(4) 按 COUPLED 键(思考:为什么?),设置 β 范围;

(5) 按 SCAN 键进行自动扫描;

(6) 曲线测量完毕后,记录衍射峰对应的角度;

(7) NaCl 单晶晶面间距为 0.283 nm,计算衍射角,由此得到系统校准角度。

2. 测量 LiF 单晶晶体 X 射线的衍射曲线

(1) 在靶台上用 LiF 晶体替换 NaCl 晶体,同样 LiF 晶体也是易潮、易碎的,安装要小心,轻拿轻放;

(2) 按 U 键,设置 X 光管的高压 $U = 30.0\,\text{kV}$,电流 $I = 1.0\,\text{mA}$;测量时间 $\Delta t = 1\,\text{s}$,角步幅 $\Delta \beta = 0.1°$;

(3) 按 COUPLED 键,按 β 键,设置下限角和上限角;

(4) 按 SCAN 键进行自动扫描;

(5) 曲线测量完毕后,记录衍射峰对应的角度,对衍射角度进行修正后,计算 LiF 单晶的晶面间距。

第二部分 X 射 线 吸 收

当一束单色的 X 射线垂直入射到吸收体上,通过吸收体后,由于物质对 X 射线存在各种作用,使 X 射线被吸收并散射,X 射线能量转变为其他形式的能量,其强度将衰减,即 X 射线被物质吸收,只有一小部分 X 射线保持原有能量、沿原方向直线穿过物质并继续传播(见图 8-5)。

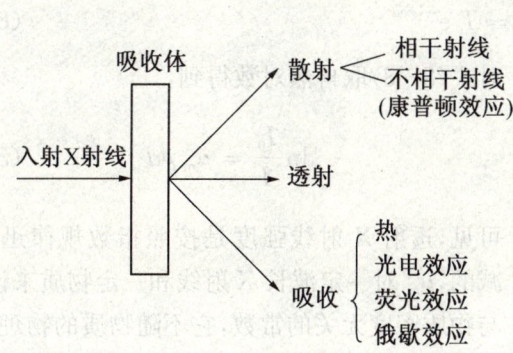
图 8-5 X 射线与物质的相互作用过程

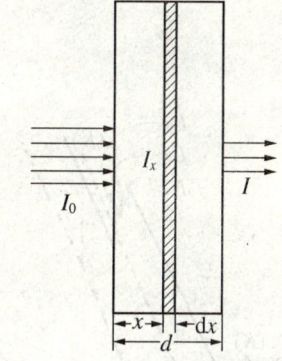
图 8-6 X 射线通过吸收体示意图

除透射 X 射线外,入射 X 射线可能被物质吸收,转化为热能、光电效应、荧光效应、俄歇效应等,并发生能量不变的相干散射或者损失部分能量的非相干散射。单位面积单位时间光子数为 I_0,能量为 $h\nu$ 的 X 射线垂直入射到吸收体(如图 8-6 所示),通过厚度为 d 的物质后透射出来的光子数为 $I(d)$ 表示为:

$$I(d) = I_0 e^{-\mu d} \quad (8-2)$$

式中,μ 定义为线性吸收系数,$\mu = N\sigma$,μ 的单位为 cm^{-1};σ 为射线与吸收体的碰撞截面积,

其单位为 cm²/atom；N 为吸收体单位体积的原子个数，其单位为 atom/cm³。

X 射线与物质的相互作用实质上是 X 射线与原子的相互作用。X 射线被物质吸收时，X 射线能量除转变为热量之外，还可转变为电子电离、荧光产生、俄歇电子形式等光电效应。对于原子序数为 Z 的原子，K 层的光电截面为 σ_{ph}，单位是 cm²/atom。

$$\sigma_{ph} = 2^{\frac{5}{2}} \varphi_0 Z^5 \alpha^4 \left(\frac{m_0 c^2}{h\nu}\right)^{\frac{7}{2}} \tag{8-3}$$

式中 $\varphi_0 = \frac{8}{3}\pi r_0^2$，$r_0 = \frac{e^2}{m_0 c^2}$，$\alpha = \frac{2\pi e^2}{hc} \approx \frac{1}{137.04}$。

对于汤姆逊散射，每个电子的截面是 σ_T(cm²/electron)

$$\sigma_T = \frac{8\pi}{3}\left(\frac{e^2}{m_0 c^2}\right)^2 = 0.6652 \times 10^{-24} \text{ cm}^2/\text{electron} \tag{8-4}$$

其线性吸收系数分别为

$$\mu_{ph} = N\sigma_{ph}$$
$$\mu_T = N \cdot Z \cdot \sigma_T \tag{8-5}$$

总的线性吸收系数 μ 为两者之和，即

$$\mu = \mu_{ph} + \mu_T \tag{8-6}$$

质量吸收系数为 μ_m，

$$\mu_m = \frac{\mu}{\rho}(\text{cm}^2/\text{g}) = \sigma \cdot \frac{N_A}{A} \tag{8-7}$$

式中，N_A 为阿伏伽德罗常数，A 为原子量，ρ 为吸收体密度。这样式(8-2)可以表示为

$$I(d) = I_0 e^{-\mu_m \rho d} \tag{8-8}$$

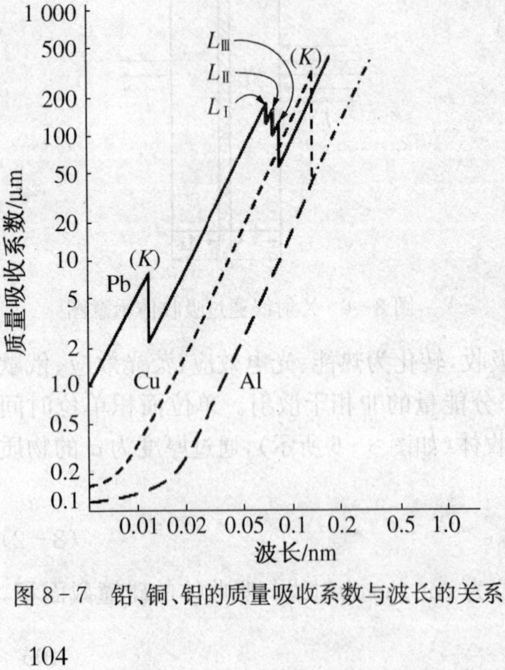

对式(8-8)取自然对数得到，

$$\ln \frac{I_0}{I} = \mu_m \rho d \tag{8-9}$$

可见，透射 X 射线强度是按照指数规律迅速衰减的，μ_m 对一定波长 X 射线和一定物质来说，是与物质密度无关的常数，它不随物质的物理状态而改变。图 8-7 给出了金属铅、铜、铝的质量吸收系数随波长的变化曲线。当能量低于 0.1 MeV 时，随着能量减小截面显示出尖锐的突变。实验表明，吸收系数突然下降的波长(吸收限)与 K 系激发限的波长接近。在长波长区还有 L 突变与 M 突变存在，由于 L 层和 M 层构造的复杂性，这些突变不如 K 突变那样明显，并且有几个极大值。

图 8-7 铅、铜、铝的质量吸收系数与波长的关系

【实验内容】

(1) 测量 X 射线的吸收与吸收体厚度的关系；

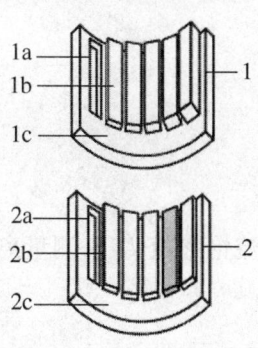 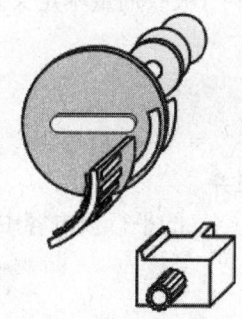

图 8-8　吸收板附件结构　　　　图 8-9　吸收板安装示意图

(2) 测量 X 射线的吸收与吸收体材料原子序数的关系。

德国莱宝教具公司的 X 射线实验仪(参见实验六)提供了两个吸收体附件(如图 8-8 所示)。图 8-8 中"1"中 1a 为空光阑，1b 为同样材料(铝)不同厚度的吸收体，厚度分别为 0.5 mm、1.0 mm、1.5 mm、2.0 mm、2.5 mm 和 3.0 mm，1c 为滑槽；图 8-8 中"2"中 2a 为空光阑，2b 为同样厚度(0.5 mm)不同材料的吸收体，分别为碳($Z=6$)、铝($Z=13$)、铁($Z=26$)、铜($Z=29$)、锆($Z=40$)和银($Z=47$)，2c 为滑槽。实验中选择这两个附件中的一个，插入原来装靶台的支架(如图 8-9 所示)。置传感器于零位，转动靶台支架，分别让不同的吸收板位于 X 射线的射线束中，即可进行测量。

第三部分　X 射线电离剂量率

X 射线在医学和技术应用中以及辐射防护上十分重要，放射量测定是当 X 射线通过物质时引起效应的定量测量，这个效应被用来探测 X 射线强度。这种放射量测定要求诸如全部 X 射线被吸收和转化为热量的量热测量。经过合适的刻度，通过测量剂量和测量时间可以确定 X 射线的辐射强度。

1. 剂量和剂量率

根据辐射理论，基于 X 射线通过物质是电离作用还是能量吸收来定义剂量，前者被称为离子剂量(又称照射剂量)，后者定义为吸收剂量。

离子剂量是由于辐射物质中产生的电荷 dQ 与被辐射体积元的质量 dm 的比值：

$$J = \frac{dQ}{dm} \tag{8-10}$$

推导的 SI 单位是 $C \cdot kg^{-1}$，$1\,C \cdot kg^{-1} = 1\,As \cdot kg^{-1}$。

吸收剂量是被辐照物质吸收的能量 dW 与被辐照体元质量 dm 的比值：

$$K = \frac{dW}{dm} \tag{8-11}$$

推导的 SI 单位是 Gy，$1\,Gy = 1\,J \cdot kg^{-1}$。

X射线有效强度定义为剂量与时间的比值,离子剂量率定义为

$$j = \frac{dJ}{dt} \tag{8-12}$$

其单位是 $A \cdot kg^{-1}$；吸收剂量率定义为

$$k = \frac{dK}{dt} \tag{8-13}$$

其单位是 $Gy \cdot s^{-1} = W \cdot kg^{-1}$。

2. 离子剂量率

在一个充满空气的平行板电容中,通过测量电离电流饱和值 I_C 来测量离子剂量率,由下式确定：

$$I_C = \frac{dQ}{dt}$$

利用式(8-10)和(8-11)得

$$j = \frac{dI_C}{dm} \tag{8-14}$$

离子剂量率 j 是与被辐照物质相关的量,测量工作量很大,而测量平均离子剂量率容易得多。平均离子剂量率的表达式如下：

$$\langle j \rangle = \frac{I_C}{m} \tag{8-15}$$

需要确定总电离电流 I_C 和总辐照体元 V 的质量 m,

$$m = \rho \cdot V \tag{8-16}$$

空气的密度 ρ 由下式计算：

$$\rho = \rho_0 \cdot \frac{T_0}{T} \cdot \frac{p}{p_0} \tag{8-17}$$

式中 $\rho_0 = 1.293 \text{ kg} \cdot m^{-3}$, $T_0 = 273 \text{ K}$, $p_0 = 1\,013 \text{ kPa}$；T、p 分别为实验室环境温度和压强。

3. 被辐照体元 V 计算

如图 8-10 所示,假定 X 射线管的焦斑非常近似为一点,平行板电容之前的矩形光阑使 X 射线管辐照锥形形成弥漫待计算体积的一束。焦斑与矩形光阑之间的距离是 $s_0 = 15.5 \text{ cm}$。矩形光阑的尺寸是 $a_0 = 4.5 \text{ cm}$, $b_0 = 0.6 \text{ cm}$。X 射线以直线传播,因此在矩形光阑之后离焦斑任意给定距离 s 所

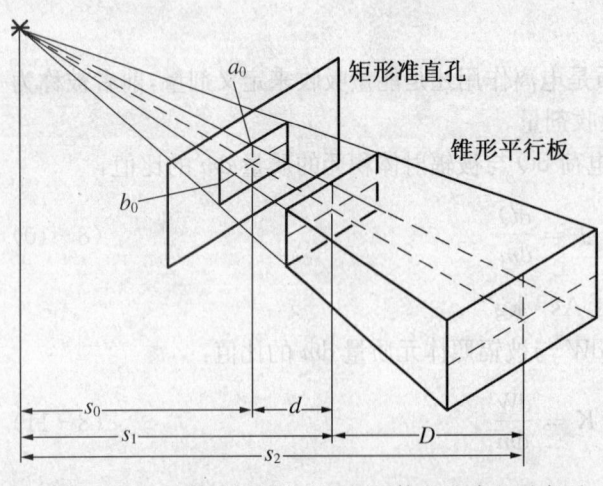

图 8-10 计算平行板电容被辐照体积 V 束径示意图

对应的矩形的尺寸是：
$$a(s) = \frac{s}{s_0} \cdot a_0, \quad b(s) = \frac{s}{s_0} \cdot b_0 \tag{8-18}$$

于是平行板电容中空气被辐照体积等效于如下积分：
$$V = \int_{s_1}^{s_2} a(s) \cdot b(s) \cdot ds \tag{8-19}$$

其中上下积分限是：
$$s_1 = s_0 + d, \quad s_2 = s_0 + d + D \tag{8-20}$$

式中 d 表示平行板电容离矩形光阑的距离，$d = 2.5$ cm；D 表示平行板电容的长度，$D = 16.0$ cm。最后得到辐照体积：
$$\begin{aligned} V &= \frac{1}{3} \cdot \frac{a_0 \cdot b_0}{s_0^2} \cdot (s_2^3 - s_1^3) \\ &= a_0 \cdot b_0 \cdot D \cdot \left(\frac{s_2^2 + s_2 s_1 + s_1^2}{s_0^2}\right) = 125 \text{ cm}^3 \end{aligned} \tag{8-21}$$

【实验内容】

在作 X 射线电离计量率实验时，需要将 X 射线装置内的准直器和其他所有实验仪器拿走，在 X 射线装置测量区换上锥型平行板电容附件，实验布局图见图 8-11。X 射线通过准直矩形孔进入锥形平行板中，与平行板中的气体碰撞、电离；电离的正负电荷在平行板电场力作用下分别向上下平行板移动形成电流，这个电流流过放大器前端 1 GΩ 高阻产生电压降，经过放大器放大之后利用电压表测量。

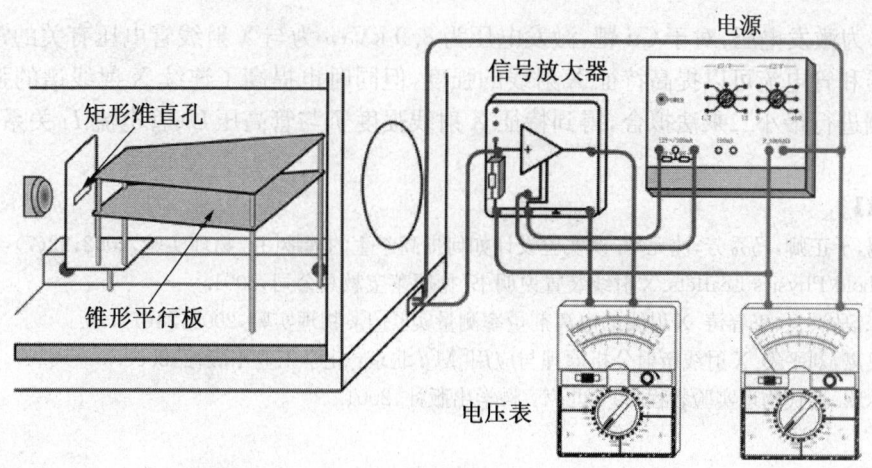

图 8-11　X 射线电离剂量率测量实验布局图

操作方法：

（1）BNC/4 mm 电缆（黑粗线）与平行板电容底板（BNC 插座）连接；用红细导线与平行板电容的顶板（安全插座）连接；

(2) 将平行板电容装置放入 X 射线装置的测量区,将其安装插头插入定位插座中;检查、确信电容上下板与 X 射线装置底板平行;

(3) 将 BNC 黑粗线和红细导线从 X 射线装置的安全自由通道送出直到 X 射线装置的右侧外边,如图 8-11 所示;

(4) 将红细导线连接到 450 V DC 电源的正极(红色端口,Ri:5 MΩ),适配电缆 BNC/4 mm 与带有 1 GΩ 电阻的静电计放大器连接,如图 8-11 所示;

(5) 适配电缆 BNC/4 mm 的地线与放大器地线连接,并与 450 V DC 电源的地线(蓝色端口)连接;

(6) 连接两个电压表:一个与 450 V DC 电源的输出端连接,测量平行板电容之间的外加电压;另一个与静电计放大器的输出端连接,测量放大器的输出电压,如图 8-11 所示。

数据记录:

(1) 确定环境温度 T 和压强 p,计算被辐照体元的质量。

(2) X 射线装置电源开关(左侧)→ON,X 射线装置控制面板 HV→ON,指示灯闪烁。

(3) 饱和电离电流 I_c 与发射电流 I 的关系。设置 X 射线管高压 $U = 30$ kV;电容板电压 $U_C = 260$ V;在 0~1 mA 之间每隔 0.1 mA 调大 X 射线管发射电流 I,记录放大器的输出电压 U_E,作出电离剂量率随 X 射线管发射电流的变化曲线。

(4) 饱和电离电流 I_c 与管高压 U 的关系。设置 X 射线管发射电流 $I = 1.0$ mA;设置电容板电压 $U_C = 260$ V;在 5~30 kV 之间每隔 5 kV 慢慢调大 X 射线管发射电压 U,记录放大器的输出电压 U_E,作出电离剂量率随 X 射线管高压的变化曲线。

【数据分析】

对于给定的靶材,特征 X 射线强度 J 与管高压 U、管电流 I_c 关系的经验公式为

$$J \propto I_c (U - U_k)^n \tag{8-22}$$

式中,U_k 为激发电压,对于 Cu 靶,激发电压为 8.9 kV;n 为与 X 射线管电压有关的常数。提高管高压和管电流可以提高特征 X 射线的强度,但同时也提高了连续 X 射线谱的强度。对实验数据进行最小二乘法拟合,得到特征 X 射线强度 J 与管高压 U、管电流 I_c 关系。

【参考文献】

[1] 徐鹰,干正卿,马秀芳,沈元华. 谈实验设计如何提高学生的兴趣[J]. 物理实验,2002,22(7):25-29.
[2] Leybold Physics Leaflets. X 射线装置说明书. 德国莱宝教具公司,2001.
[3] 陆江,马洪良,王春涛. X 射线的电离剂量率测量实验[J]. 物理实验,2004,24(7):16.
[4] 刘奥惠,刘平安. X 射线衍射分析原理与应用[M]. 北京:化学工业出版社,2003.
[5] 林木欣. 近代物理实验教程[M]. 北京:科学出版社,2001.

实验九　激光拉曼光谱

【背景知识】

1928年印度科学家拉曼发现，当光穿过透明介质被分子散射的光发生频率变化，同年稍后在苏联和法国也被观察到。在透明介质的散射光谱中，频率与入射光频率ν_0相同的成分称为瑞利散射；频率对称分布在ν_0两侧的谱线或谱带$\nu_0\pm\Delta\nu$即为拉曼光谱，其中频率较小的成分$\nu_0-\Delta\nu$又称为斯托克斯线；频率较大的成分$\nu_0+\Delta\nu$又称为反斯托克斯线。靠近瑞利散射线两侧的谱线称为小拉曼光谱；远离瑞利线的两侧出现的谱线称为大拉曼光谱。瑞利散射线的强度只有入射光强度的10^{-3}，拉曼光谱强度大约只有瑞利线的10^{-3}。小拉曼光谱与分子的转动能级有关，大拉曼光谱与分子振动-转动能级有关。拉曼光谱的理论解释是，入射光子与分子发生非弹性散射，分子吸收频率为ν_0的光子，发射$\nu_0-\Delta\nu$的光子，同时分子从低能态跃迁到高能态（斯托克斯线）；分子吸收频率为ν_0的光子，发射$\nu_0+\Delta\nu$的光子，同时分子从高能态跃迁到低能态（反斯托克斯线）。分子能级的跃迁仅涉及转动能级，发射的是小拉曼光谱；涉及振动-转动能级，发射的是大拉曼光谱。与分子红外光谱不同，极性分子和非极性分子都能产生拉曼光谱。激光器的问世，提供了优质高强度单色光，有力推动了拉曼散射的研究及其应用。拉曼光谱的应用范围遍及化学、物理学、生物学和医学等各个领域，对于纯定性分析、高度定量分析和测定分子结构都有很大价值。

【实验原理】

拉曼光谱是基于一种光的散射现象，频率ν_0的光进入介质时，除被介质吸收、反射和透射外，还有一部分偏离主要的传播方向，这种现象称为光散射，散射光按频率分成如下三类：

(1) 频率仍为ν_0（波数变化$|\Delta\nu|<10^{-5}$ cm^{-1}）称为瑞利散射（Rayleigh scattering）；

(2) 频率改变较大（$|\Delta\nu|>1$ cm^{-1}）称为拉曼散射（Raman scattering）；

(3) 频率改变很小（10^{-2} cm$^{-1}<|\Delta\nu|<1$ cm^{-1}）称为布里渊散射（Brillouin scattering）。

这三类散射光的强度差别很大，瑞利散射最强，一般为入射光强的10^{-3}数量级；拉曼散射最弱，最强的拉曼线也只有瑞利散射强度的10^{-3}数量级，为入射光强的10^{-6}数量级。20世纪60年代激光的出现，提供了优异的光源，才使光散射研究得到了迅猛的发展，特别是拉曼光谱方法反映物质的原子、分子和电子的空间配置和运动状态，不仅在物理学、化学方面占据很重要的地位，而且在材料科学、生物学、医学、矿物学以及石油化工、纤维纺织工业、玻璃陶瓷工业等领域和部门，已成为不可缺少的实验研究方法，正在逐步成为工业产品质量控制的工具。

拉曼散射光频率ν相对于入射光频率ν_0的偏移，即拉曼光谱的频移$\Delta\nu$，是拉曼光谱的一个重要特征量。拉曼散射的频移量多数在$10^2\sim10^3$ cm^{-1}之间，这是因为拉曼散射是由分子振动能态间的跃迁造成的，用能级概念很容易说明产生拉曼频移的定性图像。E_i、E_f分别表示两个振动能级。如果E_i为振动基态。由于入射光子$h\nu_0$与分子的作用，使分子从低振动能级跃迁到较高的中间能态，再从中间能态回到较低的振动能态，光子不但改变了方向，而且能量也发生变化。根据能量守恒原理得到

$$h\nu_s = h\nu_0 - (E_f - E_i) = h(\nu_0 - \nu_k) \tag{9-1}$$

式中
$$\nu_k = (E_f - E_i)/h, \quad \nu_s = \nu_0 - \nu_k \tag{9-2}$$

如果分子起始时已经处于激发态 E_f，同理有

$$h\nu_{as} = h\nu_0 + (E_f - E_i) = h(\nu_0 + \nu_k) \tag{9-3}$$

所以
$$\nu_{as} = \nu_0 + \nu_k \tag{9-4}$$

在拉曼光谱中，把 ν_s 和 ν_{as} 分别称为斯托克斯线(Stokes line)和反斯托克斯线(anti-Stokes line)。拉曼光谱图中以 ν_0 为坐标原点，以 $\Delta\nu = \nu_s - \nu_0$ 为横坐标，并把斯托克斯线的频移算作正的，则拉曼线的位置与 ν_0 无关，而斯托克斯线与反斯托克斯线的位置对于坐标原点是对称的。通常拉曼频移用波数(cm^{-1})为单位，表示入射光和散射光之间的波数差。ν 是以赫兹(Hz)为单位的辐射频率，λ 是以纳米(nm)为单位的波长，波数 $\nu = \dfrac{1}{\lambda}$。图9-1为 CCl_4 分子的瑞利散射和拉曼散射的能量转移图，CCl_4 分子的瑞利散射和拉曼散射光谱图见图9-2。

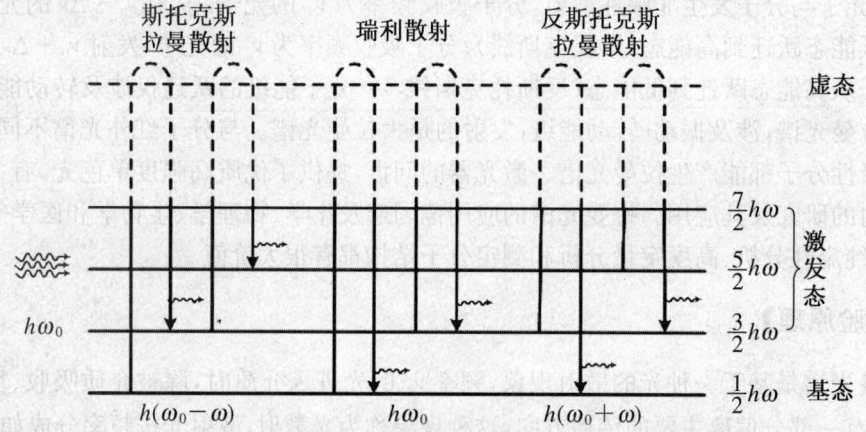

图9-1 CCl_4 分子的瑞利散射和拉曼散射的能量转移图

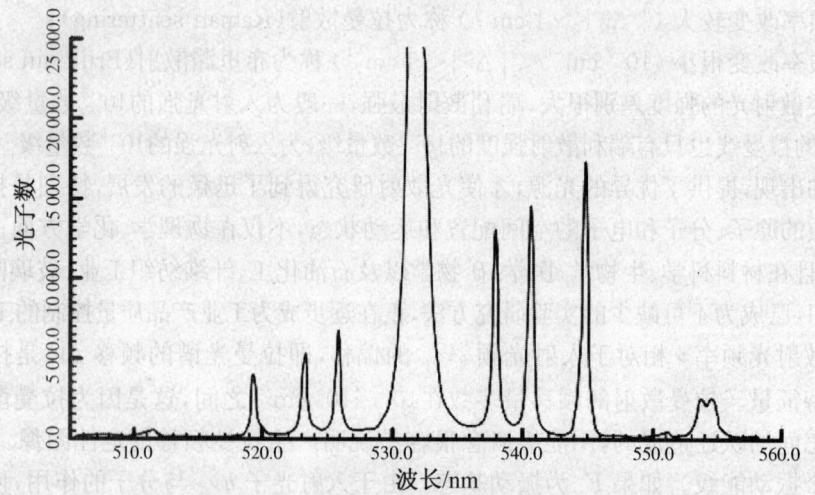

图9-2 CCl_4 分子的瑞利散射谱和拉曼散射谱

1. 拉曼散射的经典模型

频率为 ν_0 的光波入射到分子上,可以感应产生电偶极矩。在一级近似下,感应电偶极矩 $\boldsymbol{P}$ 的大小应正比于分子所在入射光波的电场强度 $\boldsymbol{E}$,即

$$\boldsymbol{P} = \alpha \cdot \boldsymbol{E} \tag{9-5}$$

式中 $\boldsymbol{E} = \boldsymbol{E}_0 \cos\omega_0 t$,$\alpha$ 是一个 3×3 的极化率张量。一般地,$\boldsymbol{P}$ 和 $\boldsymbol{E}$ 的方向不一定相同,其关系式为

$$\begin{cases} P_x = \alpha_{xx}E_x + \alpha_{xy}E_y + \alpha_{xz}E_z \\ P_y = \alpha_{yx}E_x + \alpha_{yy}E_y + \alpha_{yz}E_z \\ P_z = \alpha_{zx}E_x + \alpha_{zy}E_y + \alpha_{zz}E_z \end{cases} \tag{9-6}$$

式中 α_{ij} 称为极化率张量的分量,与分子的对称性有关,是分子简正坐标的函数。如果组成分子的原子偏离它的平衡位置,极化率将随之发生变化;如果组成分子的所有原子在平衡位置附近振动,分子的极化率张量也将随之振荡变化。将极化率分量 α_{ij} 对原子偏离平衡位置的简正坐标作泰勒展开,在简谐近似下

$$\alpha_{ij} = (\alpha_{ij})_0 + \sum_k \left(\frac{\partial \alpha_{ij}}{\partial Q_k}\right)_0 Q_k \tag{9-7}$$

下标 0 指分子处于平衡位型时的取值,记 $(\alpha'_{ij})_k = \dfrac{\partial \alpha_{ij}}{\partial Q_k}$,并把这个新张量 α' 称为导出极化率张量。分子振动的振幅不太大时,有

$$Q_k = Q_{k0}\cos\omega_k t \tag{9-8}$$

式中,ω_k 为分子第 k 种简正振动的振动频率,Q_{k0} 为振幅。以式(9-6)、(9-7)、(9-8)代入式(9-5)可得

$$\boldsymbol{P} = (\alpha_{ij})_0 \boldsymbol{E}_0 \cos\omega_0 t + \frac{1}{2}\boldsymbol{E}_0 \sum_k (\alpha'_{ij})_{k0} Q_{k0}\cos(\omega_0+\omega_k)t$$

$$+ \frac{1}{2}\boldsymbol{E}_0 \sum_k (\alpha'_{ij})_{k0} Q_{k0}\cos(\omega_0-\omega_k)t \tag{9-9}$$

根据偶极辐射理论,上式中第一项对应于瑞利散射,第二项和第三项分别对应于频率为 $\omega_0-\omega_k$ 和 $\omega_0+\omega_k$ 的散射光,这就是分子第 k 种振动对应的一级拉曼散射,频率为 $\omega_0-\omega_k$ 的辐射称斯托克斯线,$\omega_0+\omega_k$ 是反斯托克斯线。

利用偶极振子辐射的平均能流密度公式,计算分子辐射出来的在立体角 $d\Omega$ 内的光功率与 $d\Omega$ 之比,就得到对应于频率 $\omega_0 \mp \omega_k$ 拉曼散射光的强度。进一步研究光散射的量子理论,可参考有关专著。

2. 拉曼散射的偏振

从上述讨论中可以了解到,对于空间取向固定的一个分子,感应偶极矩的取向也是确定的。所以散射光偏振方向与入射光偏振方向的关系可由极化率张量微商的具体形式决定。而这具体形式则反映了分子的对称性和相应的分子振动的特点。因此研究拉曼散射的偏振态是重要的。为了标志拉曼散射实验的空间配置和偏振情况,国际上通用如下符号:

$$G_1(G_2G_3)G_4$$

G_1 表示入射光传播方向;G_4 表示散射光的观察方向;G_2 和 G_3 分别表示入射光和散射光的偏振方向。

【实验装置介绍】

拉曼光谱仪一般由光源、外光路、分光系统、光电接受系统和信息处理及显示系统组成,如图 9-3 所示。由于拉曼散射强度比激发光强度低 $10^{-6}\sim 10^{-8}$ 数量级。所以增强样品处的入射光功率和抑制一切非拉曼散射光强是设计和组建拉曼光谱的主要问题。

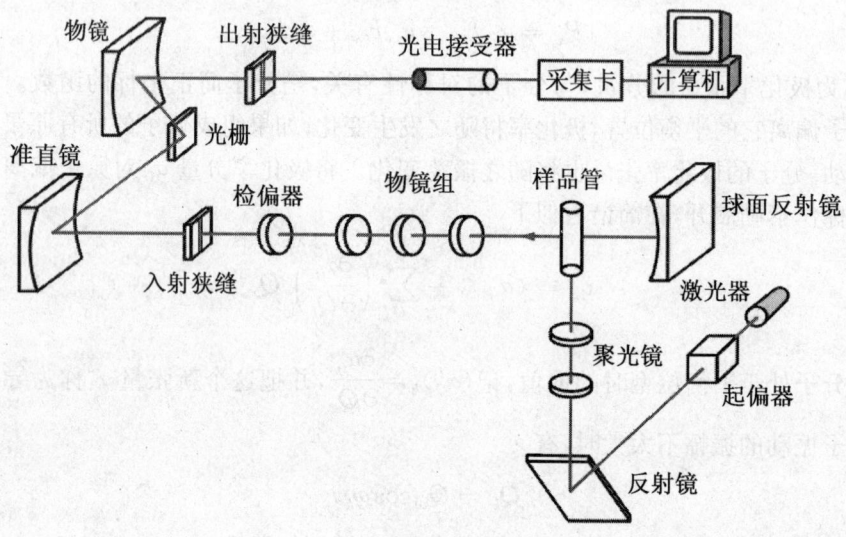

图 9-3 小型激光拉曼谱仪光路图

1. 光源

气体激光器单色好,功率强,可提供不同波长的激发线,能满足一般拉曼光谱实验的需要。实验中激光器为半导体激光器,波长为 532 nm。

2. 外光路

外光路部分即样品照明和散射光采集系统,包括聚光、集光、样品架、滤光及偏振部件。

(1) 聚光。用焦距合适的会聚透镜使样品处于会聚激光束的腰部,以提高样品上光的辐照功率。

(2) 集光。拉曼散射光是以 4π 球面度立体角向空间均匀散射的,为了最有效地收集散射光,收集透镜的物方孔径角应尽可能大,而像方孔径角必须与单色仪的孔径角一致,以保证充分利用收集到的散射光。

3. 分光系统

分光系统是拉曼谱仪的关键,仪器的分辨率、杂散光和精度都取决于它,现代拉曼谱仪多采用光栅单色仪作分光系统。由于拉曼散射比瑞利散射的强度低 $10^2\sim 10^4$ 量级,所以拉曼谱仪的杂散光抑制本领是十分重要的参数,称为频谱纯度。频谱纯度的定义是:$(I_{\nu_0-\Delta\nu})/I_{\nu_0}$,就是说以波数为 ν_0 的单色光入射,光谱在 $\nu-\Delta\nu_0$ 处接收到的光强与在 ν_0 处接收到的光强之比。典型的单色仪频度谱纯度为 10^{-5}(在 $\nu_0\sim 100\ cm^{-1}$ 处)。

4. 光电接收系统

拉曼散射是一种极微弱的光，其强度小于入射光强的10^{-6}数量级，比光电倍增管本身的热噪声水平还要低。通常的直流检测方法已不能把这种淹没在噪声中的信号提取出来。

为了取得拉曼散射信息，采用了单光子计数器方法。利用弱光下光电倍增管输出电流信号自然离散的特征，采用脉冲宽度甄别和数字计数技术将淹没在背景噪声中的微弱光信号提取出来。

【实验内容】

仔细阅读小型激光拉曼谱仪使用说明书，了解实验操作步骤。

1. 检测仪器的分辨率、波长扫描精度和重复性

(1) 开拉曼谱仪控制电源，开启计算机，运行小型拉曼谱仪程序；
(2) 检查泵浦光(半导体激光器：波长 532 nm)从液体样品池中心通过；
(3) 工作范围设置：510~560 nm；间隔：0.5 nm；
(4) 入射狭缝和出射狭缝宽度为 0.20 mm；
(5) 高压："7"，域值："61"；其他设置："正常"；测试模式："透过谱"；
(6) 扫描荧光谱，寻峰，选定一条谱线较弱的拉曼谱线定波长扫描时间谱，细心调节反射镜和荧光汇聚镜，使荧光强度最强；
(7) 工作范围设置：510~560 nm；间隔设置：0.1 nm；扫描拉曼谱，得到拉曼峰波数。

2. 测定 CCl_4 分子的振动拉曼光谱

CCl_4 分子由 1 个 C 原子和 4 个 Cl 原子组成，4 个 Cl 原子位于正四面体的顶点，C 原子在中心，具有 Td 点群的对称性。由 N 个原子构成的分子有 $3N-6$ 个内部振动自由度，因而 CCl_4 分子可以有 9 个内部振动自由度。或者说有 9 个独立的振动方式，根据分子对称性的分类，这 9 个振动方式可归纳为四类：

第一类，只有一种振动方式，4 个 Cl 原子沿与 C 原子联线方向时作伸缩振动。

第二类，有两种振动方式，相邻两对 Cl 原子在与 C 原子联线方向上，或在该联线垂直方向上，同时作反方向运动所形成的振动。

第三类，包含三种振动方式，4 个 Cl 原子朝一个方向运动，C 原子朝与它们相反方向运动。

第四类，包含三种振动方式，相邻的一对 Cl 原子作伸张运动，另一对作压缩运动。

同一类振动的不同振动方式的能量是相同的，因而如果某类振动中包含有 n 种振动方式，我们就称该类振动是 n 重兼并的。多重兼并的振动具有相同的能量，所以在拉曼光谱中对应同一条谱线。由此，我们可推知 CCl_4 分子振动拉曼谱应有四条基频谱线。

在各谱峰尖处标出其波数差值，比较各谱线的相对强度，辨认各谱线对应的简正振动类型。

【参考文献】

[1] 激光拉曼/荧光光谱仪使用说明书. 天津港东科技发展有限公司.
[2] 陈培榕，邓勃. 现代仪器分析实验与技术[M]. 北京：清华大学出版社，1999.
[3] 戴道宣，戴乐山. 近代物理实验. 2 版[M]. 北京：高等教育出版社，2006.

实验十 紫外-可见-红外分光光度计

第一部分 紫外可见分光光度计

1852年,比尔(Beer)参考了布给尔(Bouguer)1729年和朗伯(Lambert)在1760年所发表的文章,提出了分光光度的基本定律,即液层厚度相等时,颜色的强度与呈色溶液的浓度成比例,从而奠定了分光光度法的理论基础,这就是著名的比尔-朗伯定律。1854年,杜包斯克(Duboscq)和奈斯勒(Nessler)等人将此理论应用于定量分析化学领域,并且设计了第一台比色计。到1918年,美国国家标准局制成了第一台紫外可见分光光度计。此后,紫外可见分光光度计经不断改进,又出现自动记录、自动打印、数字显示、微机控制等各种类型的仪器,使光度法的灵敏度和准确度也不断提高,其应用范围也不断扩大。

紫外可见分光光度法从问世以来,在应用方面有了很大的发展,尤其是在相关学科发展的基础上,促使分光光度计仪器的不断创新,功能更加齐全,使得光度法的应用更拓宽了范围。紫外、可见分光光度计是一种常规的实验室分析仪器,可广泛应用于无机物、有机物的定性、定量分析中,在科研、制药、化工、环保、卫生、防疫等领域中发挥重要的作用。有人说,紫外、可见分光光度计就是一把尺子一个天平,凡是有化验、分析的地方都能用到。

【实验原理】

紫外可见分光光度计分析的原理是利用物质对不同波长的选择吸收现象来进行物质的定性和定量分析,通过对吸收光谱的分析,判断物质的结构及化学组成。

本仪器是根据相对测量工作的,即选定某一溶剂(蒸馏水、空气或试样)作为参比溶液,并设定它的透射比(即透过率 T)为100%,而被测试的透射比相对于该参比溶液而得到的。透射比(透射率 T)的变化和被测物质的浓度有一定函数关系,在一定的范围内,它符合比尔-朗伯定律。

$$T = \frac{I}{I_0}$$

$$A = a \cdot b \cdot c = -\log \frac{I}{I_0} \tag{10-1}$$

式中,T 为物质的透射比,I 为透射的单色辐射通量,I_0 为入射的单色辐射通量,A 为物质的吸光度,a 为物质的吸收系数,b 为通过被测物质的光路长度,c 为物质的浓度。

本实验使用的紫外可见分光光度计(型号:UV-3501/S)就是根据这一原理,结合现代精密光学和最新微电子等高新技术,研制开发的新一代中级型分光光度计。

【应用】

紫外可见分光光度计是一种应用很广的分析仪器。当前已成为全世界使用最多、覆盖应用面最广的分析仪器。它的应用领域涉及制药、医疗卫生、化学化工、环保、地质、机械、冶金、石油、食品、生物、材料、计量科学、农业、林业、渔业等领域中的科研、教学等各个方面,用来进行定性分析、纯度检查、结构分析、络合物组成及稳定常数的测定、反应动力学研究等。因为仪器涉及光学、电学和结构等,所以它需要在一定的环境中应用。

1. 定量分析

根据比尔-朗伯定律,样品的浓度和吸光度是成正比关系的,浓度越大,吸收值越高,所以分光光度计用得最多的还是定量分析,定量分析的种类有很多,这里介绍常用的几种定量分析方法。

(1) 绝对法。绝对法是紫外可见分光光度计诸多分析方法中使用最多的一种方法。这是一种以比尔-朗伯定律 $A = \varepsilon bC$ 为基础的分析方法,某一物质在一定波长下 ε 值是一个常数,石英比色皿的光程是已知的,也是一个常数。因此,可用紫外可见分光光度计在 λ_{max} 波长处,测定样品溶液的吸光度值 A。然后,根据比尔-朗伯定律求出 $C = A/\varepsilon b$,则可求出该样品溶液的含量或浓度。

(2) 标准法。即在选定的波长处,在相同的测试条件下,分别测试标准样品溶液 $C_{标}$ 和被测试样品溶液 $C_{样}$ 的吸光度 $A_{标}$ 和 $A_{样}$,然后,按下式求得样品溶液的浓度或含量:$C_{样} = \dfrac{A_{样}}{A_{标}} \times C_{标}$。

(3) 标准曲线法。紫外可见分光光度计最常用的定量分析方法是标准曲线法。即先用标准物质配制一定浓度的溶液,再将该溶液配制成一系列的标准溶液。在一定波长下,测试每个标准溶液的吸光度,以吸光度值为纵坐标,标准溶液对应的浓度为横坐标,绘制标准曲线。最后,将样品溶液按标准曲线绘制程序测得吸光度值,在标准曲线上查出样品溶液对应的浓度或含量。

除上述几个经常使用的分析方法外,还有比吸收系数法、最小二乘法、解联立方程法和示差分光光度法。

2. 定性分析

如果未知物的紫外吸收光谱的最大吸收峰波长 λ_{max}、最小吸收峰波长 λ_{min}、最大摩尔吸光系数 ε_{max},以及吸收峰的数目、位置、拐点与标准光谱数据完全一致,就可以认为是同一种化合物。定性分析的主要目的是知道分析样品是什么物质。

定量分析和定性分析是分光光度计的两大主要功能,特别是定量分析。其他的分析都应该是从这两大种功能中发展出来的。

【仪器介绍】

(1) 光源:两个(钨灯和氘灯)。

可见光区:钨灯作为光源,其辐射波长范围在 320~1 100 nm;

紫外区:氘灯,发射 200~360 nm 的连续光谱。

仪器可设置光源切换点,切换点范围:320~360 nm。在扫描到切换点位置时,控制电机带动"换灯镜"切换光源。

(2) 光路。

如图 10-1 所示,光照射到"入射镜"后,汇聚到"可变入射狭缝",通过"可变入射狭缝"的光通过"平面反射镜"射向"准直镜",再经"准直镜"变成平行光照到"光栅"上,经过"光栅"

衍射的光再返回到"准直镜"上,"准直镜"再将衍射光透过"滤光片组"汇聚到"可变出射狭缝",之后,光经过"聚光镜1"汇聚到"样品池架"中待测样品上,经过样品的光再由"聚光镜2"汇聚到"接收器"上。

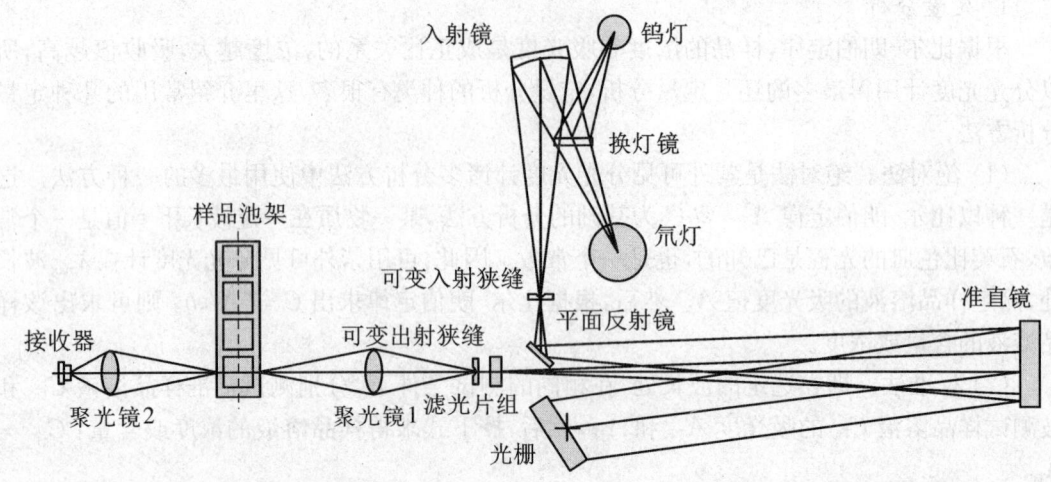

图 10-1　紫外可见分光光度计(型号 UV-3501/S)光路

【实验内容】

(1) 了解紫外可见分光光度计结构和测量原理；
(2) 分别测量薄膜、固体和液体等不同样品的透射率；
(3) 用于创新实验分析样品。

第二部分　红外分光光度计

红外分光光度计,是一种用棱镜或光栅进行分光的红外光谱仪。由光源发出的红外线分成完全对称的两束光：参考光束与样品光束。它们经半圆形调制镜调制,交替地进入单色仪的狭缝,通过棱镜或光栅分光后由热电偶检测两束光的强度差。当样品光束的光路中没有样品吸收时,热电偶不输出信号。一旦放入测试样品,样品吸收红外光,两束光有强度差产生,热电偶便有约 10 Hz 的信号输出,经过放大后输至电机,调节参考光束光路上的光楔,使两束光的强度重新达到平衡,由笔的记录位置直接指出了某一波长的样品透射率,波数的连续变化就自动记录了样品的红外吸收光谱或透射光谱。

【仪器介绍】

一般的红外光谱是指 2.5~50 μm(对应波数 4 000~200 cm^{-1})之间的中红外光谱,这是研究有机化合物最常用的光谱区域。红外光谱法的特点是：快速、样品量少(几微克至几毫克)、特征性强(各种物质有其特定的红外光谱图)、能分析各种状态(气、液、固)的试样以及不破坏样品。红外光谱仪是化学、物理、地质、生物、医学、纺织、环保及材料科学等的重要研究工具和测试手段,而远红光谱更是研究金属配位化合物的重要手段。

由光源发出的光,被分为能量均等对称的两束：一束为样品光 S 通过样品；另一束为参考光 R 作为基准,如图 10-2 所示。

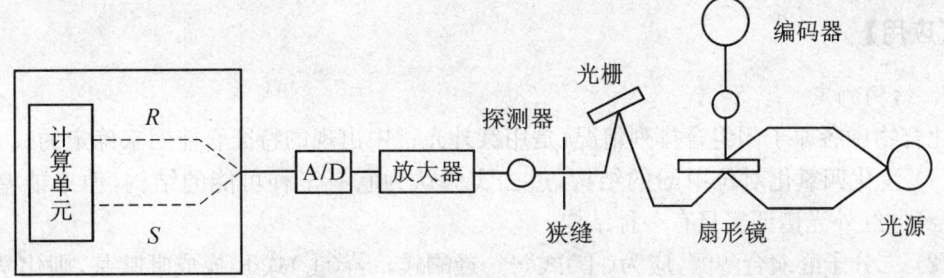

图 10-2 工作原理框图

这两束光通过样品室进入光度计后,被扇形镜以 10 Hz 的频率所调制,形成交变信号,然后两束光合为一束,并交替通过入射狭缝进入单色器中,经离轴抛物镜将光束平行地投射在光栅上,色散并通过出射狭缝之后,被滤光片滤除高级次光谱,再经椭球镜聚焦在探测器的接收面上。

探测器将上述交变的光信号转换为相应的电信号,经放大器进行电压放大后,馈入 A/D 转换单元,将模拟电信号转换为相应的数字量,并进入数据处理系统的计算单元,计算单元的工作原理如图 10-3 所示。

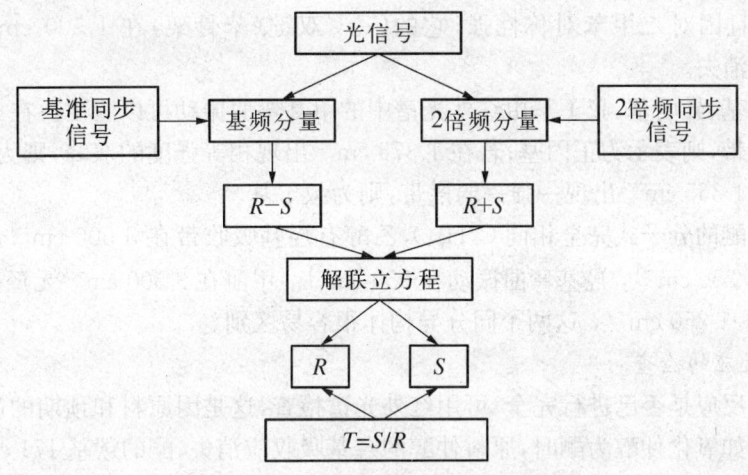

图 10-3 计算单元的工作原理图

在计算单元中,首先运用同步分离原理,将被测信号的基频(10 Hz)分量 $R-S$ 和倍频分量 $R+S$ 分离开来。通过求解联立方程,求出 R 和 S 的值。最后再求出 S/R 的比值。这个比值即表征被测样品在某一固定波长位置的透过率值,它可以通过仪器的终端显示出来,也可运用终端绘图、打印。于是,当仪器自高波数至低波数进行扫描时,就可连续地显示或记录被测样品的红外吸收谱图了。

用一定频率的红外线聚焦照射被分析的试样,如果分子中某个基团的振动频率与照射红外线相同就会产生共振,这个基团就吸收一定频率的红外线,把分子吸收的红外线的情况用仪器记录下来,便能得到全面反映试样成分特征的光谱,从而推测化合物的类型和结构。IR 光谱主要是定性技术,但是随着比例记录电子装置的出现,也能迅速而准确地进行定量分析。

【应用】

1. 结构测定

化合物中各原子团组合排列情况,是用红外光谱中出现的特征官能团来确定的。

(1) 溴化四氯化对位甲酚的结构,过去实验认为它有三种可能的结构,但未能鉴别确定,现经过红外光谱证实只有一种结构。

(2) 二分子醛缩合醇酮,应为(Ⅰ)式——羟酮式。若(Ⅰ)式 R 换成吡啶基,则化学性质和(Ⅰ)却不相同了,它具有烯二醇式的反应,如(Ⅱ)式——烯二醇式。可是在极稀的溶液中,也看不到自由羟基的 3 700 cm^{-1} 谱带,却在 2 750 cm^{-1} 有缔全氢键出现。可知它已形成了分子内氢键。

2. 异构体的测定——可鉴定立体异构体和同分异构体

(1) 顺反异体的测定——顺反异构体原子团排列顺序因无对称中心,故 C=C 双键在 1 630 cm^{-1},724 cm^{-1},而反式的 C=C 在较高频率。

(2) 同分异构体的鉴定——红外光谱 900～660 cm^{-1} 区内可看到苯环取代位置不同的同分体。

如二甲苯三个异构体的吸收谱带很不相同。邻位在 742 cm^{-1},间位在 770 cm^{-1},对位在 800 cm^{-1},且因对二甲苯对称性强,它的 C=C 双键(苯骨架)在 1 500 cm^{-1} 变小,并且 600 cm^{-1} 谱带消失。

又如正丙基、异丙基、叔丁基由红外光谱中的甲基弯曲振动可以看出。在 1 375 cm^{-1} 只出现一个吸收带,则表示为正丙基;若在 1 375 cm^{-1} 出现相等强度的双峰,则为异丙基;若在 1 390 cm^{-1} 及 1 365 cm^{-1} 出现一强一弱谱带,则为叔丁基。

乙醇和甲醚的分子式完全相同 C_2H_6O,乙醇有羟基吸收带在 3 500 cm^{-1},C—O 伸缩振动在 1 050～1 250 cm^{-1},羟基弯曲振动在 950 cm^{-1}。甲醚在 3 500 cm^{-1} 无羟基吸收。它的第一强 1 150～1 250 cm^{-1},这两个同分异构体很容易区别。

3. 化学反应的检查

一个化学反应是否已进行完全,可用红外光谱检查,这是因原料和预期的产品都有其特征吸收带。例如氧化仲醇为酮时,原料仲醇的羟基吸收应消失,酮的羰基 171 cm^{-1} 应在产物中出现反应才进行完全。

4. 未知物剖析

可先将未知物分离提纯,作元素分析,写出分子式,计算不饱和度。从红外光谱可得到此未知物主要官能团的信息,确定它是属于哪种化合物。结合紫外、核磁等可鉴定此化合物的结构。

【实验内容】

结合创新实验制备样品并测试样品红外透射谱。

单元四 光 学

实验十一 激光全息摄影

第一部分 激光全息

【背景知识】

在 1948 年,盖伯(D. Gabor)为了提高显微镜的分辨本领,提出了一种无透镜的两步光学成像方法,他称之为"波前重建",这种技术现在称为全息术。由于当时条件的限制,特别是缺少合适的相干光源,研究工作进展缓慢。到了 20 世纪 60 年代以后,激光的出现提供了高度相干的强光源,使全息摄影研究工作得到了迅速发展,并且在三维全息艺术摄影、物体干涉计量检测、光信息存储与处理、图像识别、光学元件的制作,以及在商业上全息防伪商标的制作中,得到了广泛的应用,如今全息摄影技术已在现代成像理论中占有重要的位置。结合本次实验对我们学习全息成像原理和掌握全息摄影的实验操作是一次很好的实践。

【实验目的】

(1) 了解光全息摄影原理与应用;
(2) 学习掌握全息照片的拍摄,完成照片的拍摄;
(3) 熟练掌握防震平台光学元件操作方法。

【实验原理】

全息摄影与普通摄影在原理和方法上都有本质的差别。普通的光学摄影是以几何光学的折射定律为基础,利用透镜把物体成像在平面上,记录物体各点的光强分布,三维物体上的点与二维平面图像上的点相对应,会丢失了很多信息,即使传统的"立体照相"或"立体电影"也都是利用双目视差的错觉产生立体图像,而不是物体的真正三维图像。

而全息摄影是以光的干涉和衍射——物理光学的规律为基础,借助于参考光波和被摄物体光波在感光干板上记录物体干涉振幅和相位的全部信息。在记录介质感光干板上得到的不是物体的像,而是只有在高倍显微镜下才能观察得到的细密干涉条纹,称为全息图。条纹的明暗程度和图样反映了物体的振幅与相位分布,好像是一块复杂的衍射光栅,只有经过适当的光波照明才能重现原来物体的光波(立体图像)。下面就光全息图的记录和再现作些理论上的讨论。

1. 全息图的拍摄记录

用单色的激光光源照明物体（如图11-1所示），物体因漫反射而发出物光波（如果物体是透明的，也可以用激光束从背面照射它，得到透射的物光波），波场每一点的振幅和相位都是空间坐标的函数，我们用

$$O = O(x, y, z) e^{i\Phi_O(x, y, z)} \tag{11-1}$$

表示物光波每一点的复振幅。物光波的全部信息包括相位和振幅两方面，但是所有的记录介质都只对光强有响应，所以必须将相位的信息转换成强度变化才能记录下来，通常的转换方法是干涉法。因此，为了记录物光波在照明底版上每一点振幅与相位的全部信息，我们用同一激光源的另一部分光直接照射到底版上。这个光波称为参考光，它的振幅和相位也是空间坐标的函数，其复振幅表示：

$$R = R(x, y, z) e^{i\Phi_R(x, y, z)} \tag{11-2}$$

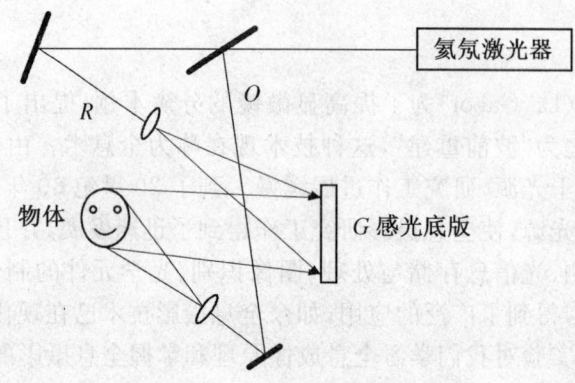

图11-1 全息图的拍摄光路图

参考光通常是球面波或平面波，这样在记录底版上总光场是两者的叠加，复振幅为

$$E = O + R \tag{11-3}$$

底版上各点的光强分部为

$$I = (O+R)(O^* + R^*) = OO^* + RR^* + OR^* + O^*R$$
$$= I_O + I_R + OR^* + O^*R \tag{11-4}$$

式中，O^*与R^*分别为O与R的共轭量；$I_O = OO^*$，$I_R = RR^*$分别为物光波与参考光波独立照射到底版上时的光强，这两项在底版上不同位置的变化比较缓慢，在全息照相中不起主要作用，而$(OR^* + O^*R)$为干涉项，我们可用振幅和相位写成：

$$OR^* + O^*R = |O||R|e^{i(\Phi_O - \Phi_R)} + |O||R|e^{-i(\Phi_O - \Phi_R)}$$
$$= 2|O||R|\cos(\Phi_O + \Phi_R) \tag{11-5}$$

可见干涉项产生的是明暗以$(\Phi_O + \Phi_R)$为变量、按余弦规律变化的干涉条纹，并被感光底版记录下来。由于这些干涉条纹在底版上各点的强度决定于物光波（以及参考光波）在各点的振幅与相位，因此底版上就保留了物光波的振幅与相位分布的信息。值得注意的是，底版上每一点的光强是参考光与到达该点的整个物光波干涉的结果，因此物体上各点发出的光只

要到达底版上的这一点,都对这一点的光强有贡献。因此底版上各点的光强和物点之间并不一一对应,而是在底版上的每一点都包含着整个物体的信息。

2. 全息图的再现

记录物光波全息图的底版经曝光、冲洗以后,形成透光率各处不相同(由曝光时间及光强分布决定)的全息片。一般说来,光透过这样的底版时振幅和相位都要发生变化,因此如果令底版上各点的振幅透过率

$$t = \frac{透过光的复振幅}{入射光的复振幅} \tag{11-6}$$

则 t 一般为复数。对于平面吸收型全息片,t 为实数。如果曝光及冲洗条件合适,可使得 t 与曝光时的光强 I 之间为线性关系:

$$t = t_0 - \kappa I \tag{11-7}$$

式中,t_0 为未曝光部分的透过率,κ 为比例常数。对同一底版,t_0 和 κ 都是常量。

波前的重建是用再照光照射已经制作好的全息片,通常再现光与制作全息片的参考光束 R 相同,因此如透射的光波用 W 表示,则有

$$W = tR = t_0 R - \kappa I R \tag{11-8}$$

由于 t_0 是实数,根据式(11-4),把 t 代入上式可得

$$W = t_0 R - \kappa(I_O + I_R + OR^* + O^* R) R$$
$$= [t_0 - \kappa(I_O + I_R)] R - \kappa I_R O - \kappa R R O^* \tag{11-9}$$

W 代表再照光经过全息片上复杂光栅衍射的结果。这种光栅对光的衍射和普通刻画出来的黑白光栅不同,后者透光部分与不透光部分的折射率是突变的,光经过它衍射后出现许多级别不同的衍射光栅。

根据式(11-5)和式(11-7),全息片上的复杂光栅的透射率是按余弦规律变化的,光经过它衍射以后,除了零级衍射光以外,只能有正一级和负一级的衍射光束。式(11-9)等号右边的每一项代表一个衍射波,则 I_R 为常量或接近常量;如果制作全息片时物体和照相底版之间有相当的距离,则底版上各处的 I_O 也近似为常量。这样式(11-9)等号右边的第一项与参考光波 R 成正比,或者说是直接透过的再照光相当于零级衍射波。第二项则与制作全息片时底版所在处原来的物光波成正比,是按一定比例重建的物光波,相当于一级衍射波。这个重建的物光波离开全息片以后按照惠更斯-菲涅耳原理继续传播时,其行为与原来物体在原来位置发出的光波相同(仅仅是振幅按一定比例改变,相位改变180°),因此在全息片后面的观察者对着这个衍射光波方向观察时,可以看到原来物体的三维立体像,这个像是虚像,如图11-2所示,图中只画出生成虚像的衍射光束。这时好像是通过一个窗口观察原来的物体一样,而且改变观察方向可以看到物体各部分之间或不同物体之间透视光学的变化(视差效应);如果只利用全息相的一小部分(相当于观察窗口较小),仍然可以看到整个物体的像,只不过是由于"窗口"太小,观察方向受到限制,视差效应不那么显著(此时,像的质量也受影响)。

第三项与物光波的共轭光波 O^* 有关,它是因衍射而产生的另一个一级衍射波,称为孪生波。在一定的条件下,它是一束会聚光,形成一个有起畸变的且在观察者看来物体的前后

关系与实物相反的实像。

如果制作全息片时,参考光波与物光波成一定的角度,那么波前重建时,透过的再照光和重建的物光波以及孪生波各沿不同的方向传播,观察时三者相互影响,这样制作的全息图称为离轴全息图(off-axis holography)。在激光出现以前,早期的全息照相由于受到光源相干性不高的限制,制作时参考光束与物光束在同一方向,这种方法称为共轴全息,从而再现时,三个光波也重叠在同一方向上,影响对重建的物光束的观察。

如果用参考光波 R 的共扼光波 R^*(所谓共轭光波是传播方向和原来方向完全相反的光波,如果原来光波是从某一点发出的球面波,则其共扼光波就是传播方向相反且会聚于该点的球面波;如果参考光波是平面波,则其共轭光波是传播方向相反的平面波)照射全息片,此时透过全息片的光波仿照式(11-9)可写成:

$$W' = [t_0 - \kappa(I_O + I_R)]R^* - \kappa R^* R^* O - \kappa I_R O^* \qquad (11-10)$$

上式等号右边第三项与原来物光波 O 的共轭光波 O^* 成正比,由于 O^* 是会聚于原来物点所在位置的光束,因此这一项所代表的衍射光束在原来物体所在的位置形成一个无畸变的实像,如图 11-2 所示,图中只画出形成实像的衍射光束。从图中看到,与制作全息片的图 11-1 相比,这时观察者好像是跑到原来物体的背后去观察,而且能透过原来处于后面的部分看到前面的部分。

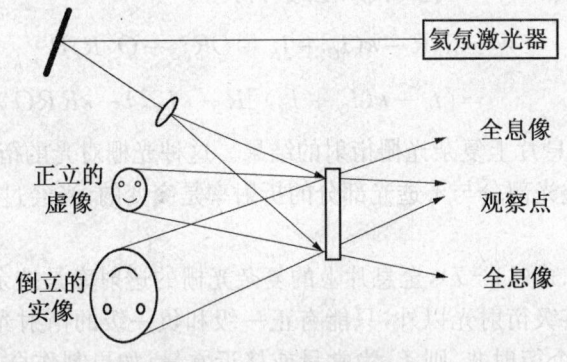

图 11-2　全息图的再现图

以上讨论的是严格以制作全息片所用的参考光或它的共轭光束作为再照光的情形,可以分别得到无畸变的虚像或实像。但是,如果再照光不完全是原来的参考光束,例如,再现时全息片相对于参考光的取向,或者相对于参考光的距离发生改变,则像的位置、大小、虚实将会发生变化,而且还可能存在畸变等现象。关于再现像发生的变化不再作详细的介绍,可参阅有关的资料。

此外,在上面的讨论中,利用公式(11-9)分析透过全息片的衍射光束时,实际上是把全息片当做二维的衍射光栅来处理,再照光经衍射后,除了直接透过的零级光束外,同时存在正负一级衍射光束。由于感光版上的乳胶有一定的厚度,实际上形成的是三维立体光栅。下面将指出,由于三维光栅的衍射受到布拉格条件的限制,只有物光束和参考光束的夹角较小时才能同时出现正、负一级衍射。

3. 全息图的特点

——物体用单色光源所照明:物体可以看作由许多亮点所构成,这些亮点处于三维空间不同位置,如果相干背景光和物体每一亮点所发出的光之间的光程在相干长度范围之内,在照相底片上,相干背景光和每一亮点所发出的球面波产生干涉这样的干涉图形十分复杂,当用单色光照明照相底片——全息图 H,它将重现物体每一亮点的虚像,它们处于三维空间中,占有原来物体的同样的位置,所以透过全息图,我们看到物体的三维像,也就是一个真正的立体像。

全息照片和普通照片还有一个奇特不同之处。如果将全息照片分成碎片,其中任一小片仍能再现物体的立体像,但不如原整张全息照片的再现像清晰,为什么? 我们知道,在全息照片的每一点上,相干背景光和物体所有的亮点所发出的光产生干涉,因此,全息照片每一点都记录了整个物体的信息,即使只有一小片,仍能再现物体的立体像,但是清晰度不及整张全息照片像清晰,因为整张全息照片记录了物体的全部信息细节。

【实验仪器与光路布局】

1. 实验仪器装置
(1) 拍摄光源: 6 328 Å 氦氖激光器与电源;
(2) 全息光学防震平台和元件: 1.2 m×1 m 防震平台, 平面反射镜 R, 分光镜 G, 扩束镜 L, 手动快门;
(3) 感光底片架 H: 装全息感光底片用;
(4) 被拍摄的陶瓷物体;
(5) 全息底片的冲洗用具。

2. 实验光路
所有的光学元件已放置在光学防震平台上,可参考图 11-3 的实验光路,在光学平台上自行设计,安排实验拍摄光路。

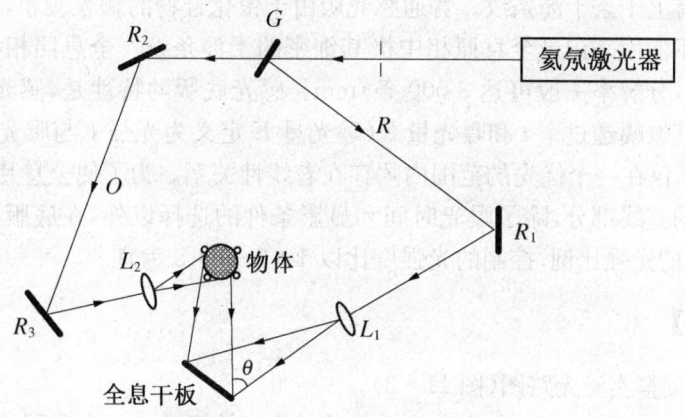

图 11-3 离轴全息图(单物光)

【光路布局注意事项】

(1) 光学防震平台:铸铁平台和多层避震材料构成,全息图的拍摄要在高稳定的条件下,使底片能够记录物光和相干光的干涉条纹,每毫米内记录的条纹可达上千条,必须使外来震动对拍摄曝光的影响减少至最低,提高拍摄的成功率。

(2) 分光镜：透过率不同的介质膜片，它的作用是使一束光分成两束，一束透射光，一束反射光，两束光的强度可按一定透过率比例分配。

(3) 扩束镜：显微镜物镜一般焦距很短，激光束经过扩束镜以后扩束成发散面光源。

(4) 平面反射镜：全部反射光线，改变光的传播方向。

(5) 底片架：用于放置拍摄的全息感光底片，本实验选择天津全息Ⅱ型干板。

(6) 拍摄物体：一般选择反射率高的白色陶瓷物品，作为拍摄物体。

(7) 手动快门：控制激光曝光时间的装置。

【拍摄成功全息照片的条件】

必须具备以下三个基本条件：

(1) 光程相等：即物光和参考光在光路中所走过的路程要相等，满足干涉条件。

(2) 曝光拍摄时，应保持全息平台系统的稳定。全息照相所记录的是参考光束与物光束之间的干涉条纹，这些干涉条纹十分细密，极小的扰动都会使干涉条纹模糊，甚至干涉条纹完全不能记录下来。例如，当 $\lambda = 632.8$ nm，$2\theta = 45°$ 时，$d = 0.83\ \mu m$。在制作反射全息时，$2\theta \approx 180°$，干涉条纹的间隔小于 $0.3\ \mu m$。为了成功地记录干涉条纹，曝光期间元件之间的相对位移应小于条纹间距的几分之一。为使系统稳定，光源和光路中各个光学元件、被摄物体和感光干板底座都由磁性表座固定在一个全息减震平台上，使外界引起的地面微小震动不至于影响干涉条纹的记录。此外，空气的流动、声波和温度的变化也会引起元件的移动或使空气密度不均匀而导致光程变化，因此曝光期间应保持室内安静。光源强度越高，所需曝光时间就越短，也就越容易满足稳定要求。具体所需的曝光时间取决于各种因素，其中包括被摄物体的反射率或透射率、相对距离和几何位置以及感光版的灵敏度等。

(3) 高分辨率的感光底版。根据上面的估算，干涉条纹的间距为 10^{-3} mm 数量级或者更小，每毫米将有上千条干涉条纹。普通感光版由于银化合物的颗粒较粗，每毫米只能记录几十至几百条，不能用来记录全息照相中极其细密的干涉条纹。全息照相必须用特制的高分辨率感光底版，分辨率一般可达 3 000 条/mm。感光底版的特性是，感光底版经过曝光、冲洗处理以后，其振幅透过率 t 和曝光量 E（曝光量 E 定义为光强 I 与曝光时间 T 的乘积，即 $E = IT$）之间仅在一个优先的范围内才存在着线性关系。为了使全息片上各点的 t 值都落在 t-E 曲线的直线部分，除了曝光时间和显影条件的选择以外，在底版上所处的物光与参考光应有合适的光强比例，控制的光强度比以 1∶3～1∶5 为宜。

【实验内容】

(1) 布置和调整实验光路图（图 11-3）。

(2) 光学元件正确的选用，激光束传播与反射角度的调整应与光路图相符合。

(3) 光学元件同轴即光束等高度的调整，将分光镜、反射镜、扩束镜、底片架和拍摄物体调至同一高度上，并且使激光束通过光学元件的中心。

(4) 对物光（O 光）和参考光（R 光）调整要求。

(5) 物光和参考光到底片上的光程应相等（可用尺量与调整）。

(6) 物光与参考光在拍摄底片上的强度应调整在 1∶1～1∶4 左右。

(7) 底片上 O 光和 R 光的光强分布要均匀，物光和参考光在底片上的夹角 θ 可设定在

25°～45°之间。

(8) 物光与参考光的夹角 θ 跟底片上干涉条纹间距 d 及入射光波长 λ 有以下关系：

$$d = \frac{\lambda}{2\sin\theta}$$

(9) 全息拍摄光路完成后，经指导老师检查，领取全息拍摄底片，准备拍摄。

(10) 曝光拍摄，曝光时间由实验条件定。

(11) 底片冲洗。冲洗程序：用木夹子将底片夹好，

① 放入显影液罐中显影 2 min 左右（在安全灯下注意观察底片由透明逐渐变成灰暗为止），取出后用自来水冲洗 30 s。

② 放入定影液中定影 2 min，取出后冲水 2 min，然后自然干燥或用吹风机吹干。

(12) 全息图再现观察。安排好图 11-4 再现光路，用激光束扩束还原调整光路，如拍摄成功可再现物体的立体像观察全息底片并进行实验分析：① 观察全息图实像和虚像的特征；② 用一小部分全息底片进行观察；③ 不用 L 扩束镜，用激光直接照射到全息底片上，观察全息底片的衍射结果和实像。

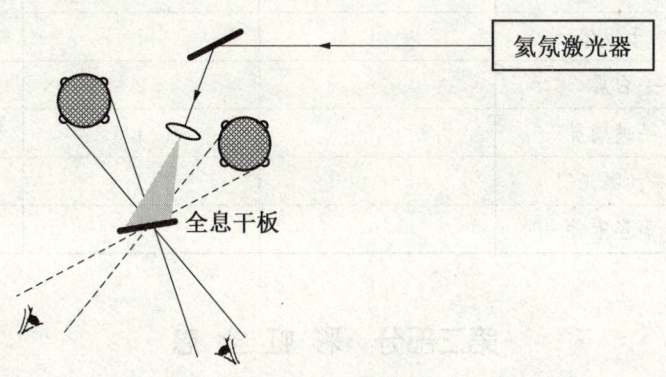

图 11-4 再现光路图

(13) 实验报告与数据处理：

① 设计表格，纪录实验光路参数；

② 纪录实验拍摄过程与底片冲洗过程条件；

③ 再现观测分析全息图的特点；

④ 如拍摄不理想，总结实验操作问题与不足之处；

⑤ 选择做思考题。

(14) 实验完毕，整理和安放好光学元件。

【思考题】

1. 实验中 R 光和 O 光在底片的夹角 θ 选在 25°～45°之间，为什么？
2. 请描述记录在底片上，离轴全息图的干涉图样和衍射光栅。
3. 在拍摄曝光过程中平台受到了震动，拍摄的底片是否会模糊不清晰？
4. 如果拍摄的底片被打碎了，为什么其中的碎片还能看到物体像的全部？

【参考文献】

[1] 吴思诚,王祖铨. 近代物理实验[M]. 北京：北京大学出版社,1995.
[2] 王绿苹. 全息光学和信息处理实验[M]. 重庆：重庆大学出版社,1990.
[3] 顾德门,JW. 付里叶光学导论[M]. 北京：科学出版社,1979.
[4] 于美文. 近代信息光学[M]. 北京：科学出版社,1990.

【附录】

表 11-1 本实验所需元件(仅供参考)

序号	名称	技术指标	数量	单位
1	激光器(含电源)	650 nm/25 mW	1	
2	二维分束镜(含镜片)	Φ40 1:4	1	
3	二维反射镜	Φ60 加强铝	3	
4	二维扩束镜	40 Z	3	
5	载物台		1	
6	干板架		1	
7	白屏		2	
8	毛玻璃屏		1	
9	手动曝光门		1	
10	显影附件		1	

第二部分 彩 虹 全 息

【背景知识】

普通全息照片只能在激光照射下,才能观察到立体图像,离开了激光器就不能观察到图像。经过科学家的不断努力、不断研究,终于发明了可以在白光或太阳光下观察到全息景像的全息照片,称为白光全息或彩虹全息,特别在彩色图像 3D 显示应用方面有着极其重要的意义。

【实验目的】

(1) 学习彩虹全息的实验原理;
(2) 掌握几种彩虹全息的实验拍摄方法。

【实验原理】

普通全息照相,由于是以激光记录并以激光再现的,因此,其推广应用受到某些限制。能否用白光再现呢? 一般是不行的。因为全息图相当于一个复杂光栅,它在白光照射下会产生色散,使各个波长的像相互交叠,从而导致像模糊。但因波长变化所引起的像的位置变化量 ξ 与再现像到全息干板的距离 ΔZ 以及波长变化 $\Delta \lambda$ 成正比。因此,可以通过使 $\Delta Z \rightarrow 0$

或 $\Delta\lambda \to 0$，来实现 $\xi \to 0$，从而使再现像仍保持清晰。$\Delta Z \to 0$，即"像全息"，就是使像成在全息干板上。$\Delta\lambda \to 0$，即附加窄带光片。彩虹全息基本上就是像全息与窄带滤光片结合起来的一项综合技术。

1. 像全息与单色仪原理

像全息，就是将物本身或物的像置于记录介质上（或其附近），使之与参考光干涉得到全息图，如图 11-5 所示，图中 O 是物，O' 是物像，L 是透镜；H 是全息干板，H_1 是全息图，R 是参考光，S 是狭缝；* 号表示共轭波。这种全息图就称作像全息图。像全息最大特点是可用时间相干性较差的光波（如白光）进行再现，而几乎没有色差。

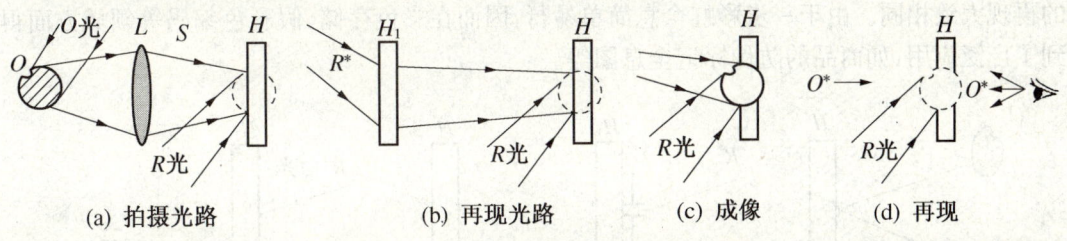

(a) 拍摄光路　　(b) 再现光路　　(c) 成像　　(d) 再现

图 11-5　一步法彩虹全息拍摄光路图

单色仪是光谱分析常用的仪器之一。它主要包括光源、狭缝、色散元件和成像系统等，如图 11-6 所示。单色仪利用色散元件和成像系统得到狭缝的多色像，即光源的光谱。根据光路可逆原理，眼睛从每个单色狭缝像处，经成像系统与色散元件，可以看到对应的单一颜色的光源，如图 11-7 所示。显然，这里的每个单色狭缝像就起到了前面所说的窄带滤色片的作用。

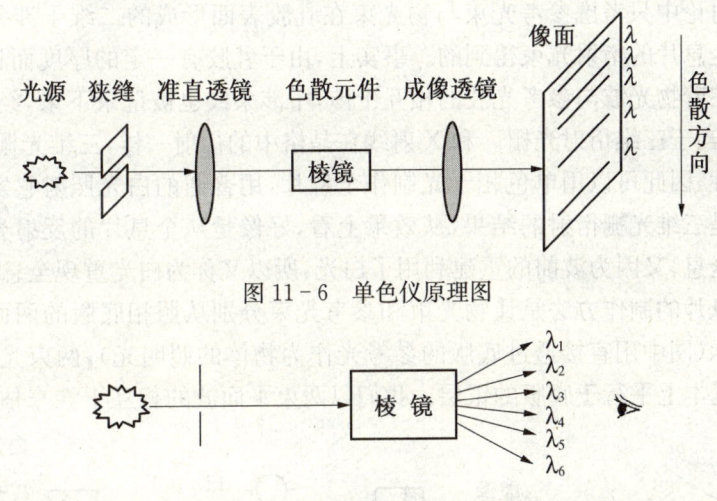

图 11-6　单色仪原理图

图 11-7　单色仪棱镜散射示意图

全息图可视为一种复杂光栅，也是一种色散元件。因此，如果能将像全息与单色仪中的狭缝结合起来，则将得到彩色的、清晰的全息再现像。这正是彩虹全息的基本思想。

【实验仪器与光路布局】

1. 两步彩虹全息和一步彩虹全息的讨论

1969 年，贝通（Benton）发明了彩虹全息——两步彩虹全息，又称贝通彩虹全息。所谓两步指的是两步记录,即:第一步,记录普通全息图,见图11-8(a);第二步,用第一个全息图的再现像和一个狭缝作物,记录第二个全息图,见图11-8(b)、(c)。再现时,用白光从共轭参考方向照明第二个全息图,见图11-8(c),得到物的像和多个狭缝像。当眼睛放在某个狭缝像的位置时,就能看到呈现某种颜色的物的像。移动眼睛的位置,由于多个狭缝像呈现拍摄物体彩虹分布图,故得名为彩虹全息。

1978年,陈瑄和杨振寰发明了一步彩虹全息。它省去了贝通全息中制备第一个全息图的步骤,而直接将拍摄物体O经透镜L通过狭缝S成像到底片H上,再加入参考光R,直接拍摄记录全息图,光路原理如图11-5(a)、(b)、(c)、(d)所示。其再现过程,与两步彩虹全息的再现大致相同。由于一步彩虹全息简单易行,因而在彩色存储、假彩色编码等领域方面得到了广泛应用,如商品的防伪标记全息图等。

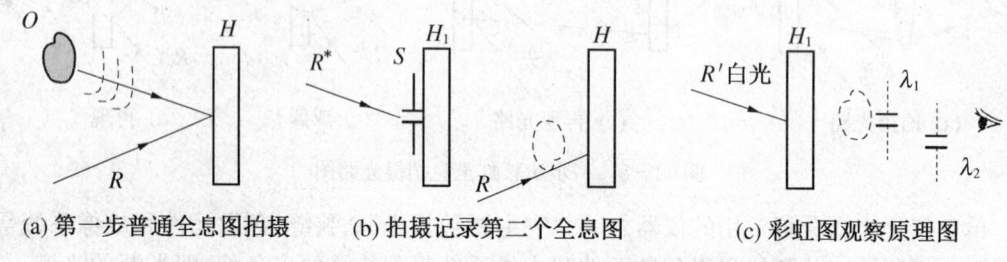

(a) 第一步普通全息图拍摄　　(b) 拍摄记录第二个全息图　　(c) 彩虹图观察原理图

图11-8　两步法彩虹全息拍摄图

2. 反射全息图的讨论

在以上的讨论中只考虑参考光束与物光束在乳胶表面形成的二维干涉条纹,波前的重建是利用透过全息片的衍射光束得到的。事实上,由于乳胶有一定的厚度而且是透明的,故在其内部也存在着物光波与参考光波的相互干涉,干涉条纹也被记录下来,经过处理后得到三维全息图,相当于三维衍射光栅。和X射线在晶格中的衍射一样,三维光栅对光的衍射也具有波长选择性,因此可以用单色相干光制作全息片,用普通的白光照射它实现波前重建。这一重建过程是三维光栅衍射的结果,从效果上看,好像是从全息片的反射光束中得到的,因此称为反射全息,又因为波前的重建利用了白光,所以又称为白光重现全息照相。

反射式全息片的制作方法是让物光束和参考光束分别从照相底版的两面进入乳胶层,如图11-9所示(图中用直接透过底版的参考光作为物体的照明光),两束光的干涉极大值在显影后形成基本上平行于底版的银层。我们以两束平面波的相互干涉来估计这些银层的

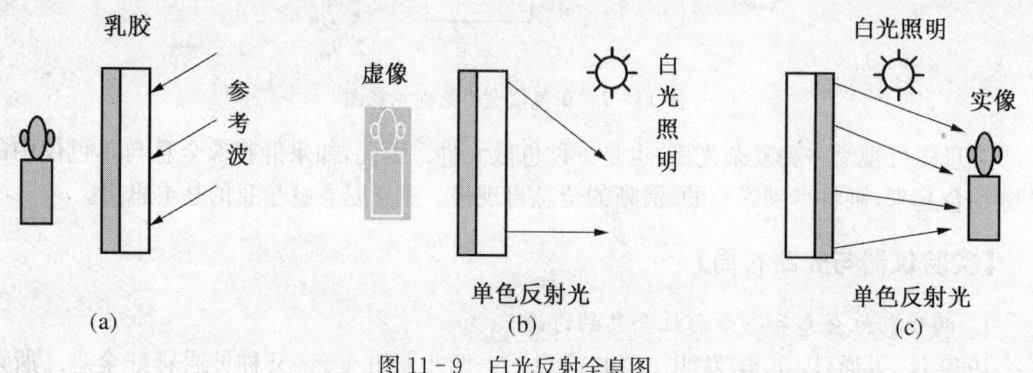

图11-9　白光反射全息图

间距。图 11-10 中 R 和 O 分别代表参考光束和物光束的传播方向,它们的夹角为 2θ,并假设都是平面波。显然,两组波阵面的夹角也是 2θ,每一组波阵面与相邻两波阵面的距离为 λ,图中的竖线代表干涉极大所在的平面,它们的间隔为 d,这些平面是物光束与参考光束的分角面,从图上画粗线的三角形可得

$$2d\sin\theta = \lambda \qquad (11-11)$$

用上式计算 d 的大小时,θ 和 λ 应取乳胶介质中的数值。由式(11-11)可得

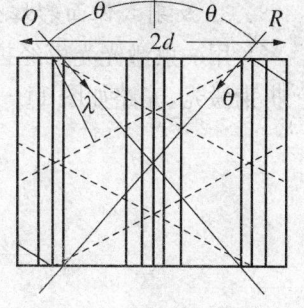

图 11-10　两束平行光的干涉与干涉条纹的形成

$$d = \frac{\lambda}{2\sin\theta} \qquad (11-12)$$

通常物光束和参考光束接近于 $180°$,从而 $d \approx \lambda/2$。若采用波长为 632.8 nm 的激光作为光源,银层的间距大约为 0.3 μm,若考虑到乳胶的折射率 $n > 1$,这个间距还要更小。通常全息干板的乳胶层厚度为 6~15 μm,因此在乳胶内部能形成几十层银层。实际上参考光和物光都不是平面波,特别是物光波具有复杂的波前,因此干涉极大并非是和底版平行的理想平面波,得到的全息图是复杂的三维光栅。

用再现光 R 照射这个全息片时入射光受三维光栅衍射时所遵从的规律与 X 光在晶格中的规律相同,它们都遵从布拉格(Bragg)公式。此时三维光栅的衍射等效于各银层反射光束的相干叠加,只有入射光线与银层的夹角 θ 和波长 λ 满足布拉格(Bragg)公式

$$2d\sin\theta = \lambda \qquad (11-13)$$

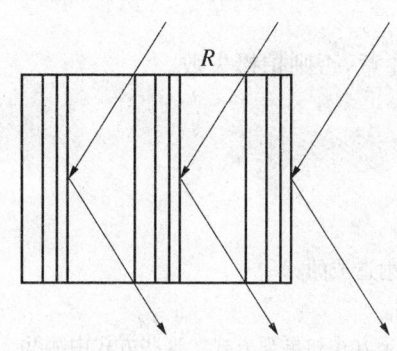

图 11-11　再现光路与干涉条纹

时存在干涉极大(式中的 d 为银层的间距),而且相对于银层而言,干涉极大的方向正好是入射光经银层反射后的反射方向,如图 11-10 所示。把图 11-10 与图 11-11 比较,不难发现这时干涉极大的方向正好是制作全息片时物光束的方向,因此在反射方向上得到的正是重建的物光束,对此方向可以看到原物的三维虚像。

由于三维衍射光栅的这种波长选择性,我们不必用原来的参考光作为再照光,而可以用白光照射重建原来的物光波,如图 11-11 所示,如果把图中的乳胶面转过 $180°$,可得三维实像。

用白光再现时,根据式(11-13),白光中只有波长和制作全息片时所用光波波长相同的成分衍射后才能出现干涉极大,但乳胶经显影、定影和晾干后往往发生收缩,使银层间距减小,因此出现干涉极大的波长比制作时光波的波长要小。如用波长 632.8 nm 的红光制作全息片,用白光再现时可能会观察到绿色的像。

如果参考光束和物光束从感光干板的同一侧入射,而且相对于乳胶表面而言它们的入射角都不大的话,根据上述分析,干涉极大形成的银层间距将比较大而且接近于与乳胶表面垂直。这时形成的全息图可近似看作乳胶面上的二维干涉条纹。图 11-10 和图 11-11 为两束光的干涉与干涉条纹形成的关系图,两束光的夹角 θ 和波长 λ 满足布拉格(Bragg)公式,这就是前面讨论的一般透射全息照相的情形。

3. 反射式像面彩虹全息

用一束激光光束经扩束镜后，照射到全息底片和拍摄物体。物光和参考光来自同一束扩束激光，光路如图 11-12 所示。图中的光程与夹角应如何设置计算。

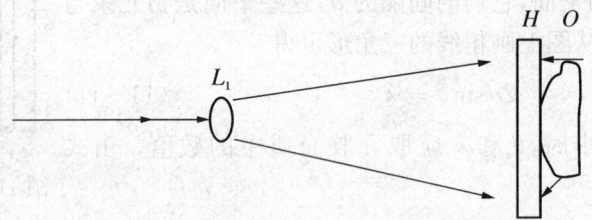

图 11-12　反射式像面彩虹全息拍摄图

【实验内容】

三种光路图，可选择其中一个光路进行实验。
(1) 按参考光路图布置光路。
(2) 制作彩虹全息图，对平台防震要求高。
(3) 将拍摄的彩虹全息图，分别用记录时的原参考光和共轭参考光进行再现。观察物的像和狭缝像。
(4) 反射式像面全息的拍摄。

如按照图 11-12 布置光路，应注意以下几点：
(1) 物光与参考光光程基本相等。
(2) 选择表明反射好的物体，如硬币、手表等。
(3) 拍摄曝光时，对全息平台的防震要求非常高，务必注意，否则拍摄失败。
(4) 全息底片的乳胶面，应面对拍摄物体。

【思考题】

1. 彩虹全息与普通全息的主要区别是什么？
2. 有人说："白光再现时，之所以能看到单一颜色的像，是由于狭缝衍射造成的。"
3. 为什么彩虹全息图的立体感效果，没有激光全息图好？
4. 根据物体、狭缝和干板三者的相互位置，彩虹全息有哪些可能的记录方式和再现方式？这些方式中哪些可行？哪些改造后才可行？试从中找出彩虹全息记录和再现的规律。
5. 反射式像面彩虹全息的物光与参考光的夹角是多少？
6. 为什么反射式像面彩虹全息能在白光下观察？
7. 彩虹全息再现时，若用黑纸挡住全息图的大部分，而只从露出的那一部分观察再现像时，你发现了什么现象？
8. 白光再现图 11-8(c)时，若将全息图从原记录方位旋转 90°，然后将眼睛放在适当位置观察再现像。当眼睛上下移动时，你看到了什么？当你离全息图较近时，再现像的颜色有何变化？
9. 试利用一步彩虹全息技术，使两种物体分别呈现不同颜色。

[提示] 用双缝，双缝间距离为

$$\Delta L = \frac{-\Delta\lambda}{\lambda + \Delta\lambda} D\tan\theta$$

【参考文献】

[1] 吴思诚,王祖铨.近代物理实验[M].北京:北京大学出版社,1995.
[2] 王绿苹.全息光学和信息处理实验[M].重庆:重庆大学出版社,1990.
[3] 顾德门,JW.付里叶光学导论[M].北京:科学出版社,1979.
[4] 于美文.近代信息光学[M].北京:科学出版社,1990.

【附录】

表 11－2 本实验所需元件

序号	名 称	技术指标	数 量	单 位
1	半导体激光器(含电源)	650 nm/25 mW	1	套
2	二维分束镜(含镜架)	Φ40,1∶4	1	套
3	二维扩束镜	Φ40	2	套
4	准直透镜(带框)	Φ40	1	套
5	二维反射镜	Φ60,加强铝	3	套
6	傅里叶透镜	Φ75,$f=150$ mm	1	套
7	干板架		1	个
8	白屏		1	个
9	可调狭缝		1	个
10	载物台		1	个
11	手动曝光门		1	个
12	显影附件		1	个

实验十二 光全息干涉计量

【背景知识】

光全息干涉技术是光全息技术应用的一项重要的发展。光全息干涉与经典光学干涉有相类似的地方,其干涉理论和测量精度基本相同,只是获得相干光的方法不同。经典干涉中获得相干光的方法有两类:分振幅法和分波前法。分振幅法是将同一束光的振幅分为两部分或多部分,如迈克尔逊干涉仪、法布里-拍罗干涉等。分波前法是将一束光的同一波前分为两部分或多部分,如双棱镜干涉、双缝干涉及多缝干涉等。因此对经典干涉装置其光学元件必须高精度加工,使它们不会给干涉图样带来附加的条纹。

光全息干涉的相干光波是采用时间分割法而获得的,这种方法的特点是相干光束由同一光学系统产生,可以再现具有任意相位变化的波面,对光学元件的精度要求可以较低,于是开辟了干涉技术应用于较低光学质量元件的领域。

经典干涉只能测量抛光的透明物体或反射面。光全息干涉不仅可以测量透明物体也可以测量不透明物体,并且表面可以是散射体。在工业上可以通过材料的表面变化来检测材料内部缺陷,即工业无损检验。

光全息干涉实验由以下三部分实验内容组成:A. 全息光栅;B. 单次曝光干涉法(实时法和时间平均法);C. 二次曝光干涉法。非线性记录及多波长法等,对静态和动态物体,进行拍摄测量。

【实验目的】

(1) 了解光全息计量原理与应用;
(2) 学习全息光栅的测量与制备;
(3) 学习掌握全息计量照片拍摄的方法;
(4) 掌握时间平均法、二次曝光干涉法的拍摄光路。

【全息光栅原理】

全息光栅就是在全息干板上记录下两束平面波的干涉条纹,实验采用马-陈干涉仪的光路(见图12-1),它由两块分束镜 BS_1,BS_2 和两块反射镜 M_1,M_2 组成,四个光学元件互相

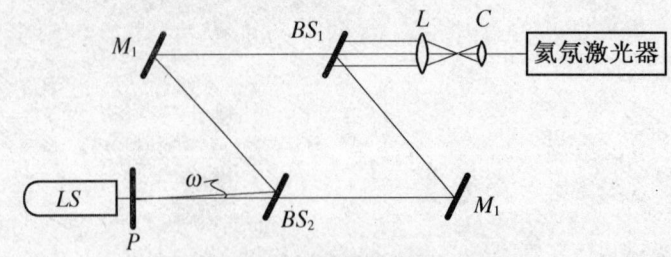

图 12-1 马-陈干涉仪拍摄光路

接近平行,中心光路构成一个平行四边形,从激光器出射的光束经扩束镜 C 及物镜 L 形成一束宽度合适的平行光经分束镜 BS_1 分成两束光……到分束镜 BS_2 重合后到达 P 平板面.

如果这两束光重合在 P 平板面时 x 方向有一个夹角 θ,则会出现干涉条纹(两束光的光程、光强相等)。条纹的疏密与夹角 θ 有关,我们用眼睛和读数显微镜就能观察到。在 P 平板面上换成全息干板,记录下干涉条纹,这就成为一块全息光栅。

全息光栅的空间频率 ν,可用透镜成像的方法估算空间频率 ν,如图 12-2 所示,Ⅰ和Ⅱ光在 P 平面的法线夹角为 θ_1 与 θ_2,$\omega = \theta_1 + \theta_2$ 为两束光的会聚角。

由杨氏干涉实验计算得到两束光在 P 面形成的干涉条纹间距

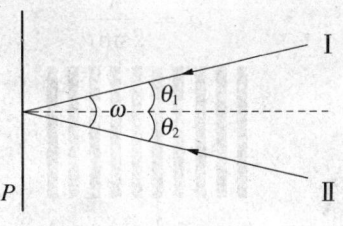

图 12-2 透镜成像

$$d = \frac{1}{\nu} = \frac{\lambda}{\sin\theta_1 + \sin\theta_2} = \frac{\lambda}{2\sin\frac{\theta_1+\theta_2}{2}\cos\frac{\theta_1-\theta_2}{2}}$$

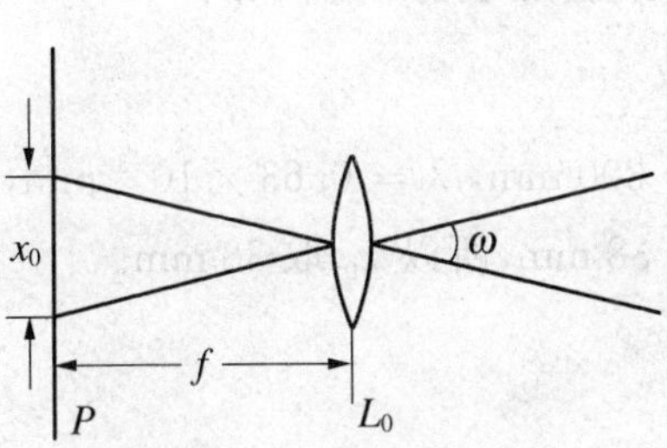

式中,$\lambda = 632.8$ nm,ν 为空间频率。当 $\theta_1 = \theta_2$ 且 $\frac{\theta_1+\theta_2}{2} \ll 1$ 时,$d \approx \frac{\lambda}{\omega}$。实验中由于两光束的会聚角 ω 不大,可根据上式估算光栅的空间频率 ν。具体方法是:用一透镜 L_0 放在Ⅰ,Ⅱ光束的重合区,则两光束在 L_0 的焦面上会聚成两个会聚亮点,若两个亮点距离为 x_0,透镜 L_0 焦距为 f,如图 12-3 所示,则有

图 12-3 焦面光束分布

$$\omega = \frac{x_0}{f}$$

代入 $d \approx \frac{\lambda}{\omega}$ 得

$$d \approx \frac{f\lambda}{x_0}$$

光栅的空间频率

$$\nu = \frac{1}{d} = \frac{x_0}{f\lambda}$$

【实验仪器与光路布局】

(1) 合理选择光学元件,编排马-陈干涉仪拍摄光路(见图 12-1)。

(2) 调节 BS_2 可改变两光束的夹角,观察干涉条纹分布及空间频率 ν。

【实验内容】

(1) 拍摄和观察一张① 全息光栅;② 正交光栅 $\nu_1 = 20$ 条/mm,$\nu_2 = 200$ 条/mm;③ 复合全息光栅。

(2) 根据条纹的变化,测量全息平台的稳定性和恢复时间(该条纹眼睛能观察到)。

可观察莫尔条纹,它的空间频率 $\nu = \Delta\nu = \nu_2 - \nu_1 = 102$ 条/mm $- 100$ 条/mm $= 2$ 条/mm。

(3) 用测微目镜测量干涉条纹的光栅常数 d,计算出 θ 角(见图 12-4)。

(4) 在实验报告中写出实验光路原理与公式。

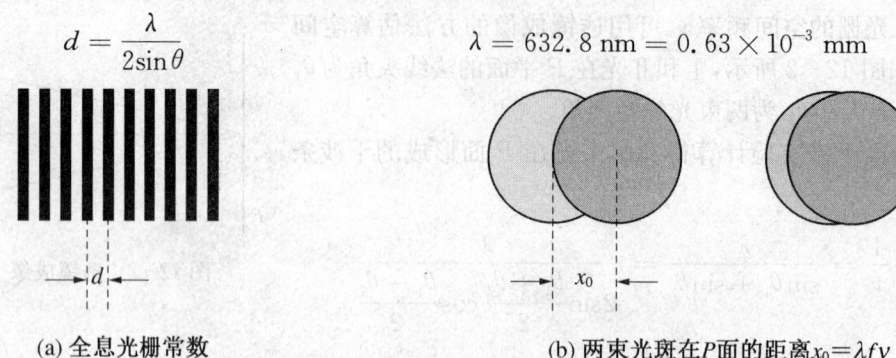

(a) 全息光栅常数　　　　(b) 两束光斑在P面的距离 $x_0 = \lambda f \nu$

图 12-4　测微目镜测量干涉条纹

例如:要拍摄 200 条/mm 的全息光栅,采用 L_0 的 $f = 300$ mm,$\lambda = 0.63 \times 10^{-3}$ mm,$\nu = 200$ mm,则有 $x_0 = \lambda f \nu = 0.63 \times 10^{-3} \times 300 \times 200 = 38$ mm,所以 x_0 取 38 mm。

【实验注意要点】

(1) 在光路调节中,先不放入扩束镜 L,调节光路的准直和同心,然后调节光束的光程与光强,调好后再放入扩束镜 L,微调 BS_2 以改变 x_0。

(2) 选择合适的全息光栅空间频率 ν,以便于观测和测量。

(3) 使用测微目镜时,应注意对焦点。测量光栅常数 d 时,考虑如何减少测量误差。

(4) 实验中的 ω 与光栅常数公式中的 θ 是否一样的?

【时间平均法实验原理】

通过拍摄了形变物体的干涉条纹,可以通过观察干涉条纹的连续变化,分析整个变形过程。为了使再现的标准波前与实际的波面重合,对全息图的复位有严格要求,通常采用就地显影、定影,或用精密复位装置;也可以采用干显影的记录介质,如光导热塑料、光致变色材料等。

设参考光波
$$R(x, y) = r_0(x, y)\exp[j\phi_r(x, y)]$$

初始物光波
$$O(x, y) = O_0(x, y)\exp[j\phi_O(x, y)]$$

则记录的光强分布为
$$I(x, y) = O_0^2 + r_0^2 + O_0 r_0 \exp[j(\phi_O - \phi_r)] + O_0 r_0 \exp[-j(\phi_O - \phi_r)]$$

在线性记录条件下,全息图的复振幅透过率为

$$t(x, y) = t_b + \beta' O_0^2 + \beta' r_0 O_0 \exp[j(\phi_O - \phi_r)] + \beta' r_0 O_0 \exp[-j(\phi_O - \phi_r)]$$

全息图精确复位后,用原参考光波和变形后的物光波

$$O'(x, y) = O'_0(x, y)\exp[j\phi'_O(x, y)]$$

同时照射全息图,于是在全息图的衍射光波中,与初始物光波和变形物光波有关的分量波为

$$U(x, y) = \beta' r_0^2 O_0 \exp(j\phi_O) + (t_b + \beta' O_0^2) O_0 \exp(j\phi'_O)$$

分量波中的两项均在同一方向传播,产生干涉,干涉条纹的强度分布为

$$I_t(x, y) = U_t(x, y)U_t^*(x, y) = O_0^2[\beta'^2 t_0^4 + (t_0 + \beta' O_0^2)\cos(\phi_O - \phi_r)]$$

上式表明:光强按余弦规律变化,不过由于再现的原始物光波和变形的物光波的振幅不大相同,干涉条纹的反衬度较差。适当选择参考光波与物光波的强度比例,可以改善条纹对比度。

只要记录时参考光波的入射角度选择适当,使全息图透射场中的其他分量衍射波具有不同的传播方向,就不会影响对干涉场的观察。

时间平均法

全息干涉术还可用来进行振动分析。记录振动物体的全息图时,物体的位置每时每刻都在变化,我们记录的实际上是振动物体位于不同位置时物光波前与参考光波前干涉结果的时间平均,即得到时间平均全息图。它的再现像就是时间平均全息干涉条纹图样,由条纹的形状和强度分布可以确定振动的模式及振动物体表面各点的振幅。以最简单的简谐振动为例来说明时间平均法的数学处理过程,见图 12-5。

设振动角频率为 ω,膜片任一点 P 的振幅为 $A(x)$,在时刻 t 沿 z 方向的位移量为

$$Z(x, t) = A(x)\cos(\omega t)$$

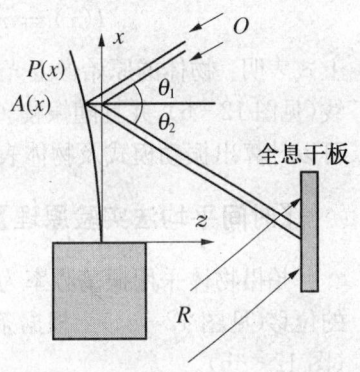

图 12-5 时间平均法数学处理模型

与平衡位置相比较,在时刻 t,P 点的相位变化

$$\Phi_O(x, t) = 2(e/\lambda)A(x)\cos(\cos\theta_1 + \cos\theta_2)$$

式中,λ 为照明光源的光波波长;θ_1,θ_2 为入射光和反射光传播方向与 z 轴的夹角。这时物光波前可以表示为空间坐标 x 和时间变量 t 的函数

$$O(x, t) = O_0(x)\exp[j\Phi_O(x, y)]$$

设参考光波为平面波,其波前记为

$$R(x) = r_0 \exp[j\Phi_O(x)]$$

则在全息图上光强度为

$$I(x, t) = r_0^2 + |O_0(x)|^2 + OR^* + O^*R$$

假定记录时间比物体振动的时间周期 T 长得多,则在全息图上的平均曝光量为

$$\langle I \rangle = \frac{1}{T}\int_0^T I(x, t)\,\mathrm{d}t$$

在线性记录条件下,全息图的复振幅透过率与平均曝光量成正比。所以,若用原参考光照明全息图,并单独考虑透射场中与原始物波有关的场分量,有

$$U_t(x) = \frac{RR^*}{T}\int_0^{2\pi} O(x,t)\mathrm{d}(\omega t) = \frac{r_0^2}{2\pi}\int_0^{2\pi} O(x,t)\mathrm{d}(\omega t)$$

将上式代入,有

$$U_t(x) = \frac{r_0^2 O_0(x)}{2\pi}\int_0^{2\pi}\exp[jkA(x)\cos(\omega t)(\cos\theta_1+\cos\theta_2)]\mathrm{d}(\omega t)$$

考虑到贝塞尔函数关系式

$$J_0(a) = \frac{1}{2\pi}\int_0^{2\pi}\exp[ja\cos\theta]\mathrm{d}(\theta)$$

有

$$U_t(x) = r_0^2 O_0(x)J_0[KA(x)(\cos\theta_1+\cos\theta_2)]$$

在振动物体上的强度分布为

$$I(x) = r_0^4\mid O_0(x)\mid^2 J_0^2[KA(x)(\cos\theta_1+\cos\theta_2)]$$

上式表明:物体的原始像上光强按零阶贝塞尔函数的平方分布,其中干涉条纹表示等振幅线(见图 12-6),并且随振幅 $A(x)$ 的增大干涉条纹强度减小。通过对条纹强度分布的测量,可以计算出振动模式及物体表面的振幅。

【时间平均法实验原理】

拍摄物体采用振荡频率为几百赫兹的音叉。在拍摄曝光时给音叉一个振动产生微米级的位移(见图 12-6a)。根据条纹分布计算音叉各点位移量,并作出条纹强度及分布曲线图(图 12-6b)。

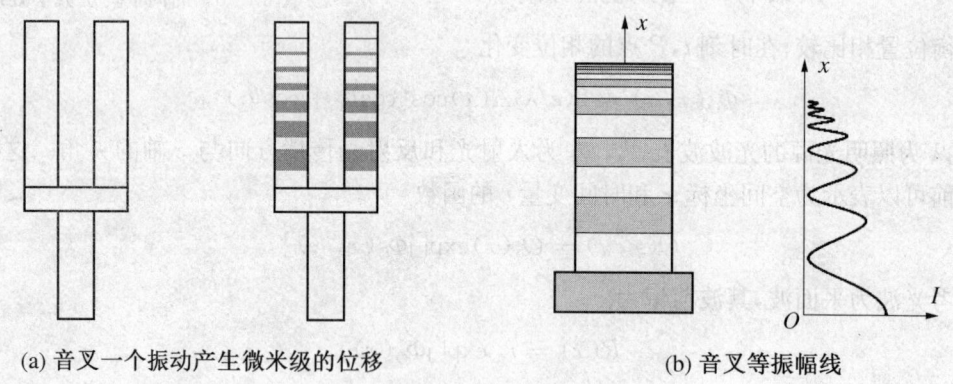

(a) 音叉一个振动产生微米级的位移　　　　(b) 音叉等振幅线

图 12-6　时间平均法条纹强度及分布图

【实验仪器与光路布局】

实验光路与全息摄影光路相同,如图 12-7 所示。

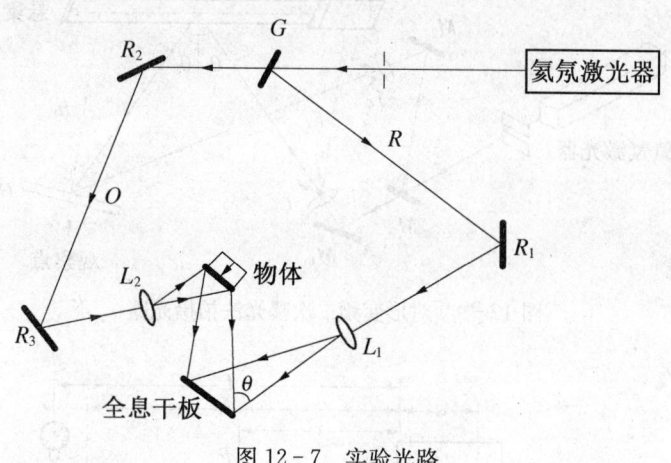

图 12-7 实验光路

【二次曝光法实验原理】

实验过程是先对测量物体进行第一次曝光后,对测量物体施加力使之产生微小的形变和位移,然后进行第二次曝光。这样所拍摄的全息照片上,就记录了两张受力前后测量物体的全息图。经暗室处理后,在激光再现光束的照射下,记录在全息干板上的两幅全息图分别再现出各自的物光波。由于这两束物光波是来自同一束再现光束,在它们的叠加区域只要满足干涉条件就会发生干涉,产生干涉条纹,而这些干涉条纹的形状和疏密与被拍摄物体的形变和位移量有关,通过计算就可得出物体形变情况和位移量的大小,如图 12-8。

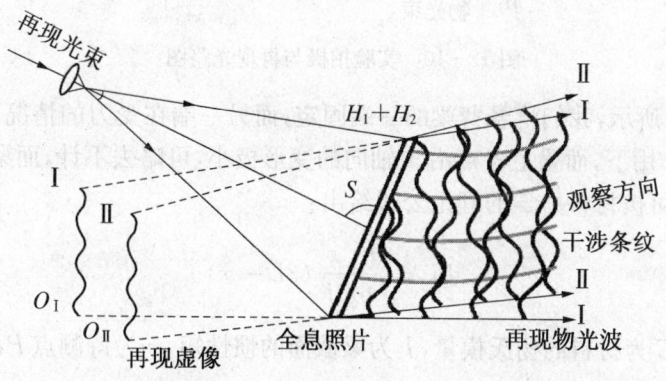

图 12-8 二次曝光法示意图

本实验采用了二次曝光法来测量悬臂钢梁在受力后位移和形变情况。要掌握二次曝光法的原理和方法,了解悬臂钢梁受力前后的拍摄过程,测量悬臂钢梁在受力形变时的挠度分布,并对测量数据进行分析处理。经二次曝光法制作的全息图,再现后两列再现物光波发生干涉条纹现象,如图 12-9。

本实验我们采用悬梁当作拍摄物体,对悬臂梁进行受力使之产生形变位移,用二次曝光法对梁的受力前后进行拍摄,对再现全息图进行分析,计算梁的挠度和位移量。

下面我们从理论上讨论悬臂梁变形时,梁中心线上各点的挠度情况和二次曝光全息干涉条纹的明暗分布与位移的关系。

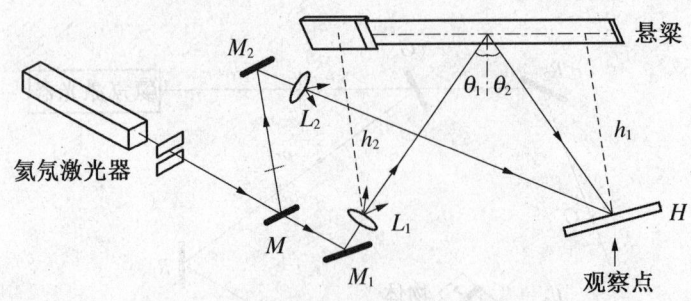

图 12-9 对形变梁二次曝光法拍摄光路

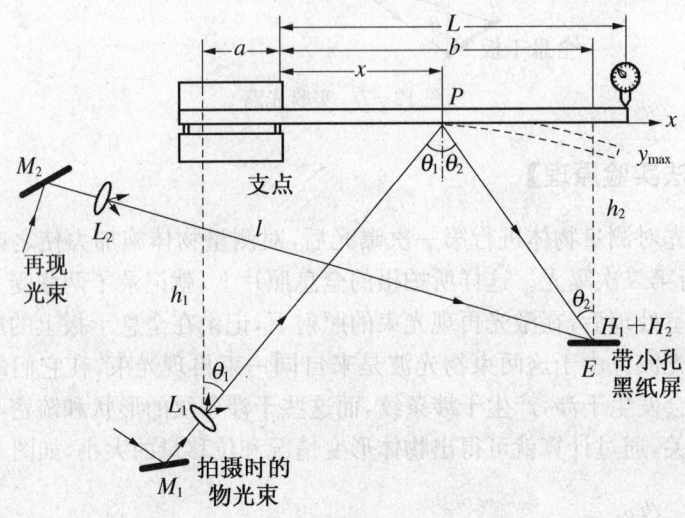

图 12-10 实验拍摄与再现光路图

如图 12-10 所示,我们将悬臂梁的一端固定,而另一端在受力的情况下,这时悬臂梁的自由端在 F_y 的作用下,而梁上各点沿 x 轴向的变形极小,可略去不计,而梁中心各点沿 y 轴的挠度变形分布可按材料力学的理论公式给出:

$$dy' = \frac{F_y x^2}{6EJ}(3L-x)$$

式中,L 为梁长,E 为材料的杨氏模量,J 为梁截面的惯性矩,x 为待测点 P_1 的位置坐标。显然,当 $x=L$ 时

$$dy' = y_{\max} = \frac{F_y L_2}{3EJ} \tag{12-1}$$

$y_{\max}$ 是受力点的位移,即有 $F_y = \frac{3EJ}{L_2} y_{\max}$。将 F_y 代入式(12.1),可得

$$dy' = \frac{y_{\max}}{2L_2}(3L-x)x^2 \tag{12-2}$$

式(12-2)给出了悬臂梁在受力时挠度计算公式。

现在我们用全息学原理来分析,若悬臂梁 S 在变形前后,其入射至全息干板 H 上的表面漫反射光波分别是：

$$Q_1 = Oe^{i\Phi} \quad Q_2 = Oe^{i(\Phi+\Delta\Phi)} \tag{12-3}$$

$\Delta\Phi$ 是梁的挠度变形 dy 所引起的相位变化，$\Delta\Phi$ 的大小可由各待测点的光程变化 $\Delta\delta$ 来确定。

$$\Delta\Phi = \frac{2\pi}{\lambda}\Delta\delta \tag{12-4}$$

如图 12-9 所示：

$$\Delta\delta = (l_1 + l_2) - (l_1' + l_2') \tag{12-5}$$

当 $dy \ll l_1$ 及 $dy \ll l_2$ 时有

$$l_1' = \sqrt{l_1^2 + dy^2 - 2dy l_1 \cos\theta_1} = l_1\sqrt{1 + \left(\frac{dy}{l_1}\right)^2 - 2\left(\frac{dy}{l_1}\right)\cos\theta_1} \approx l_1\left(1 - \frac{dy}{l_1}\cos\theta_1\right)$$

$$l_2' = \sqrt{l_2^2 + dy^2 - 2dy l_2 \cos\theta_2} = l_2\sqrt{1 + \left(\frac{dy}{l_2}\right)^2 - 2\left(\frac{dy}{l_2}\right)\cos\theta_2} \approx l_2\left(1 - \frac{dy}{l_2}\cos\theta_2\right)$$

故(12.5)式可简化为

$$\Delta\delta = dy(\cos\theta_1 + \cos\theta_2) \tag{12-6}$$

将式(12-4)代入式(12-6)则得：

$$\Delta\Phi = \frac{2\pi}{\lambda}\Delta\delta = \frac{2\pi}{\lambda}dy(\cos\theta_1 + \cos\theta_2) \tag{12-7}$$

由于梁在二次曝光中都均有相同的参考光波：$R = R_e e^{i\Phi'}$ 入射到全息干板上，所以全息干板上所接收到的总的光波，将分别是每一次曝光时物光与参考光的总和，即

$$A_1 = Q_1 + R \quad A_2 = Q_2 + R \tag{12-8}$$

全息干板 H 上的总曝光量为

$$E = (A_1 A_1^*)t_E + (A_2 A_2^*)t_E = [(Q_1+R)(Q_1^*+R^*)]t_E + [(Q_2+R)(Q_2^*+R^*)]t_E$$
$$+ [(Q_1 Q_1^* + RR^* + Q_1 R^* + RQ_1^*) + (Q_2 Q_2^* + RR^* + Q_2 R^* + RQ_2^*)]t_E$$
$$= [(|Q_1|^2 + |Q_2|^2 + 2|R|^2 + Q_1 Q_2)R^* + (Q_1^* + Q_2^*)R]t_E$$

$$\tag{12-9}$$

全息干板经显影，定影后所得的全息图的振幅透射率为

$$T = 1 - rE$$

用原参考光入射再现：$R = Re^{i\Phi'}$，则透射过全息图的光波振幅应为

$$RT = R(1-rE) = [1 - rt_E(|Q_1|^2 + |Q_2|^2 + 2|R|^2)]R$$
$$- rt_E |R|^2 (Q_1 + Q_2) - rt_E R^2 (Q_1^* + Q_2^*) \tag{12-10}$$

式(12-10)中第一项 $[1 - rt_E(|Q_1|^2 + |Q_2|^2 + 2|R|^2)]R$ 是透射出来的经衰减的参考光波，它带有被摄物体变形前后的物光波(S_1 和 S_2)的信息，式中的负号表示再现光波的相位增加了 π 的因子，对测量和观察无影响。第二项 $-rt_E|R|^2(Q_1+Q_2)$ 是我们最感兴趣的再现

光波,是再现时有相位畸变的共轭物光波。

我们只讨论式(12-10)中的第二项,即不畸变的再现物光波$-rt_E|R|^2(Q_1+Q_2)$,其合成光强I的相应项是:

$$I = [-rt_E|R|^2]^2[(Q_1+Q_2)(Q_1^*+Q_2^*)]$$
$$= r^2 t_E^2 |R|^4(Q_1 Q_1^* + Q_2 Q_2^* + Q_1 Q_2^* + Q_1^* Q_2) \quad (12-11)$$

将式(12-3)代入式(12-11)得:

$$I = 2r^2 t_E^2 \{|R|^4[2|O|^2 + Oe^{i\Phi} \cdot Oe^{-i(\Phi+\Delta\Phi)} + Oe^{-i\Phi} \cdot Oe^{i(\Phi+\Delta\Phi)}]\} \quad (12-12)$$

将式(12-6)代入式(12-12)得:

$$I = 2r^2 t_E^2 |R|^4 |O|^2 \left\{1 + \cos\left[\frac{2\pi}{\lambda}dy(\cos\theta_1 + \cos\theta_2)\right]\right\} \quad (12-13)$$

上式表明,再现物光的分布具有余弦函数的周期性变化,即再现物体的虚像表面存在有干涉条纹的分布,条纹分布与被摄物表面的变形量dy及照射角θ_1和观察角θ_2有关。

在干涉条纹的暗条纹处光强$I=0$,即$1+\cos\left[\frac{2\pi}{\lambda}dy(\cos\theta_1+\cos\theta_2)\right]=0$,为此要求$\left[\frac{2\pi}{\lambda}dy(\cos\theta_1+\cos\theta_2)\right]=0$,其中$(k=1,2,3,\cdots$是暗条纹的序数)。由此可得,在暗条纹所在点,应满足的变形条件:$dy(\cos\theta_1+\cos\theta_2)=(2k-1)\frac{\lambda}{2}$,即

$$dy = \frac{(2k-1)\lambda}{2(\cos\theta_1+\cos\theta_2)} \quad (12-14)$$

公式(12-14)是利用二次曝光的全息干涉暗条纹分布计算被摄物体表面变形域位移量的基本计算公式,当被摄物表面上有静止点(零位移点)时,其余各点P_x的位移值dy就可以由零位移点起的暗条纹序数k,θ_1,θ_2,λ按式(12-14)求出。

【实验仪器和光路布局】

参考2-10实验光路,由于要利用公式(12-14),因此应注意以下几个条件。

(1) 在布置光路时,应使全息干板表面与悬臂梁表面平行,在全息干板架位置用记号标出一个特定的观察点E,这时梁中心各点的挠度变形的方向,都可认为垂直于钢梁表面,这样对实验过程和数据处理过程大为简化。

(2) 在梁表面标出相邻两刻线的间距为10 mm的白线,来帮助确定测试点P的位置坐标和确定θ_1,θ_2的值。

(3) θ_1,θ_2的求出,可用下式得出:

$$\tan\theta_1 = \frac{a+x}{h_1} \quad \tan\theta_2 = \frac{b-x}{h_2}$$

$$\Delta dy = \frac{\Delta k \cdot \lambda}{\cos\theta_1+\cos\theta_2} - \frac{(2k-1)\lambda}{2(\cos\theta_1+\cos\theta_2)}(-\sin\theta_1 d\theta_1 - \sin\theta_2 d\theta_2) \quad (12-15)$$

【实验内容】

1. 了解全息干涉技术的原理和方法,参考图 12-7 或图 12-10 所示实验光路进行布置,拍摄要求与全息摄影实验相同,注意物光和参考光的在底片上的光强比应控制在 1∶1～1∶4 之间。

2. 测量记录悬臂梁的各项参数 L, b, a, x, h_1, h_2 等。

3. 梁的加载端的挠度 dy_{max} 由加载螺丝控制,y_{max} 的值由安装在加载点上的千分表读出,千分表的安装应注意表头与加载螺丝接触点在一点上。(同时在梁的两边)使测量头移动灵活并读取初读值(没有加载时梁的位置数值)。

4. 在进行第一次曝光后,对梁的位移量加载应控制在 8～20 μm 为宜,便于干涉条纹间距的测量和记录。在加载时应注意不要碰及其他光学元件,所有的操作应在暗室安全灯进行,然后进行第二次曝光。

5. 二次曝光时间由实验室提供。

6. 将拍摄完毕的全息干板经暗室冲洗后,用原参考光束再现光路(见图 12-10)。如果拍摄成功就能看见悬臂梁的虚像和干涉条纹。对再现像进行测量时,必须严格要求测量要求通过带有小孔的黑纸屏,依次读出梁中心轴线上各测试点 P 上的暗条纹序数值。由梁的根部,$x = 0$ 挠度变形为零,是零级亮条纹,依次向梁长方向延伸,而自由端计数时,所呈现的暗条纹序数为 $1, 2, 3, \cdots, k$ 级,若测试点 P(刻画引线交点)不在某一级暗格纹中心,则应估读 $\dfrac{1}{10}$ 的暗条纹宽度值。

7. 将测得数据,用公式(12-15)和(12-2)分别计算出各测试点挠度值 dy' 及 dy 值,在毫米方格纸上,作出实验曲线(dy'-x)和理论曲线(dy-x)作比较。

8. 为了提高 y_{max} 的精度,在实验装置上安置两个平行于悬臂梁的能绕支点自由转动的钢丝,钢丝的一端固定在支点上,而另一端与加载端相连。当梁受力形变时,其加载端的位移量和 y_{max} 相同,就会记录下等距离的等厚干涉条纹,y_{max} 值可按这些系数的总级序数测出。

【实验结果讨论举例】

某个悬臂钢梁:

1. 光路参数:$\lambda = 0.6328 \times 10^{-3}$ mm

$L = 200$ mm $\qquad\qquad l = 73.5$ cm

$a = 5.6$ mm $\qquad\qquad b = 20.2$ mm

$h_1 = 713$ mm $\qquad\qquad h_2 = 383$ mm

2. 全息干涉的实验曲线(dy-x)和材料力学理论曲线(dy'-x)基本相同,偏差在 0.3 μm 以内,主要发生在 x 较小的部分,原因是(1) 小位移由于干涉条纹分布的非线性,使按线性内插所得之条纹序数的估读值比实际值偏大;(2) x 较小处的干涉条纹较粗,估读误差增大。

3. 从全息干涉照片的再现虚像视场中出现千分表体上也呈现有较宽的干涉条纹,说明梁向外弯曲时,千分表示有移动,并使 y_{max} 的示值比实际值小,而微米级千分表示值误差为 ± 1 μm,故千分表示数仅能作为变形控制时参考,而精确测定应该用光学干涉的方法,即按钢丝上等厚干涉条纹序数 k_0 测得。

第一张全息照片测得
$$y_{\max} = 11.0 \ \mu m, \ k_{01} = 37.0, \ y'_{\max} = 11.898 \ \mu m$$

第二张全息照片测得
$$y_{\max} = 15.2 \ \mu m, \ k_{02} = 48.7, \ y'_{\max} = 15.7 \ \mu m$$

这说明误差在千分表示值误差之内。

4. 误差计算

$$\Delta k \approx 0.2, \ \sin\theta_1 \leqslant 0.3379, \ \sin\theta_2 = 0.4630, \ \Delta a = \Delta b = \Delta x = 1 \ mm,$$
$$x = 220 \ mm, \ \Delta h_1, \ \Delta h_2 \leqslant 5 \ mm$$

$$\theta_1 = \arctan\frac{a+x}{h_1} \quad \theta_2 = \arctan\frac{b-x}{h_2}$$

$$d\theta_1 = \frac{1}{1+[(a+x)/h_1]^2}\left(\frac{\Delta a}{h_1} + \frac{\Delta x}{h_1} - \frac{a+x}{h_1^2}\Delta h_1\right)$$

$$d\theta_2 = \frac{1}{1+[(b-x)/h_2]^2}\left(\frac{\Delta b}{h_2} - \frac{\Delta x}{h_2} - \frac{b-x}{h_2^2}\Delta h_2\right)$$

$$\Delta dy = 5.8 \times 10^{-5} \ mm, \ \Delta dy' = |\Delta y_{\max}| \approx 10^{-5} \ mm$$

$$(k = 37, \ \lambda = 0.6238 \times 10^{-3} \ mm)$$

$$\Delta dy = \frac{\Delta k \cdot \lambda}{\cos\theta_1 + \cos\theta_2} - \frac{(2k-1)\lambda}{2(\cos\theta_1 + \cos\theta_2)}(-\sin\theta_1 d\theta_1 - \sin\theta_2 d\theta_2)$$

上述分析说明本实验主要误差来源是条纹估读误差。

【思考题】

1. 悬梁染上的干涉条纹分布与梁的位移量有什么联系？
2. 在再现像观察时，如果看到光学元件装置也有干涉条纹，说明是什么原因，对实验数据测量有无影响？
3. 如果用观察实像的方法来估读暗条纹的级序数值与观察虚像方法进行比较，哪种方法较合适？

【参考文献】

[1] 考尔菲尔德 HJ. 光全息手册[M]. 北京：科学出版社，1988.
[2] 于美文. 光学全息及信息处理[M]. 天津：天津大学出版社，1984.
[3] 梁华翰，朱良铱，张立. 大学物理实验[M]. 上海：上海交通大学出版社，1999.
[4] 激光全息三维位移定量分析方法评述[J]. 激光应用杂志，1980.

【附录】

表 12-1 本实验所需元件（仅供参考）

序 号	名 称	技术指标	数 量	单 位
1	激光器（含电源）	650 nm/25 mW	1	
2	二维分束镜（含镜片）	Φ40 1:4	1	
3	二维反射镜	Φ60 加强铝	3	

续表

序 号	名 称	技术指标	数 量	单 位
4	二维扩束镜	40X	3	
5	形变载物台		2	
6	干板架		1	
7	白屏		2	
8	毛玻璃屏		1	
9	手动曝光门		1	
10	显影附件		1	

实验十三　阿贝成像原理和空间滤波

【背景知识】

阿贝在1873年提出了相干光照明下显微镜的成像原理。他认为,在相干光照明下,显微镜的成像可分为两个步骤:第一步是通过物的衍射光在物镜的后焦面上形成一个衍射图;第二步则为物镜后焦面上的衍射图复合为(中间)像。

通过阿贝-波特空间滤波实验,在傅里叶光学早期发展史上做出重要的贡献。这些实验简单、形象令人信服,对相干光成像机理以及频谱分析的综合原理做出深刻的解释,同时这种用简单的模板作滤波的方法一直延续至今,在图像处理技术中仍然有广泛的应用价值。

【实验目的】

(1) 通过实验,加深对傅里叶光学中空间频率、空间频谱和空间滤波等概念的理解;
(2) 熟悉阿贝成像原理,了解透镜孔径对成像分辨率的影响;
(3) 对物体图像进行空间滤波。

【实验原理】

1. 光学傅里叶变换

理论上可以证明,如果在焦距为 f 的会聚透镜 L 的前焦面上放一振幅透过率为 $g(x,y)$ 的图像作为物,并以波长为 λ 的单色平面波垂直照明图像,则在透镜后焦面 (x', y') 上的复振幅分布就是 $g(x,y)$ 的傅里叶变换 $g(f_x, f_y)$,其中 f_x, f_y 与坐标 (x', y') 的关系为

$$f_x = \frac{x'}{\lambda F}, \quad f_y = \frac{y'}{\lambda F} \tag{13-1}$$

故 (x', y') 面称为频谱面(或傅氏面),见图13-1。由此可见,复杂的二维傅里叶变换可以用一透镜来实现,称为光学傅里叶变换,频谱面上的光强分布则为 $|G(f_x, f_y)|^2$,称为功率谱,也就是物的夫琅和费衍射图。

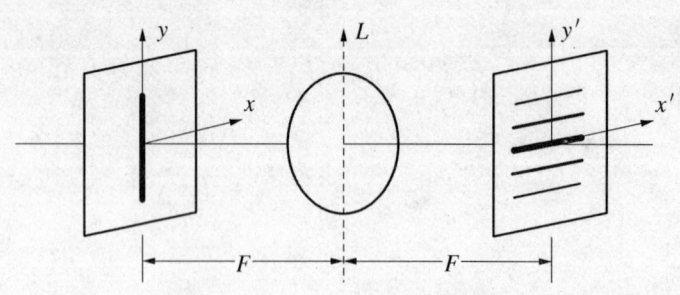

图 13-1　光学傅里叶变换图

2. 阿贝成像原理

阿贝在1873年提出了相干光照明下显微镜的成像原理。在相干光照明下,显微镜的成

像可分为两个步骤：第一步是通过物的衍射光在物镜的后焦面上形成一个衍射图；第二步则为物镜后焦面上的衍射图复合为（中间）像，这个像可以通过目镜观察到，如图13-2所示。成像的这两步骤本质上就是两次傅里叶变换：第一步是把物面光场的空间分布$g(x, y)$变为频谱面上空间频率分布$G(f_x, f_y)$；第二步则是再作一次变换又将$G(f_x, f_y)$还原到空间分布$g(x, y)$。

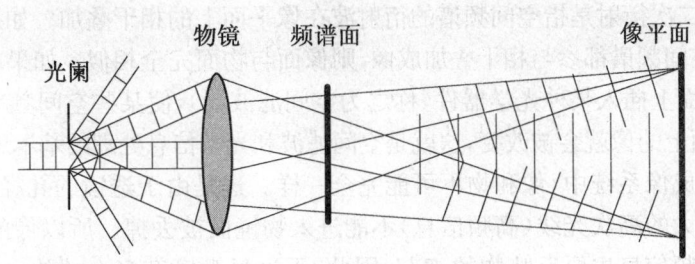

图13-2 显微镜的成像原理图

图13-2显示了成像的这两个步骤。为了方便起见，我们假设物是一个一维光栅，单色平行光照在光栅上，经衍射分解成为不同方向的很多束平行光（每一束平行光相应于一定的空间频率），经过物镜分别聚焦在后焦面上形成点阵。然后代表不同空间频率的光束又重新在像平面上复合而成像。

如果这两次傅氏变换完全是理想的，即信息没有任何损失，则像和物应完全相似（可能有放大或缩小）。但一般说来像和物不可能完全相似。这是由于透镜的孔径是有限的，总有一部分衍射角度较大的高次成分（高频信息），不能进入到物镜而被丢弃了。所以像的信息总是比物的信息要少一些。高频信息主要反映了物的细节，如果高频信息受到了孔径的限制而不能到达像平面，则无论显微镜有多大的放大倍数，也不可能在像平面上显示出这些高频信息所反映的细节，这是显微镜分辨率受到限制的根本原因。特别当物的结构非常精细（如很密的光栅）或物镜孔径非常小时，有可能只有零级衍射（空间频率为零）能通过，则在像平面上就完全不能形成像。

3. 空间滤波

根据上面讨论，成像过程本质上是两次傅里叶变换，即从空间函数$g(x, y)$变为频谱函数$G(f_x, f_y)$，再变回到空间函数$g(x, y)$（忽略放大率）。显然，如果我们在频谱面（即透镜的后焦面）上放一些模板（吸收板或相移板），以减弱某些空间频率成分或改变某些频率成分的相位，则必然使像面上的图像发生相应的变化，这样的图像处理称为空间滤波，频谱面上这种模板称为滤波器。最简单的滤波器就是一些特殊形状的光阑。它使频谱面上一个或一部分频率分量通过，而挡住了其他频率分量，从而改变了像面上图像的频率成分。例如圆孔光阑可以作为一个低通滤波器，而圆屏就可以用作为高通滤波器。

按频谱分析理论，谱面上的每一点均具有以下四点明确的物理意义：

（1）谱面上任一光点对应着物面上的一个空间频率成分。

（2）光点离谱面中心的距离，标志着物面上该频率成分的高低，离中心远的点代表物面上的高频成分，反映物的细节部分。靠近中心的点，代表物面的低频成分，反映物的粗轮廓。中心亮点是零级衍射即零频，反映在像面上呈现均匀背景。

（3）光点的方向，指出物平面上该频率成分的方向，例如横向的谱点表示物面有纵向栅缝。

(4) 光点的强弱则显示物面上该频率成分的幅度大小。

由以上定性分析可以看出,阿贝的二次成像理论的第一次衍射是透镜对物作空间傅里叶变换,它把物的各种空间频率和相应的振幅一一展现在它的焦平面上。一般情况下,物体透过率的分布不是简单的空间周期函数,它们具有复杂的空间频谱,故透镜焦平面上的衍射图样也是极复杂的。第二次衍射是指空间频谱的衍射波在像平面上的相干叠加。如果在第二次衍射中,物体的全部空间频谱都参与相干叠加成像,则像面与物面完全相似。如果在展现物的空间频谱的透镜焦平面上插入某种光学器件(称之为空间滤波器),使某些空间频率成分被滤掉或被改变,则像平面上的像就会被改变,这就是空间滤波和光学信息处理的基本思想。

在实际光学成像系统中,像和物不可能完全一样。这是由于透镜的孔径是有限的,总有一些衍射角比较大的高次光线(高频信息)不能进入物镜而被丢掉。所以像的信息总是比物的少些。由于高频信息主要反映物的细节,因此,无论显微镜有多大的放大倍数,也不可能在像面上分辨出这些细节。这是限制显微镜分辨本领的根本原因。当物镜孔径极其小时,有可能只有零级衍射通过物镜,这时像面上有亮的均匀背景而无像分布。

【实验仪器和布局】

空间滤波光路如图 13-3 所示,物面处放置透射的一维光栅或正交光栅(网格)、光字屏如图 13-4,谱面处放置各种滤波器(形状不同的光阑、狭缝等)。按图 13-3 调节光路,并注意各有关器件的共轴等高。激光束经扩束镜(或针孔滤波器)、准直镜扩束准直后,形成大截面的平行光照在物面上,移动傅里叶透镜在像面上得到一个放大的实像,此时物的频谱面在傅里叶透镜的后焦面上。

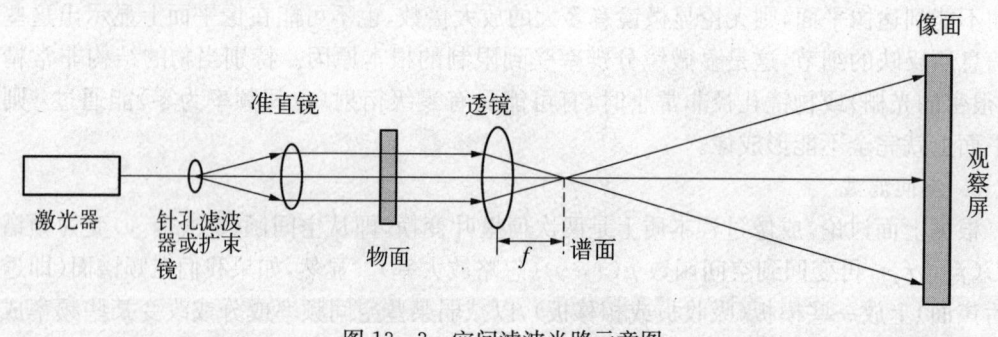

图 13-3 空间滤波光路示意图

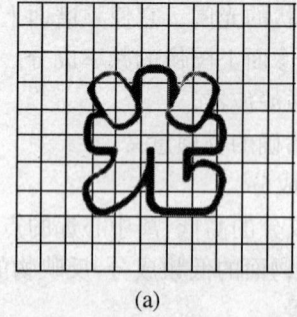
(a)

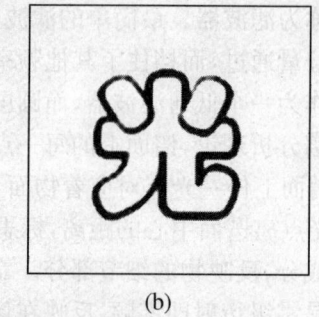
(b)

图 13-4 待滤波物示意图

4. 空间滤波和光信息处理

光信息处理是通过空间滤波器来实现的,所谓空间滤波器是指在图 13-3 中透镜的后焦平面上放置某种光学元件来改造或选取所需要的信息,以实现光信息处理。这种光学器件称为空间滤波器。

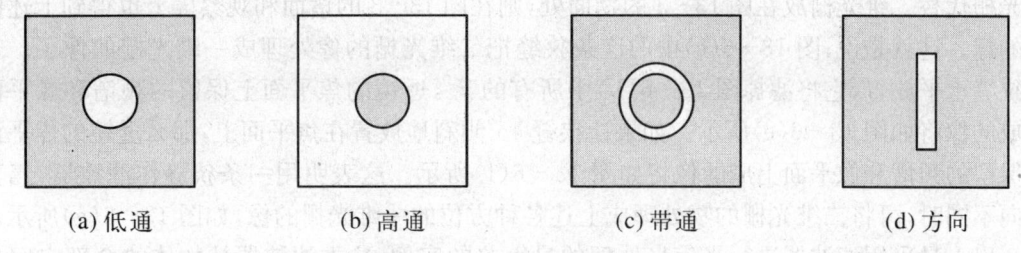

(a) 低通　　　　(b) 高通　　　　(c) 带通　　　　(d) 方向

图 13-5　空间滤波器示意图

图 13-5 给出了几种常用的空间滤波器。(a) 低通滤波:目的是滤去高频成分,保留低频成分。由于低频成分集中在谱面的光轴(中心)附近,高频成分落在远离中心的地方,经低通滤波后图像的精细结构将消失,黑白突变处也变得模糊。(b) 高通滤波:目的是滤去低频成分而让高频成分通过,其结果正好与低通滤波相反,使物的细节及边缘清晰。(c) 带通滤波:根据需要,有选择的滤掉某些频率成分。(d) 方向滤波:只让某一方向,例如纵向的频率成分通过,则像面上将突出了物的横向线条。

空间频率 $f_x,f_x = \dfrac{x'}{\lambda F}$ 光栅的基频 。

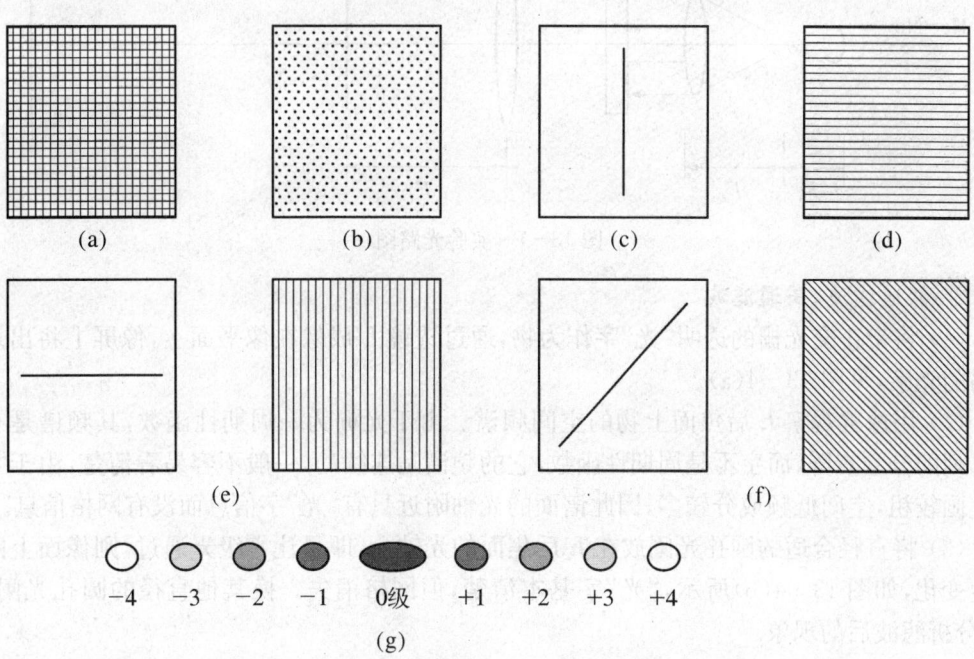

图 13-6　空间滤波器及空间滤波效果示意图

假如用一块二维矩形光栅作为物,二维矩形光栅的空间结构分布如图 13-6(a)所示,将其放在图 13-3 的物面处,由于它的振幅透射率是二维周期函数,因此它的空间频谱也应该

147

是二维的,用 f_x,f_y 表示。当用平行光照射二维矩形光栅时,在图 13-3 中透镜的焦平面上将显示出二维光栅的频谱,如图 13-6(b)所示。假如用一块有狭缝的屏作空间滤波器,将狭缝沿 Y 轴竖直放置在图 13-3 中的谱面上,它将挡掉图 13-6(b)中所有的 f_x,仅保留 f_y,如图 13-6(c)所示,此时在像平面上的像将如图 13-6(d)所示。若用类似于图 13-6(d)的一维光栅代替二维光栅放在图 13-3 的物面处,则在图 13-3 的谱面和观察屏上也得到上述同样的像。这就是说,图 13-6(c)中的这条狭缝把二维光栅的像处理成一维光栅的像了。若将狭缝水平放置,它将滤掉图 13-6(b)中所有的 f_y,透镜的焦平面上保留的频谱和像平面上成的像将如图 13-6(e)所示。如果让狭缝 45°倾斜地放置在焦平面上,那么透镜的焦平面上保留的频谱和像平面上成的像将如图 13-6(f)所示。这表明用一条狭缝作滤波器,当其取向不同时,可将二维光栅的物处理成上述各种方位的一维光栅的像,如图 13-6(g)所示。

以上是采用滤波器进行光信息处理的最简单的实例,这类滤波器从物体的全部空间信息中选出所需要的部分,从而实现对物体信息的处理,获得由物体的部分空间信息所构成的像。

【实验内容】

1. 编排光路

按图 13-7 编排光路。

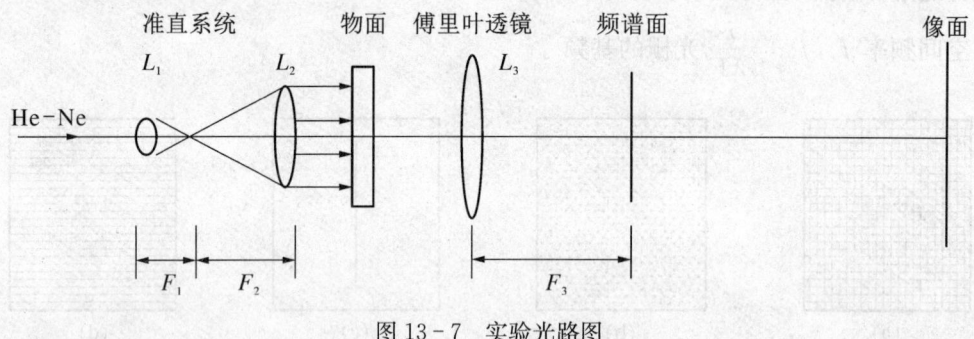

图 13-7 实验光路图

2. 低通滤波、高通滤波

(1) 将带正交光栅的透明"光"字作为物,通过透镜 L 成像在像平面上,像屏上将出现带网格的光字,见图 13-4(a)。

(2) 用像屏观察 L 后焦面上物的空间频谱。由于光栅为一周期性函数,其频谱是有规律排列的分立点阵,而字不是周期性函数,它的频谱是连续的,一般不容易看清楚,由于"光"字笔画较粗,空间低频成分较多,因此谱面的光轴附近只有"光"字信息而没有网格信息。

(3) 将直径合适的圆孔光阑放在 L 后焦面的光轴上,即只让零级光通过,则像面上图像发生变化,如图 13-4(b)所示,"光"字基本清楚,但网格消失。换其他直径的圆孔光阑,观察、分析滤波后的现象。

3. 方向滤波

在物面上换上正交光栅,则频谱面上出现衍射图为二维的点阵列,像面上出现正交光栅像(网格)。

(1) 在谱面中间加一狭缝光阑,使狭缝沿竖直方向,让中间一列衍射光点通过,则像面上原来的正交光栅像变为一维光栅像,光栅条纹沿水平方向,正好与狭缝方向垂直。

(2) 转动狭缝,使之沿水平方向,则光栅像随之变为竖直方向。

(3) 当使狭缝与水平方向成 45°角时,像面上呈现的光栅条纹沿着垂直于狭缝的倾斜方向,其空间频率为原光栅像的$\sqrt{2}$倍。

【思考题】

1. 根据本实验结果,你如何理解显微镜、望远镜的分辨本领?为什么说一定孔径物镜只能具有有限的分辨本领?如增大放大倍数能否提高仪器的分辨本领?
2. 本实验部分均以激光作为光源,有什么优越性?如以钠光或白炽灯代替激光会产生什么困难?应采取什么措施?
3. 试用卷积定理解释高、低通滤波器实验的实验现象。
4. 我们曾用低通滤波器滤去了图 13-4 中的网格而保留了"光"字,试设计一个滤波器能滤去字迹而保留网格。

【参考文献】

[1] 吴思诚,王祖铨. 近代物理实验[M]. 北京:北京大学出版社,1995.
[2] 王绿苹. 全息光学和信息处理实验[M]. 重庆:重庆大学出版社,1990.
[3] 顾德门. 傅里叶光学导论[M]. 北京:科学出版社,1979.
[4] 近代信息光学[M]. 北京:科学出版社,1990.

【附录】

表 13-1 本实验所需元件(仅供参考)

序号	名 称	技术指标	数 量	单 位
1	激光器(含电源)	650 nm/4 mW	1	套
2	二维扩束镜(含镜片)	40X	1	套
3	准直透镜(带框)	Φ40	1	套
4	平晶	Φ40	1	套
5	傅里叶透镜(带框)	Φ75	1	套
6	"光"字屏		1	套
7	一维光栅(带框)	100 线/mm	1	套
8	干板架		2	个
9	正交光栅(含框)	正交 25 线/mm	2	套
10	白屏		1	个

实验十四　光学图像处理

第一部分　图像识别

【背景知识】

在图像识别技术中,突出图像的边缘是一种重要的方法。人们视觉对于边缘比较敏感,因此对于一张比较模糊的图像,由于突出了其他边缘轮廓而变得易于识别。为了突出图像的边缘轮廓,我们可以用空间滤波的方法,去掉低频而突出高频,从而使图像的轮廓突出。本实验介绍的是利用光学相关方法作图像的空间微分处理,从而描出图像的轮廓的边缘。

【实验目的】

(1) 掌握用复合光栅对光学图像进行微分处理的原理和方法;
(2) 初步领会空间滤波的意义,初步了解相干光学处理中常用的 4F 系统,加深对光学信息处理实质的理解;
(3) 通过实验观测对图像微分后突出其边缘轮廓的效果。

【实验原理】

光学微分不仅是一种重要的光学—数学运算,在光学图像处理中也是突出信息的一种重要方法。

在图像识别技术中,突出图像的边缘是一种重要的识别方法。人的视觉对于图像的边缘轮廓比较敏感,因此对于一张比较模糊的图像,由于突出了其边缘轮廓而变得易于辨认。为了突出图像的边缘轮廓,我们可以用空间滤波的方法,去掉图像中的低频成分而突出图像的高频成分,从而使轮廓突出。本实验利用光学相关方法作空间的微分处理,从而描出图像的边缘,具体的做法是用复合光栅作为空间滤波器实现图像的微分处理,了解相干光学处理中的 4F 系统及空间滤波器的作用。

【实验仪器与布局】

1. 复合光栅的空间滤波作用

全息复合光栅法的基本原理是先使待处理图像生成两个相互有点错位的像,然后通过改变两个图像的相位让其重叠部分相减而留下由于错位而形成的边沿部分,从而实现图像边缘增强的效果,从数学角度来说,就是用差分代替了微分。

利用复合光栅进行图像微分的光学系统是典型的 4F 系统,如图 14-1 所示。

一束平行光照射透明物体 g(待处理的图像),物体 g 置于傅氏透镜 L_1 的前焦面 P_1 处,在 L_1 的后焦面上得到物函数 $g(x_0, y_0)$ 的频谱 $G(f_\xi, f_\eta)$,此频谱面又位于傅氏透镜 L_2 的前焦面上,在 L_2 的后焦面上得到频谱函数的傅里叶变换。物函数经过两次傅里叶变换又得到了原函数,只是变成了倒像。在图 14-1 中,P_3 平面采用的 x,y 坐标与 P_1 平面的 x_0,y_0 坐标的方向相反,因而可以消除由于两次傅里叶变换引入的负号。如果在频谱面上插入空间滤波器就可以改变频谱函数,从而使输入信号得到处理。本实验中用一个复合光栅作为空间滤波器,下面具体分析复合光栅的空间滤波作用。

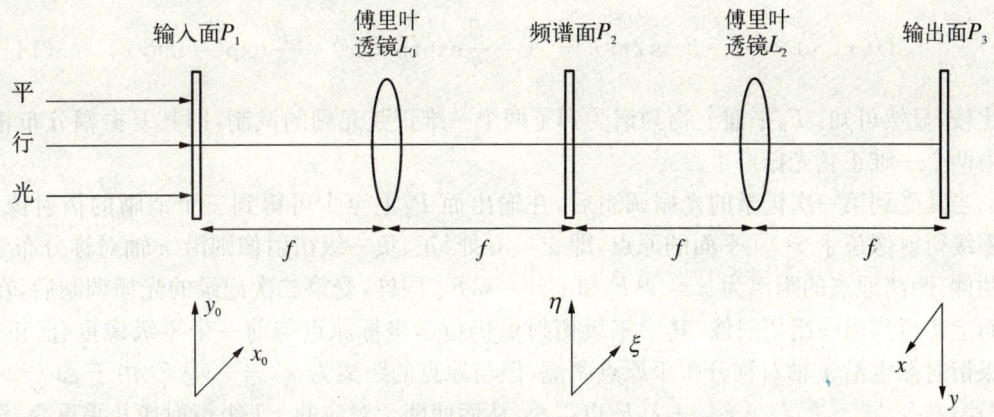

图 14-1 相干光学处理系统(4F 系统)

(1) 在 P_1 平面上放置要处理的图像,其振幅透射率为 $g(x_0, y_0)$,用单色平面波垂直照射在图像上,透过图像后在 P_1 面之后的复振幅分布为 $g(x_0, y_0)$。

(2) 透镜 L_1 对 $g(x_0, y_0)$ 进行傅里叶变换

$$\{g(x_0, y_0)\} = G(f_\xi, f_\eta)$$

其中,$\{\cdot\}$ 表示对括号里面的函数进行傅里叶变换;f_ξ,f_η 为 ξ,η 坐标系内的空间频率,下同。$G(f_\xi, f_\eta)$ 是物函数的空间频谱(忽略了常数项),以

$$f_\xi = \frac{\xi}{\lambda F}, \quad f_\eta = \frac{\eta}{\lambda F} \quad (F \text{ 是傅里叶透镜的焦距})$$

代入 $G(f_\xi, f_\eta)$ 的表达式就得到 P_2 平面上的复振幅分布为

$$U_1(\xi, \eta) = G\left(\frac{\xi}{\lambda F}, \frac{\eta}{\lambda F}\right)$$

(3) 把复合光栅放置在 P_2 平面上,其振幅透射率已知为

$$\begin{aligned} t(\xi) &= A - \beta[\cos 2\pi\nu\xi + \cos 2\pi(\nu + \Delta\nu)\xi] \\ &= A - B\{\exp(i2\pi\nu\xi) + \exp(-i2\pi\nu\xi) \\ &\quad + \exp[i2\pi(\nu + \Delta\nu)\xi] + \exp[-i2\pi(\nu + \Delta\nu)\xi]\} \end{aligned}$$

透过复合光栅以后,在 P_2 平面之后的复振幅分布为

$$U_2(\xi, \eta) = U_1(\xi, \eta) t(\xi)$$

(4) 透镜 L_2 对 $U_2(\xi, \eta)$ 又进行傅里叶变换,在 P_3 平面上得到的复振幅分布为

$$\begin{aligned} U_3(x, y) &= \{U_2(\xi, \eta)\} = \left\{ G\left(\frac{\xi}{\lambda F}, \frac{\eta}{\lambda F}\right) \cdot t(\xi) \right\} \\ &= \{G(f_\xi, f_\eta)\} * \{t(\xi)\} \end{aligned} \quad (14-1)$$

式中,符号"*"表示卷积。利用傅里叶变换的基本关系式进行一系列运算,我们有

$$U_3(x,y) \propto Ag(x,y) - B\{g(x-\nu\lambda F, y) + g(x+\nu\lambda F, y)\}$$
$$- B\{g[x-(\nu+\Delta\nu)\lambda F, y] + g[x+(\nu+\Delta\nu)\lambda F, y]\} \quad (14-2)$$

把 $U_3(x,y)$ 和一维正弦光栅的透射光波的复振幅分布

$$U(x,y) = A - \beta\cos 2\pi\nu x = A - \frac{\beta}{2}\exp(\mathrm{i}2\pi\nu x) - \frac{\beta}{2}\exp(-\mathrm{i}2\pi\nu x) \quad (14-3)$$

相比较,显然可知:P_3 平面上物频谱受到了两个一维正弦光栅的调制,即其复振幅分布相当于由两个一维正弦光栅产生。

当其受到第一次记录的光栅调制后,在输出面 P_3 上至少可得到三个清晰的衍射像,其中零级衍射像位于 xOy 平面的原点,即 $x=0$ 处;正、负一级衍射像则沿 x 轴对称分布于 y 轴两侧,距离原点的距离为 $x=\nu\lambda F$ 和 $x=-\nu\lambda F$。同样,受第二次记录的光栅调制后,在输出面上将得到另一组衍射像,其中零级衍射像仍位于坐标原点与前一个零级像重合,正、负一级衍射像也沿 x 轴对称分布于原点两侧,但与原点的距离为 $x'=\pm\nu'\lambda F$。由于 $\Delta\nu=\nu'-\nu$ 很小,故 x 与 x' 的差 $\Delta x=\pm\lambda F$ 也很小,从而使两个对应的 ±1 级衍射像几乎重叠,沿 x 方向只错开了很小的距离 Δx。见图 14-2 如下:

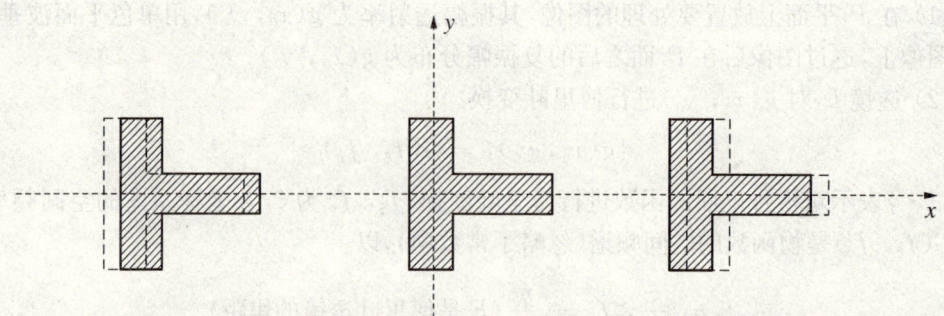

图 14-2 在输出面上得到的图像微分结果示意图

图中实线表示第一次由 $\nu=100$ 线/mm 的光栅产生的衍射像,虚线表示第二次由 $\nu=102$ 线/mm 的光栅产生的衍射像,两者产生的中央零级衍射像位于坐标原点互相重合。

由于 Δx 比起图形本身的尺寸要小很多,当复合光栅微微平移一适当的距离 Δl 时,由此引起两个一级衍射像的相移量分别为

$$\Delta\varphi_1 = 2\pi\nu\Delta l, \quad \Delta\varphi_2 = 2\pi\nu'\Delta l \quad (14-4)$$

导致两者之间有一附加相位差

$$\Delta\varphi = \Delta\varphi_2 - \Delta\varphi_1 = 2\pi\Delta\nu\Delta l \quad (14-5)$$

令 $\Delta\varphi=\pi$,得

$$\Delta l = \frac{1}{2\Delta\nu} \quad (14-6)$$

这时两个一级衍射像正好相差 π 相位,相干叠加时两者的重叠部分(如图 14-2 中的阴影部分)相消,只剩下错开的图像边缘部分,从而实现了边缘增强。转换成强度分布时形成亮线,

构成了光学微分图形,如图 14-3 所示。

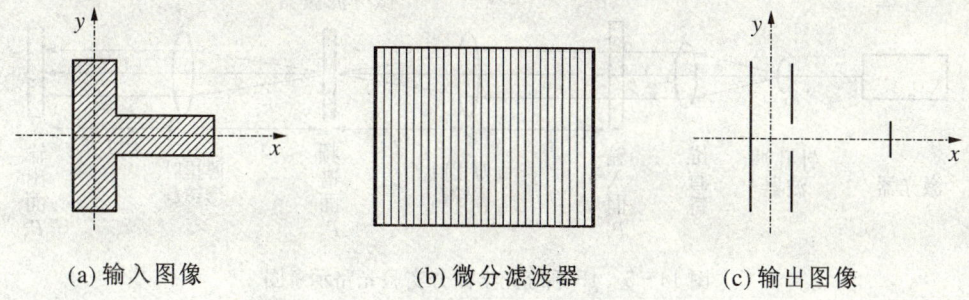

(a) 输入图像　　　(b) 微分滤波器　　　(c) 输出图像

图 14-3　沿 x 方向光学微分处理结果示意图

复合光栅莫尔条纹的方向不同,得到的微分图形也不同,若将图 14-3 中的复合光栅条纹在面内旋转 90°,便由沿 x 方向的微分图形,变为图 14-4 中沿 y 方向的微分图形。

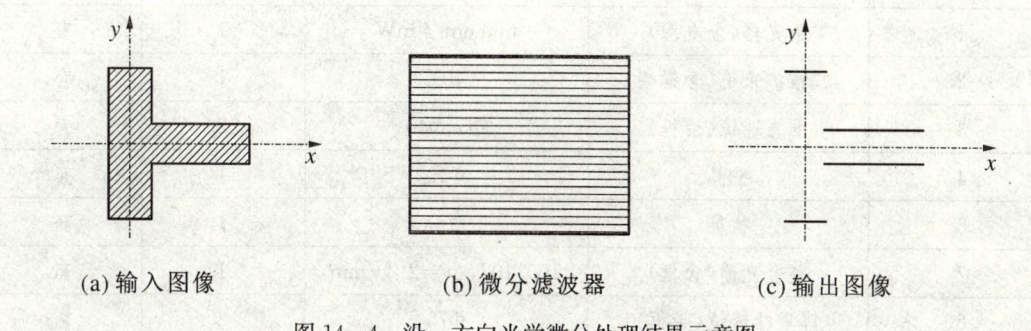

(a) 输入图像　　　(b) 微分滤波器　　　(c) 输出图像

图 14-4　沿 y 方向光学微分处理结果示意图

【实验内容】

光学图像微分实验,采用 $\nu=100$ 线/mm,$\nu_0=102$ 线/mm 组成的复合光栅,其莫尔条纹频率 $\Delta\nu=2$ 线/mm。这是典型的 4F 相干光学处理系统。参考光路图 14-5 进行实验:

(1) 编排光路,利用反射镜、扩束镜、准直镜产生方向符合需要的平行光。

(2) 在平行光束后面先放上透镜 L_1 及 P_2,移动 P_2 的位置使平行光束经过 L_1 聚焦在 P_2 面上,则 P_2 位于 L_1 的后焦面上,这就是频谱面。固定 L_1 及 P_2 的磁性底座。

(3) 在 L_1 左边距离为 F_1 的 P_1 面处放上要处理的图像("S"形图案),拿走 P_2,放上透镜 L_2 及 P_3,移动 P_3 使在屏上看到物的等大、倒立、清晰的像。

调节时可在透明图片前放上毛玻璃,使得成像的景深较短,便于确定清晰成像的位置。L_2 及 P_3 的位置确定之后,固定 L_2 及 P_3 的磁性底座,撤去毛玻璃。

(4) 在 P_2 面上放上复合光栅,用一维千分尺水平可调底座沿垂直于光轴的水平方向平移复合光栅,从屏 P_3 上观察图像的变化,找到最好的微分图像,然后固定住复合光栅底座。

(5) 观察及拍摄光学微分图像,实验中可改变复合光栅条纹的方向,观察微分图像的变化。

(6) 自行设计表格,记录实验数据与结果。

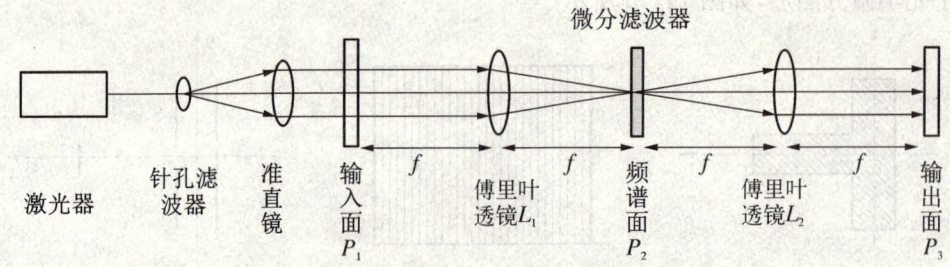

图14-5 4F系统光学微分实验光路示意图

【附录】

表14-1 本实验所需元件(仅供参考)

序号	名称	技术指标	数量	单位
1	激光器(含电源)	650 nm/4 mW	1	套
2	二维扩束镜(含镜架)	40X	1	套
3	准直透镜(带框)	Φ5、Φ40	2	套
4	平晶	Φ40	1	套
5	物屏	微分	1	套
7	复合光栅(含框)	100/102,$\Delta\nu=2$ 线/mm	1	套
8	傅里叶透镜(带框)	Φ75	2	套
9	干板架		2	个
10	白屏		1	个

第二部分 图 像 相 减

【背景知识】

图像相减是求两张相近照片的差异,从中提取差异信息的一种运算。通过在不同时期拍摄的两张照片相减,在医学上可用来发现病灶的变化;在军事上可以发现地面军事设施的增减;在农业上可以预测农作物的长势;在工业上可以检查集成电路掩膜的疵病,等等。还可用于地球资源探测、气象变化以及城市发展研究等各个领域。图像相减是相干光学处理中的一种基本的光学-数学运算,是图像识别的一种主要手段。实现图像相减的方法很多,本实验介绍最常用的利用一维光栅作为空间滤波器来实现图像相减的方法。

【实验目的】

(1) 采用一维光栅作滤波器,对图像进行相加和相减实验,加深对空间滤波概念的理解;

(2) 通过实验,加深对傅里叶光学相移定理和卷积定理的认知。

【实验原理】

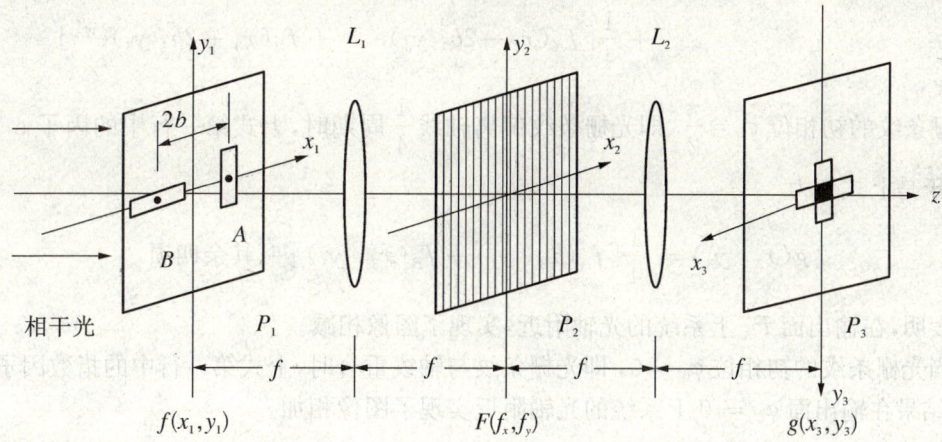

图 14-6 光栅实现图像相减原理

设正弦光栅的空间频率为 f_0,将其置于 4F 系统的滤波平面 P_2 上,如图 14-6 所示,光栅的复振幅透过率为

$$H(f_x, f_y) = \frac{1}{2} + \frac{1}{2}\cos(2\pi f_0 x_2 + \varphi_0) = \frac{1}{2} + \frac{1}{4}e^{i(2\pi f_0 x_2 + \varphi_0)} + \frac{1}{4}e^{-i(2\pi f_0 x_2 + \varphi_0)}$$

式中,$f_x = \dfrac{x_2}{\lambda f}, f_y = \dfrac{x_2}{\lambda f}$;$f$ 为傅里叶变换透镜的焦距;f_0 为光栅频率;φ_0 表示光栅条纹的初相位,它决定了光栅相对于坐标原点的位置。

将图像 A 和图像 B 置于输入平面 P_1 上,且沿 x_1 方向相对于坐标原点对称放置,图像中心与光轴的距离均为 b。选择光栅的频率为 f_0 使 $b = \lambda f f_0$ 得,以保证在滤波后两图像中 A 的 +1 级像和 B 的 -1 级像能恰好在光轴处重合。于是,输入场分布可写成:

$$f(x_1, y_1) = f_A(x_1 - b, y_1) + f_B(x_1 + b, y_1)$$

其在频谱面 P_2 上的频谱为

$$\begin{aligned}F(f_x, f_y) &= F_A(f_x, f_y)e^{-2i\pi f_x b} + F_B(f_x, f_y)e^{i2\pi f_x b} \\ &= F_A(f_x, f_y)e^{-2i\pi f_x x_2} + F_B(f_x, f_y)e^{i2\pi f_x x_2}\end{aligned}$$

经光栅滤波后的频谱为

$$\begin{aligned}H(f_x, f_y)F(f_x, f_y) &= \frac{1}{4}[F_A(f_x, f_y)e^{i\varphi_0} + F_B(f_x, f_y)e^{-i\varphi_0}] \\ &+ \frac{1}{2}[F_A(f_x, f_y)e^{-2\pi i f_0 x_2} + F_B(f_x, f_y)e^{i2\pi f_0 x_2}] \\ &+ \frac{1}{4}[F_A(f_x, f_y)e^{-i(4\pi f_0 x_2 + \varphi_0)} + F_B(f_x, f_y)e^{i(4\pi f_0 x_2 + \varphi_0)}]\end{aligned}$$

再通过透镜 L_2 进行逆傅里叶变换(取反演坐标系统),在输出平面 P_3 上的光场为

$$g(x_3, y_3) = \frac{1}{4}e^{i\varphi}[f_A(x_3, y_3) + f_B(x_3, y_3)e^{-i2\varphi_0}]$$

$$+ \frac{1}{2}[f_A(x_3-b, y_3) + f_B(x_3+b, y_3)]$$

$$+ \frac{1}{4}[f_A(x_3-2b, y_3)e^{-i\varphi_0} + f_B(x_3+2b, y_3)e^{i\varphi_0}]$$

当光栅条纹的初相位 $\varphi_0 = \frac{\pi}{2}$，即光栅条纹偏离轴线 $\frac{1}{4}$ 周期时，上式第一行中的因子 $e^{-i2\varphi_0} = -1$，于是上式变为

$$g(x_3, y_3) = \frac{1}{4}[f_A(x_3, y_3) - f_B(x_3, y_3)] + 其余四项$$

结果表明，在输出面 P_3 上系统的光轴附近，实现了图像相减。

当光栅条纹的初相位 $\varphi_0 = 0$，即光栅条纹与轴线重合时，上式第一行中的指数因子均等于1，结果在输出面 $\varphi_0 = 0$ 上系统的光轴附近实现了图像相加。

【实验仪器与布局】

1. 图形设计与光栅制作

实验前让学生可以自己动手先制作适当的图形和合适的光栅，也可以使用我们提供的光栅和图形。

为简洁起见，本实验采用两个透光的长条孔作为图形，其中输入图形孔 A 竖放，图形孔 B 水平横放，原理如图 14-6 所示，两者中心相距为 $2b$。为使其零级像和一级像能分开，距离 b 必须大于图形的长边。实验前，物面上的两个图形可事先粘贴在两块光洁的玻璃板上，便于调节其相对位置及中心间距的值 $2b$（b 可用卷尺仔细测量）。选用或自制一全息光栅，使其空间频率满足 $f_0 = \frac{b}{\lambda f}$。为此，宜综合考虑 f_0 的值，使之与所用透镜焦距 f 和图像间距协调。f_0 值过大将使 b 值过大，图像摆放不便，故 f_0 值宜取小一些。如 $f_0 = 100$ 线/mm，$f = 150$ mm，$\lambda = 632.8$ nm，则 $b \approx 9.49$ mm。

2. 布置 4F 系统实验光路

按图 14-7 布置好 4F 系统光路，并调整入射的相干光为准直光，然后将物图形、$f(x_1,$

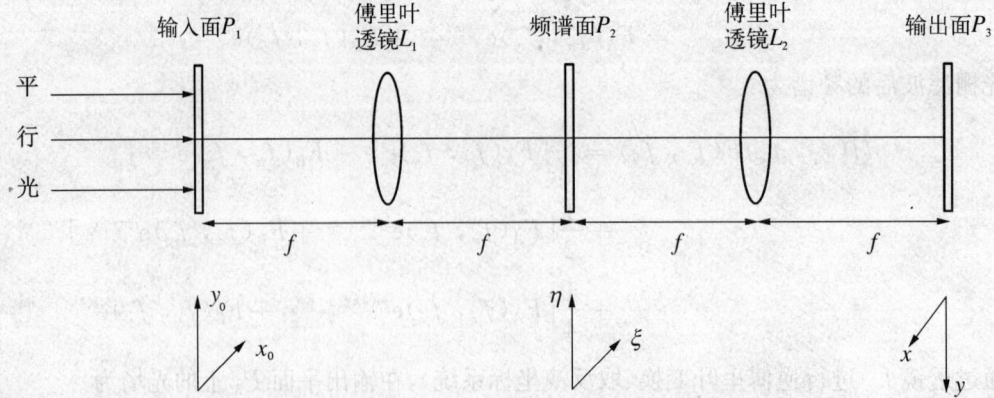

图 14-7 相干光学处理系统（4F 系统）实验光路图

y_1)和光屏分别置于输入面 P_1、频谱面 P_2 和输出面 P_3 上。

【实验内容】

1. 将已制作好的正弦光栅 G 按其栅线竖向置于傅里叶变换透镜 L_1 的后焦面上,并使其沿水平横向可微动(用一维平移台来实现),在光屏 P_3 上观察其对图形 A 的 $+1$ 级衍射像 A_{+1} 和对图形 B 的 -1 级衍射像 B_{-1},使 A_{+1} 和 B_{-1} 的中心重合于光轴上。若 A_{+1} 和 B_{-1} 的中心重合不好,可稍微调节图形 A、B 的相对位置。令光栅沿水平横向微动时,便可在输出面 $P3$ 上观察到 A_{+1} 和 B_{-1} 的重合处周期地交替出现图形 A,B 相加和相减的效果。相加时,重合处特别亮,相减时,重合处变得全黑。用图 14-8 所示记录图形相加和相减的实验结果与数据。

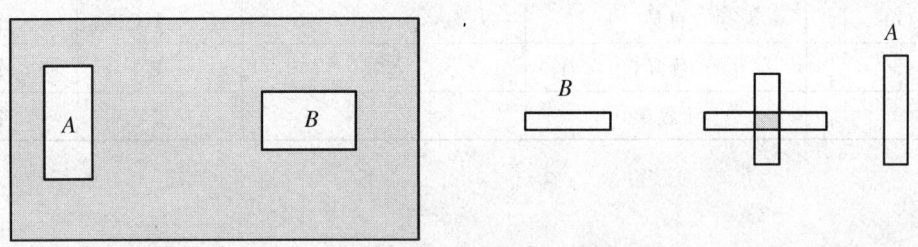

图 14-8 图形样品及实验结果

2. 实验中如果出现无论怎样调整光栅位置,A_{+1} 和 B_{-1} 的重合处始终无法得到全黑,这可能是由下列原因引起的:

(1) 用于照明图形 A 和 B 的光场不均匀,应重新调整照明光束。

(2) 实验数据 f_0 和 b 估算不准,致使 A_{+1} 和 B_{-1} 的中心未能完全重合,应重新核算 f_0 和 b 的值。

(3) 4F 系统光路不共轴或透镜焦距不准确,应重新调整光路。应从 L_2 开始,在激光束未扩束前依次调整透镜 L_1 和 L_2,使其中心的位置与激光束中心重合,办法是分别观察透镜两表面反射的系列光点是否位于同一条直线上。

3. 在观察周期地交替出现图像相加和相减的效果时,光栅相对于光轴的初相位每次只需改变 $\dfrac{\pi}{2}$,相应地光栅移动 $\dfrac{1}{4}$ 周期或 $\dfrac{1}{4f_0}$,亦即光栅每次所需要的移动量 Δl 是很小的 $\left(\Delta l = \dfrac{1}{4f} = \dfrac{\lambda f}{4b}\right)$,因此移动光栅时要小心缓慢地操作。实验时也可使放置光栅的微动平台的微动向倾斜于光轴的方向,以减缓其变化量。

【参考文献】

[1] 吴思诚,王祖铨. 近代物理实验[M]. 北京:北京大学出版社,1995.

[2] 王绿苹. 全息光学和信息处理实验[M]. 重庆:重庆大学出版社,1990.

[3] JW,顾德门. 傅里叶光学导论[M]. 北京:科学出版社,1979.

[4] 于美文. 近代信息光学[M]. 北京:科学出版社,1990.

【附录】

表 14-1 本实验所需元件(仅供参考)

序 号	名 称	技术指标	数量	单 位
1	激光器(含电源)	650 nm/25 mW	1	套
2	二维扩束镜(含镜片)	40X	1	套
3	准直透镜(带框)	Φ5、Φ40	2	套
4	平晶	Φ40	1	套
5	一维光栅(带框)	100 线/mm	1	套
6	傅里叶透镜(带框)	Φ75	2	套
7	白屏		1	个
8	物屏	加减	1	个
9	干板架		2	个

实验十五　超声光栅

【背景知识】

每秒钟振动的次数被称为波的频率，我们人类耳朵能听到的声波频率为 20 Hz～20 kHz。当声波的振动频率大于 20 kHz，我们便听不见了，因此，我们把频率高于 20 kHz 的声波称为"超声波"。自 19 世纪末到 20 世纪初，在物理学上发现了压电效应与反压电效应之后，人们解决了利用电子学技术产生超声波的办法，从此迅速揭开了发展与推广超声技术的历史篇章。1922 年，德国出现了首例超声波治疗的发明专利。超声波的特点：

(1) 在传播时，方向性强，能量易于集中；
(2) 能在各种不同媒质中传播，且可传播足够远的距离；
(3) 超声与传声媒质的相互作用适中，易于携带有关传声媒质状态的信息。

超声波是一种波动形式，它可以作为探测与负载信息的载体或媒介(如 B 超等用作诊断)；超声波同时又是一种能量形式，当其强度超过一定值时，它就可以通过与传播超声波的媒质的相互作用，去影响、改变以致破坏后者的状态、性质及结构。

当超声波传过介质时，在其内产生周期性弹性形变，从而使介质的折射率产生周期性变化，相当于一个移动的相位光栅，称为声光效应。若同时有光传过介质，光将被相位光栅所衍射，称为声光衍射。利用声光衍射效应制成的器件，称为声光器件。声光器件能快速有效地控制激光束的强度、方向和频率，还可把电信号实时转换为光信号。此外，声光衍射还是探测材料声学性质的主要手段。

【实验目的】

(1) 了解超声波光栅产生的原理；
(2) 测定超声在液体(非电解质溶液，如水)中的声速；
(3) 测量汞灯紫光、绿光、黄光波长。

【实验原理】

超声波作为一种纵波在液体中传播时其声压使液体分子产生周期性的变化，促使液体的折射率也相应地作周期性的变化，形成疏密波。此时，如有平行单色光沿垂直于超声波传播方向通过这疏密相间的液体时，就会被衍射，这一作用，类似光栅，所以称为超声波光栅。

光通过处在超声波作用下的透明介质时发生衍射的现象称为超声致光衍射，亦称声光效应。1922 年布里渊(L. Brillon, 1816～1969)曾预言液体中的高频声波能使可见光产生衍射现象。1935 年拉曼(C. V. Raman, 1888～1970)和奈斯(Nath)发现，在一定条件下声光效应的衍射强度分布类似光栅衍射。

超声波传播时，如前进波被一个平面反射，会反向传播。在一定条件下前进波与反射波叠加而形成超声频率的纵向振动驻波。由于驻波的振幅可以达到单一行波的 2 倍，加剧了波源和反射面之间液体的疏密变化程度。某时刻，纵驻波的任一波节两边的质点都涌向这

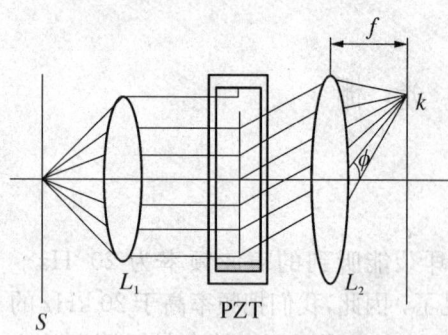

图15-1 超声光栅仪衍射光路

个节点,使该节点附近成为质点密集区,而相邻的波节处为质点稀疏处;半个周期后,这个节点附近的质点又向两边散开变为稀疏区,相临波节处变为密集区。在这些驻波中,稀疏作用使液体折射率减小,而压缩作用使液体折射率增大。在距离等于波长的两点,液体的密度相同,折射率也相等,如图15-1所示。

单色平行光 λ 沿着垂直于超声波传播方向通过上述液体时,因折射率的周期变化使光波的波阵面产生了相应的相位差,经透镜聚焦出现衍射条纹。这种现象与平行光通过透射光栅的情形相似。因为超声波的波长很短,只要盛装液体的液体槽的宽度能够维持平面波,槽中的液体就相当于一个衍射光栅。

设正方向行进的超声波方程为

$$x_1 = A\cos\omega\left(t - \frac{r}{V}\right) \tag{15-1}$$

反射波的波动方程为

$$x_2 = A\cos\omega\left(t + \frac{r}{V}\right) \tag{15-2}$$

式中,r 为相邻两波节或波腹之间的距离。这两列波的振动方向和频率相同,相位差恒定的相干波,其叠加为

$$\begin{aligned} x = x_1 + x_2 &= A\cos\omega\left(t - \frac{r}{V}\right) + A\cos\omega\left(t + \frac{r}{V}\right) \\ &= A\cos 2\pi\left(\nu t - \frac{r}{\Lambda}\right) + A\cos 2\pi\omega\left(\nu t + \frac{r}{\Lambda}\right) \\ &= \left(2A\cos\frac{2\pi r}{\Lambda}\right) \cdot \cos 2\pi\nu t \end{aligned} \tag{15-3}$$

由上式可知,液槽中驻波的振幅为单一行波的 2 倍,且是 r 的周期函数,振幅为最大值(波腹)与最小值(波节)的条件为

波节: $\cos\frac{2\pi r}{\Lambda} = 0, r = (2k+1)\frac{\Lambda}{4}, k = 0, \pm 1, \pm 2, \cdots$

波腹: $\cos\frac{2\pi r}{\Lambda} = \pm 1, r = 2k\frac{\Lambda}{4}, k = 0, \pm 1, \pm 2, \cdots$

相邻两波节或波腹之间的距离为 $\Delta r = r_{k+1} - r_k = \frac{\Lambda}{2}$。式中 ν, Λ 分别是超声波的频率和波长,V 是超声波在介质中的速度。当液槽中 r 的位置满足 $\frac{\Lambda}{4}$ 奇数倍时,则这些质点始终不动,在某时刻某一节点的两边的质点都涌向这个节点,成为质点的密集区,而相邻的节点两边的质点又向左右散开,成为该节点附近的稀疏区,密集区与稀疏区相邻距为超声波的 $\frac{\Lambda}{2}$,

经过 $\frac{T}{2}$ 时间后,密集区(或稀疏区)节点扰动为稀疏区(或密集区),扰动了超声波的半个波长。

声波在液槽中传播,液体的密度变化与驻波的规律一致,其变化周期为超声波的周期,即

$$\Delta \rho = \rho_A \left(2A\cos\frac{2\pi r}{\Lambda}\right) \cdot \cos 2\pi\nu t$$

式中,$\Delta \rho$ 为液体的密度变化量,ρ_A 为液体密度最大变化量。因为液体的折射率与该液体的密度有关,所以随着液体的密度周期性的变化,其折射率也呈周期性变化,因而载有超声波的液体其折射率与驻波规律一致,为正弦(或余弦)周期函数。即

$$\Delta n = n_A \left(2A\cos\frac{2\pi r}{\Lambda}\right) \cdot \cos 2\pi\nu t$$

式中,Δn 为液体折射率变化量,n_A 为液体折射率的最大变化量。

载有超声波的液体的折射率是以驻波规律变化,光通过液体时在超声波的行进方向上光速也产生正弦或余弦规律的变化,其规律为

$$\Delta V_{光速} = c \cdot n_A \left(2A\cos\frac{2\pi r}{\Lambda}\right) \cdot \cos 2\pi\nu t$$

式中,c 为真空中(折射率为1)的光速。从此可知,当一束平行光垂直于超声波的行进方向进入液体时,平面波阵面变得折皱了,其出射光的波阵面成为以正弦或余弦规律变化的曲面,在超声波行进方向上各点的相位也是按正弦规律变化的。可见载有超声波的液体实际上是一种正弦型的相位光栅,光栅常数 d 等于超声波的波长 Λ,其衍射条纹与光栅常数以及入射平行光波长 λ 的关系由惠更斯-菲涅尔原则确定:

$$\Lambda \sin\phi_k = k\lambda \tag{15-4}$$

式中 k 为衍射级次,ϕ_k 为零级与 k 级间夹角。在调好的分光计上,由单色光源和平行光管中的会聚透镜(L_1)与可调狭缝 S 组成平行光系统,如图 15-1 所示。让光束垂直通过装有锆钛酸铅陶瓷片(或称 PZT 晶片)的液槽,在玻璃槽的另一侧,用自准直望远镜中的物镜(L_2)和测微目镜组成测微望远系统。若振荡器使 PZT 晶片发生超声振动,形成稳定的驻波,从测微目镜即可观察到衍射光谱。从图 15-1 中可以看出,当 ϕ_k 很小时,有

$$\sin\phi_k = \frac{l_k}{f} \tag{15-5}$$

式中,l_k 为衍射光谱零级至 k 级的距离,f 为透镜的焦距。

$$\Lambda = \frac{k\lambda}{\sin\phi_k} = \frac{k\lambda f}{l_k} \quad (k = 0, 1, 2, \cdots) \tag{15-6}$$

超声波在液体中的传播的速度:

$$V = \Lambda \cdot \nu = \frac{k\lambda f \nu}{l_k} \tag{15-7}$$

式中,ν 为振荡器和锆钛酸铅陶瓷片的共振频率。

【实验装置简介】

超声光栅实验仪由数字显示高频功率信号源和内装压电陶瓷片的液槽组成(见图15-2),包括光源(汞/钠灯)、带狭缝平行光管、分光计载物台(液体槽及压电陶瓷片放在载物台上)、分光计望远镜和测微目镜。超声发生系统由高频信号发生器、功率放大器、压电陶瓷片和液槽组成。分光计望远镜中透镜为成像透镜,高频信号发生器产生交变电压,经功率放大加至压电元件,利用晶体片的逆压电效应产生超声波,即压电陶瓷片在外电场的频率等于压电元件的固有频率时出现共振,这时压电元件的振幅最大。这种振动在液槽中定向传播为机械纵波,在液槽中波的传递方向上视液体为连续的弹性介质,超声波在液槽中传播其波阵面为平面,调节液槽中反射板与波阵面平行,这样前进波与反射波叠加形成驻波。

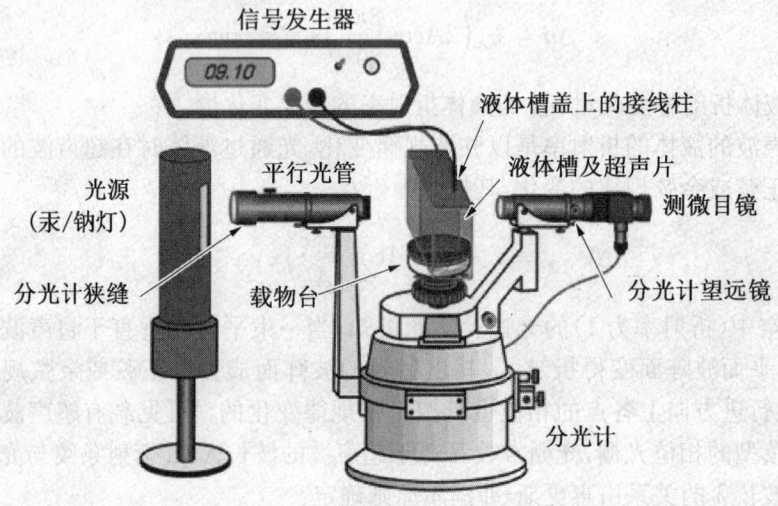

图15-2 超声光栅实验装置示意图

【实验内容】

1. 水中超声声速

(1) 用钠灯作光源;

(2) 将待测液体(如蒸馏水、乙醇或其他液体)注入液体槽内,液面高度以液体槽侧面的液体高度刻线为准;

(3) 将此液体槽(可称其为超声池)放置于分光计的载物台上,放置时,使超声池两侧表面基本垂直于望远镜和平行光管的光轴;

(4) 两支高频连接线的一端各插入液体槽盖板上的接线柱,另一端接入超声光栅仪电源箱的高频输出端,然后将液体槽盖板盖在液体槽上;

(5) 开启超声信号源电源,从阿贝目镜观察衍射条纹,细微调节旋钮,使电振荡频率与锆钛酸铅陶瓷片固有频率共振,此时,衍射光谱的级次会显著增多且更为明亮;

(6) 如此前分光计已调整到位,左右转动超声池(可转动分光计载物台或游标盘,细微转动时,可通过调节分光计螺钉实现),能使射于超声池的平行光束完全垂直于超声束,同时观察视场内的衍射光谱左右级次亮度及对称性,直到从目镜中观察到稳定而清晰的左右各6

级左右的衍射条纹为止；

(7) 按上述步骤仔细调节，可观察到左右各 6 级以上的衍射光谱；

(8) 取下阿贝目镜，换上测微目镜，调焦目镜，使清晰观察到衍射条纹。利用测微目镜逐级测量其位置读数(例如：从 -6，-5，…，0，…，$+5$，$+6$)，再用逐差法求出条纹间距的平均值 Δl_k；

(9) 声速计算公式为

$$V_c = \lambda \cdot \nu \cdot f / \Delta l_k$$

式中，λ 为光波波长；ν 为共振时频率计的读数；f 为望远镜物镜焦距(仪器数据)；Δl_k 为同一种颜色的衍射条纹间距。

2. 测量低压汞灯对应红光、绿光和紫光波长

(1) 采用低压汞灯作光源；

(2) 利用测微目镜逐级测量紫光、绿光、黄光位置读数(例如：从 -6，-5，…，0，…，$+4$，$+5$)；

(3) 计算红光、绿光和紫光波长。

【思考题】

1. 用逐差法处理数据的优点是什么？
2. 分析误差产生的主要原因。
3. 低压汞灯作为光源时，在较高衍射级中有粉红色衍射线，请解释。

实验十六 朴克尔斯效应

【背景知识】

当给晶体或液体加上电场后,该晶体或液体的折射率发生变化,这种现象称为电光效应。电光效应在工程技术和科学研究中有许多重要应用,它有很短的响应时间(可以响应频率为10^{10} Hz 的电场变化),可以在高速摄影中作快门或在光速测量中作光束斩波器等。在激光出现以后,电光效应的研究和应用得到迅速的发展,电光器件被广泛应用在激光通讯,激光测距,激光显示和光学数据处理等方面。电光效应包括克尔效应和朴克尔斯(Pockels)效应。折射率与所加电场强度的一次方成正比改变的为朴克尔斯效应大多数压电晶体都能产生朴克尔斯效应。朴克尔斯效应与克尔效应一样常用于光闸、激光器的 Q 开关和光波调制等。

【实验目的】

(1) 确定锥光偏振束径中朴克尔斯池双折射晶体的光轴;
(2) 观察锥光偏振束径的朴克尔斯效应;
(3) 测量朴克尔斯池的半波电压。

【实验原理】

1. 朴克尔斯效应

所谓朴克尔斯效应,指在电场中双折射的发生和双折射的变化与电场强度成线性函数关系的现象。由于对称性,朴克尔斯效应仅在没有反演中心的晶体中发生。当光束方向与双折射光轴互相垂直时,我们称之为"径向构形"(见图 16-1),在光轴方向施加电场,对于径向构形中的朴克尔斯池,最常使用铌酸锂(LiNbO$_3$)晶体。铌酸锂晶体是光学单轴晶体,负双折射,对于波长为 632.8 nm 的激光,寻常光束和非寻常光束的折射率分别为 $n_o = 2.29$ 和 $n_e = 2.20$。

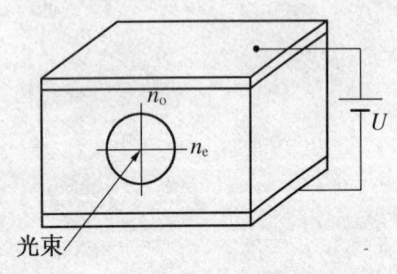

图 16-1 径向构形朴克尔斯池示意图

2. 锥光偏振束径中双折射

线偏振发散光束照射晶体,透过光束通过一个垂直的偏振滤波片(见图 16-2);铌酸锂晶体的光轴平行于入射和出射表面,在半透明屏上观察到是由两组双曲线组成的干涉条纹,其中一组相对另一组旋转了 90°。在光束条纹中双折射光轴十分明显。第一组双曲线的实轴与光轴平行,而第二组双曲线的实轴与光轴垂直。

当寻常光束和非寻常光束的光程差 Δ 等于波长 λ 的整数倍时,干涉条纹为暗条纹。当这些光束通过晶体时保持它们原来的线偏振状态,偏振滤波片消光。到达干涉条纹中心的光线通常入射在晶体表面,对于这些光线,寻常光和非寻常光的光程差

$$\Delta = d \cdot (n_o - n_e) \tag{16-1}$$

式中，d 是光束方向晶体的厚度，Δ 不是波长的一个精确倍数，而是位于 $\Delta_m = m \cdot \lambda$ 和 $\Delta_{m+1} = (m+1)\lambda$ 两个值之间。第一组双曲线暗条纹对于光程差为 Δ_{m+1}，Δ_{m+2}，Δ_{m+3}，等等。第二组双曲线的光程差为 Δ_m，Δ_{m-1}，Δ_{m-2}，等等，见图 16-3。暗条纹的位置依赖于 Δ 与 $m \cdot \lambda$ 之差值的大小。

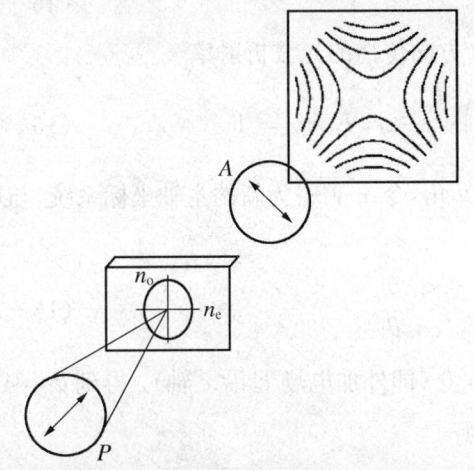
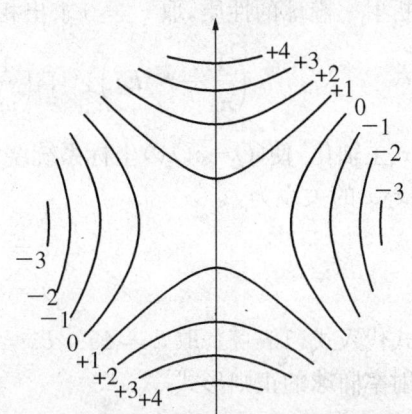

图 16-2　锥光偏振束径观察双折射现象示意图　　图 16-3　锥光偏振束径朴克尔斯现象干涉条纹

朴克尔斯效应使折射率的差值 $(n_o - n_e)$ 增大或者减小，取决于外加电压的方向。依次改变差值 $(\Delta - m \cdot \lambda)$，然后改变干涉条纹的位置。如果外加一个所谓的半波电压 U_π，Δ 值变化了 $\frac{\lambda}{2}$，那么，暗条纹移到明条纹的位置，反之亦然。电压每增加 U_π，这个过程重复一次。

晶体光轴为箭头方向，数字表示寻常光束和非寻常光束的光程差。值为 +1(-1) 条纹的光束的光程差 $\Delta_{m+1}(\Delta_{m-1})$。

晶体的光学性质由它的折射率椭球描述，在未加电场时，光通过 $LiNbO_3$ 晶体时的折射率椭球可表示为

$$\frac{x^2 + y^2}{n_o^2} + \frac{z^2}{n_e^2} = 1 \tag{16-2}$$

在外加电场 $\boldsymbol{E}$（分量有 E_x，E_y，E_z）时，$LiNbO_3$ 晶体原主轴折射率 n_o，n_e 的大小会发生变化，而且主轴的取向也发生转动，这样原晶体主轴系统中折射率椭球可写成

$$\frac{x^2}{n_x^2} + \frac{y^2}{n_y^2} + \frac{z^2}{n_z^2} + \frac{2yz}{n_4^2} + \frac{2xz}{n_5^2} + \frac{2xy}{n_6^2} = 1 \tag{16-3}$$

式中折射率的变化值定义为

$$\Delta\left(\frac{1}{n_i^2}\right) = \sum_{j=1}^{3} r_{ij} E_j \tag{16-4}$$

式中，$i = 1, 2, \cdots, 6; j = 1, 2, 3$ 分别对应于 E_x，E_y，E_z；r_{ij} 为线性电光系数，$LiNbO_3$ 晶

体有一个三重对称轴和一个过光轴的对称面,其电光系数只有 $r_{13}=r_{23}$, $r_{12}=r_{61}=-r_{22}$ 及 $r_{33}\neq 0$, $r_{42}=r_{51}\neq 0$;当光沿 z 轴方向和电场加于 xOy 平面,此时 E_1, $E_2\neq 0$, $E_3=0$,式 (16-4)简化为

$$\left(\frac{1}{n_o^2}-r_{22}E_2\right)x^2+\left(\frac{1}{n_o^2}+r_{22}E_2\right)y^2+\frac{z^2}{n_e^2}+2r_{51}E_2yz+2r_{51}E_1zx-2r_{22}E_1xy=1 \tag{16-5}$$

根据折射率椭球的性质,取 $z=0$ 求出相应于沿 z 方向传播的光波折射率

$$\left(\frac{1}{n_o^2}-r_{22}E_2\right)x^2+\left(\frac{1}{n_o^2}+r_{22}E_2\right)y^2-2r_{22}E_1xy=1 \tag{16-6}$$

将上式主轴化,使 $(O-xOy)$ 坐标系统绕 z 轴旋转 θ 角,令 $x'y'z'$ 为新的主轴坐标系统,与原主轴 xyx 的关系为

$$\begin{cases} x=x'\cos\theta-y'\sin\theta \\ y=x'\sin\theta+y'\cos\theta \end{cases} \tag{16-7}$$

将上式代入式(16-7),取 $\theta=45°$, $E_1=E$, $E_2=0$(即外加电场 E 沿 x 轴),得到 $\theta=45°$ 时折射率椭球的正则形式

$$\begin{cases} n'_x=n_o+\frac{1}{2}n_o^3r_{22}E \\ n'_y=n_o-\frac{1}{2}n_o^3r_{22}E \end{cases} \tag{16-8}$$

当光沿 z 轴方向通过晶体所获得的附加相差为

$$\Phi=\frac{2\pi}{\lambda}(n'_x-n'_y)\cdot L=\frac{2\pi}{\lambda}n_o^3\cdot r_{22}\cdot E\cdot L \tag{16-9}$$

式中,L 为沿 z 轴晶体的长度;E 为外加电场强度,$E=\dfrac{U}{d}$,d 为外加电场方向上晶体的厚度,使相位差为 π 的外场电压称为半波电压 $U_{\frac{\lambda}{2}}$,

$$U_{\frac{\lambda}{2}}=\frac{\lambda}{2n_o^3r_{22}}\cdot\frac{d}{L} \tag{16-10}$$

【实验布局】

图 16-4 是实验布局图,氦氖激光器提供波长为 632.8 nm 线偏振激光,通过两个焦距

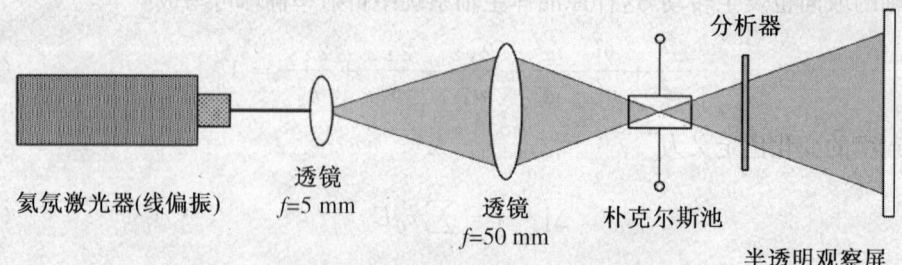

图 16-4　锥光偏振束径的朴克尔斯效应现象观察装置图

分别为 5 mm 和 50 mm 的透镜形成锥光束，射入铌酸锂晶体，在晶体两端施加一个高压；透过晶体的光束经过偏振滤波片，在半透明屏上观察到是由两组双曲线组成的干涉条纹，其中一组相对另一组旋转了 90°。在光束条纹中双折射光轴十分明显。第一组双曲线的实轴与光轴平行，而第二组双曲线的实轴与光轴垂直。

【操作步骤】

1. 光路调节

(1) 按照图 16-4 安装氦氖激光器、透镜（$f=5$ mm，50 mm）。细调激光器、透镜的高度，在后一个透镜上得到最强照明。

(2) 在适当距离安装一个半透明屏，并在屏上贴一张白纸。

(3) 在后一个透镜与半透明屏之间安装偏振滤波片并调节偏振方向直到在屏上观察到最小的光强。

(4) 在透镜和偏振滤波片之间安装朴克尔斯池，并在导轨上滑动到一个最小光束截面的精确位置后固定。

(5) 旋转朴克尔斯池架指示器，相对于偏振滤波片偏振角为 +45° 或 −45°。

(6) 精细调节：如果必要，调节激光器和透镜的高度，以及朴克尔斯池直到干涉条纹中两组双曲线位于视野中心。

2. 电连接

(1) 连接朴克尔斯池到高压电源（10 kV，52170）左端输出（最大短路电流为 100 μA），朴克尔斯池的正端口（红色）与高压电源正端口（"+"）连接；

(2) 调节高压电源电位计到最左端（"0"位置），然后高压电源开关→ON，选择按钮激活左端输出。

【实验内容】

1. 观察双折射

(1) 比较干涉条纹双曲线与朴克尔斯池指示器的位置；

(2) 慢慢改变朴克尔斯池指示器的位置，观察干涉条纹的变化。

2. 观察朴克尔斯效应

(1) 朴克尔斯池指示器回到原来初始位置（相对偏振滤波片 +45° 或 −45°）；

(2) 慢慢增加电压 U 到最大，然后慢慢减小电压至 0，观察干涉条纹的变化；

(3) 将朴克尔斯池电连接换向连接，即高压电压电源正端口（"+"）与朴克尔斯池的负端口（蓝色）连接；

(4) 重复步骤 (2)。

3. 确定半波电压

慢慢增加电压 U 到最大，然后慢慢减小电压，观察干涉条纹中心明暗的变化，并记录对应加在朴克尔斯池两端的电压值（参考表 16-1）。

【选作部分】

朴克尔斯效应应用——音频信号传输。

表16-1 半波电压测量值

半透明屏标记处亮度	电压/kV					
	正向连接			反向连接		
	1	2	3	4	5	6
Bright						
Dark						
Bright						
Dark						
Bright						
Dark						
…						

本实验学习如何使用朴克尔斯池调制光、如何利用调制光传输声频信号,以及研究工作位置(状态)对调制音频信号的影响。

【实验原理】

如果一个来自函数发生器幅度为几伏的交变电压与施加在晶体上的直流电压叠加,来自函数发生器的信号调制光强度,为了接收这个信号,使用一个光生伏打电池测量光强度,强度的变化被放大后连接到喇叭,能够听见声音的变化。

不同工作位置透射光强度随朴克尔斯池偏压和调制电源高压的变化关系见图16-5。选取的直流电压确定了工作位置,光强度变化正比于选择位置曲线的斜率。因此调制效果在最小值(工作位置b)和最大值(工作位置c)处光强度很弱,如果一半光强度透过晶体(工作位置a),调制效果最好,接收到的信号最强。

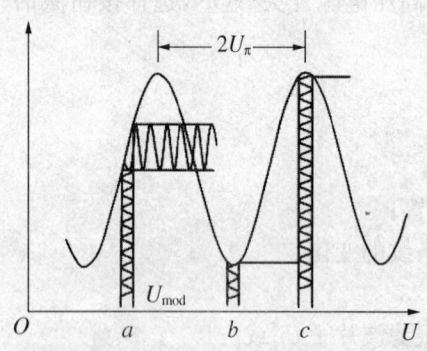

图16-5 三个不同工作位置a,b和c,透射光强度随朴克尔斯池偏压和调制电源高压的变化关系

1. 光路调节

(1) 按照图16-6在导轨上安装氦氖激光器、朴克尔斯池、偏振滤波器;

(2) 仔细地调节激光器的角度和高度直到朴克尔斯池晶体上光强度最大;

(3) 光生伏打电池插入支架中,并将支架安装在导轨上;

(4) 朴克尔斯池的指示器和偏振滤波器设置为0°;

(5) 重复调节激光器、朴克尔斯池和光生伏打电池的高度和方向直到激光束很好地通过铌酸锂晶体并打在光生伏打电池的灵敏面上;

(6) 朴克尔斯池的指示器设置为+45°或者-45°,偏振滤波器设置不变,保持为0°;

① 朴克尔斯池(指示器位置:相对于分析器±45°);

② 偏振滤波片作为分析器(指示器位置:相对于激光偏振方向±0°);

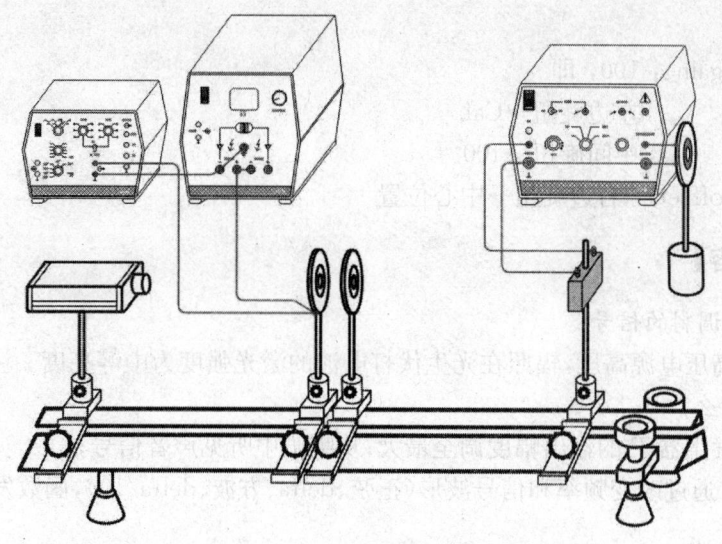

图 16-6 音频信号调制传输演示实验装置图

③ 光生伏打电池作为探测器固定在支架上。

2. 电连接(见图 16-7)

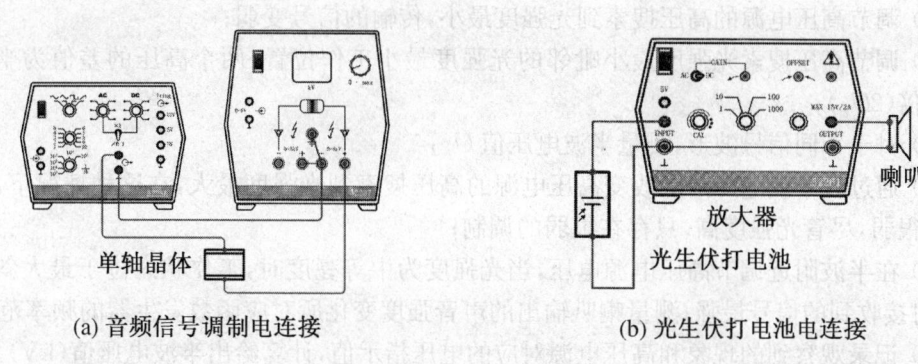

(a) 音频信号调制电连接　　　　　　　(b) 光生伏打电池电连接

图 16-7 电连接

(1) 高压电源(10 kV, 52170)的负端口与其地端口连接,并与函数发生器(P, 52256)的地连接;朴克尔斯池的负端口(Blue)与函数发生器的输出连接,正端口(Red)与高压电源的正端口连接。

(2) 连接光生伏打电池,在支架两个插入孔各插入一根电缆,并将这两根电缆连接到 AC/DC 放大器(30 W, 52261)的输入端(Input),AC/DC 放大器的输出端(Output)与喇叭(58708)连接。

(3) 高压电源的电位计旋到最左端("0"位),高压电源开关→ON,选择开关打到左边输出。

(4) 函数发生器开关→ON,开始时输出幅度(AC)置0;设置为:

信号形状:正弦
频　　率:800 Hz
DC　　档:中心位置

(5) AC/DC 放大器开关→ON,并选择下面设置:

AC 档

增益(gain)：100，即

左边旋扭→Cal.
中间旋扭→100

偏移(offset)：右边旋扭→中心位置

【实验内容】

1. 接收已调制的信号

（1）调节高压电源高压，辐照在光生伏打电池的激光强度为中等亮度。注意：亮度不要为最大值，为什么？

（2）函数发生器 P 的输出幅度调至最大；从喇叭中听见声音信号；

（3）确认：通过改变频率和信号波形（正弦、delta、方波、delta/10），函数发生器的信号真正地被传输；

（4）记录对于不同信号波形时，喇叭输出的声音强度变化所对应函数发生器的频率范围。

2. 工作位置对调制的影响

（1）调节高压电源的高压搜索到光强度最小，传输的信号变弱；

（2）调节高压搜索光强度最小毗邻的光强度最小工作位置，两个高压的差值为半波电压的 2 倍（$2U_\pi$）；

（3）对于不同信号波形，测量半波电压值 U_π；

（4）通过在半波电压附近改变高压电源的高压搜索到光强度最大，在这种情况下，传输的信号很弱，尽管光强度高，只存在很弱的调制；

（5）在半波附近调节高压电源电压，当光强度为中等亮度时，工作状态位于最大斜率位置，此时接收到的信号最强；测量喇叭输出的声音强度变化所对应函数发生器的频率范围；

（6）记录观察到的现象和高压电源对应的电压指示值，计算给出半波电压值(kV)。

【参考文献】

[1] 明海,张国平,谢建平. 光电子技术. 合肥：中国科技大学出版社,1998.
[2] Leybold Physics Leaflets. 仪器说明书. 德国莱宝教具公司,2001.

实验十七　法拉第效应

1845年8月，英国科学家法拉第发现原来没有旋光性的重玻璃在强磁场作用下产生旋光性，使偏振光的偏振面发生偏转。磁致旋光效应后来称为法拉第效应。法拉第效应有许多应用，特别是在激光技术中制造光调制器、光隔离器和光频环行器，在半导体物理中测量有效质量、迁移率等。

【实验目的】

(1) 了解法拉第效应的原理；
(2) 观察线偏振光在磁场中偏振面旋转的现象，确定维尔德(Verdet)常数；
(3) 测量偏振面旋转角度、光波波长和磁场强度间的关系。

【实验器材】

12 V/100 W卤素灯、法拉第效应实验仪、光电器件及平衡指示仪。

【实验原理】

介质因外加磁场而改变其光学性质的现象称为磁光效应。其中，光通过处于磁场中的物质时偏振面发生旋转的效应较为重要，我们称这种偏振面的磁致旋转效应为法拉第效应(Faraday effect)。它与克尔效应一起揭示了光的电磁本质，是光的电磁理论的实验基础。法拉第在寻找磁与光现象的联系时首先发现了线偏振光在通过处于磁场当中的各向同性介质时其偏振面发生旋转的现象。在磁场不是非常强时，偏振面的旋转角度 $\Delta\varphi$ 与介质的厚度 h 及磁感应强度在光的传播方向上的分量 B 成正比：

$$\Delta\varphi = V \cdot B \cdot h \tag{17-1}$$

比例系数 V 称为维尔德(Verdet)常数，它取决于光的波长和色散关系，一般物质的维尔德常数比较小，表17-1给出了几种材料的维尔德常数 V。

法拉第效应与自然旋光不同。在法拉第效应中对于给定的物质，光矢量的旋转方向只由磁场的方向决定，而与光的传播方向无关，即当光线经样品物质往返一周时，旋光角将倍增。

线偏振光可看作两个相反偏振量 σ^+ 和 σ^- 的圆偏振光的相干叠加，从原子物理知识可知，磁场将使原子中的振荡电荷产生旋进运动，旋进的频率等于拉莫尔频率，即 $\omega_L = \dfrac{e}{m} \cdot B$，这里 e 和 m 分别为振荡粒子的电荷和质量，B 为磁场强度。线偏振光的 σ^+ 和 σ^- 分量有不同的旋进频率，分别为 $\omega - \omega_L$ 和 $\omega + \omega_L$，相应的折射率 n_+ 和 n_-，相速度 v_+ 和 v_- 都不同，而在光学行为中是等效的，偏振面旋转角由下述等式得到，旋转角由光通过的材料长度 h 决定，即

$$\Delta\varphi = \dfrac{\omega(n_+ - n_-)}{2c} \cdot h \tag{17-2}$$

式中，c 为光速，ω 为入射光的频率。

表 17-1 几种材料的维尔德常数

物　　质	波长 λ/nm	维尔德 V(弧分/特斯拉·厘米)
水	589.3	1.31×10^2
CS_2	589.3	4.17×10^2
轻火石玻璃	589.3	3.17×10^2
重火石玻璃	589.3	$(8\sim10)\times10^2$
铈磷酸玻璃	500	3.26×10^3
YIG	830	2.04×10^6
(YTb)IG	1 270	3.78×10^3

由量子理论知道，介质中原子的轨道电子磁矩

$$\boldsymbol{\mu} = -\frac{e}{2m}\boldsymbol{L} \tag{17-3}$$

式中，e 为电子电荷，m 为电子质量，$\boldsymbol{L}$ 为轨道角动量，在磁场 $\boldsymbol{B}$ 中，一个电子磁矩具有势能 E_p

$$E_p = -\boldsymbol{\mu}\cdot\boldsymbol{B} = \frac{eB}{2m}\cdot L_z \tag{17-4}$$

其中 L_z 为电子的轨道角动量沿磁场方向的分量。

当平面偏振光在磁场 B 作用下通过样品介质时，光子与束缚电子发生相互作用，光子使束缚电子由基态激发到高能态，处于激发态的电子吸收了光量子的角动量 $\Delta L_z = \pm\hbar$（$\hbar = h/2\pi$）。因此电子的势能增加了 ΔE_p

$$\Delta E_p = \frac{eB}{2m}\Delta L_z = \frac{eB}{2m}(\pm\hbar) = \pm\frac{eB}{2m}\hbar \tag{17-5}$$

其中正号对应于左旋圆偏振光量子，负号对应于右旋圆偏振光量子，在电子的势能增加 ΔE_p 同时，光子的能量减少了 $\Delta E = \Delta E_p$。

由量子理论知道，光子具有的能量为 $\hbar\omega$，样品介质对光子的折射率 $n = n(\omega)$。当光子的能量减少了 $\Delta E = \Delta E_p$ 时，$n = n\left(\omega - \dfrac{\Delta E_p}{\hbar}\right)$，函数形式未发生改变。将 n 在 $n(\omega)$ 附近展开有

$$n = n\left(\omega - \frac{\Delta E_p}{\hbar}\right) \approx n(\omega) \pm \frac{\Delta E_p}{\hbar}\frac{\mathrm{d}n}{\mathrm{d}\omega} \tag{17-6}$$

将式(17-5)代入式(17-6)有

$$n \approx n(\omega) \pm \frac{eB}{2m}\frac{\mathrm{d}n}{\mathrm{d}\omega} \tag{17-7}$$

正号为介质对左旋光的折射率，负号为介质对右旋光的折射率。将上式代入式(17-2)，并用波长表示（$\omega = 2\pi c/\lambda$），则有

$$\Delta\varphi = -\frac{eBl}{2mc} \cdot \lambda \frac{dn}{d\lambda} \tag{17-8}$$

上式表明法拉第旋光角的大小 $\Delta\varphi$ 与样品介质厚度 h、磁场强度 B 成正比,并且和入射光的波长 λ 及介质的色散 $\frac{dn}{d\lambda}$ 有关。

若用 CGS 单位制,则有

$$\Delta\varphi = -\frac{eBh}{2mc^2} \cdot \lambda \frac{dn}{d\lambda} \tag{17-9}$$

将式(17-9)代入式(17-1)有

$$V = \frac{e}{2mc^2} \cdot \lambda \cdot \frac{dn}{d\lambda} \tag{17-10}$$

【实验内容】

1. 测量磁场 B 与线圈电流 I 的关系 $B = f(I)$

移去火石玻璃(柱),按操作说明书,用 O-1000MT/3000MT 有源组件将切向场探测器(霍尔元件)连接到可交换标度计量仪,用定标磁场校准切向场探测器,将切向场探测器放在极片之间,记录磁场强度 B(B 是励磁电流 I 的函数)。

2. 测量磁场强度 B 与偏振面旋转角度 $\Delta\varphi$ 之间的正比关系

在遮光板架上插入波长为 450 nm 的滤波片,再将火石玻璃放在极片之间,通过控制励磁电流 I 得到需要的磁场强度 B。将检偏器调到 0°,旋转起偏器找到光强极小值。不改变励磁电流 I 大小,使磁场反向,旋转起偏器找到光强极小值,而后撤去磁场,从光路中移去滤波片,转动起偏器至光强极大处,读出十字叉丝线的位置。

改变励磁电流 I 的值,重复测量。

3. 随光波波长 λ 的变化

改变波长,测量偏振面旋转角度 $\Delta\varphi$ 与波长的关系。

【思考题】

1. 法拉第旋光效应与蔗糖溶液的自然旋光性有何不同?
2. 维尔德(Verdet)常数与哪些物理量有关?
3. 如果有些样品同时具有自然旋光性或双折射性等,怎样消除它们对实验结果的影响?

【参考文献】

[1] 明海,张国平,谢建平. 光电子技术[M]. 合肥:中国科技大学出版社,1998.
[2] Leybold Physics Leaflets,仪器说明书,德国莱宝教具公司,2001.
[3] 杨福家. 原子物理学. 3 版[M]. 北京:高等教育出版社,2000.

单元五　微波与微弱信号测量技术

5.1　微波技术基本知识

一、微波特点

微波通常是指波长范围为 1 mm～1 m 的电磁波，相应的频率范围为 300 GHz～300 MHz。其波段又可分为米波、分米波、厘米波、毫米波。

由于微波具有波长短、频率高、直线传播和量子特性等特点，因此在微波范围内，对于电路的研究必须从三度空间场的理论着手，用电场和磁场的概念描述电路所在空间场的分布规律，以场强 E 和 H 作为基本物理量，以驻波、波长、功率作为基本参量。同时，在分布参数的电路中，电压和电流失去了测量意义。

微波技术是一门独特的科学技术，它被广泛地应用于雷达、卫星通信、量子电子学、微波热疗、微波炉等领域，已成为日常生活和科技发展所不可缺少的一门现代技术。

二、微波信号源

1. 反射式速调管振荡器

反射式速调管的结构和原理如图 5.1-1 所示，主要由阴极、栅极和反射极三部分组成。阴极发射电子形成电子束。栅极相对阴极处在正电位，用来加速电子。反射极与栅极为负电位，反射极与栅极之间的空间称为反射空间，电磁振荡就是在栅极的谐振腔中产生的。调节栅网间距 d，可以改变其谐振腔频率 f_0。微波功率则由耦合环经同轴线探针输出到波导传输线。

从阴极发射出来的电子经 V_0 加速后，以初速度 $v_0 = \sqrt{\dfrac{2eV_0}{m}}$ 进入谐振腔，在腔中激起感应电流脉冲。电流脉冲与谐振腔固有频率相同的分量使谐振腔产生电磁振荡，在两个栅网之间建立一个微弱的微波场。这时穿过栅网的电子将受到微波电场的作用，使得穿过栅网的电子速度受到微波电场的调制（速调名称由此而得）。其速度为

$$v = \sqrt{\frac{2e_m(V_0 + e_m\sin\omega t)}{m}} \approx v_0\left(1 + \frac{e_m}{2V_0}\sin\omega t\right) \quad (e_m \ll V_0) \tag{5.1-1}$$

经过速度调制的电子进入反射空间后，受到反射极电场的作用返回谐振腔。速度大的电子在反射空间里飞跃较长时间后才返回栅网；速度小的电子返回的时间和距离都较短。选择适当的反射极电压，可使速度不等的电子同时返回栅极，在两栅网间形成一团团的电子

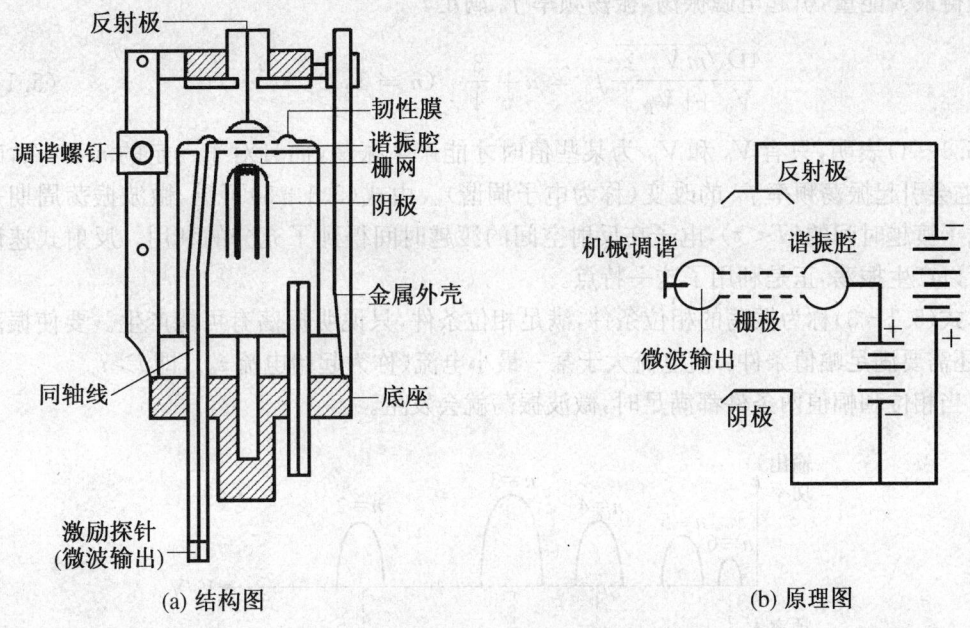

(a) 结构图 (b) 原理图

图 5.1-1 反射式速调管的结构和原理

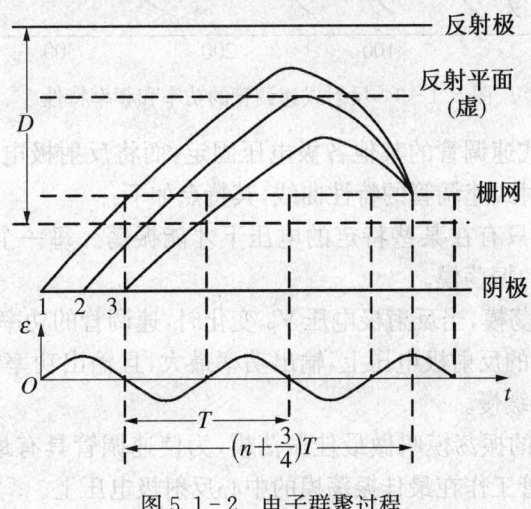

图 5.1-2 电子群聚过程

流,这种现象称为电子群聚。如图 5.1-2 所示,可以求得群聚中心电子流的渡越时间为

$$\tau = \frac{4D\sqrt{mV_0/2e}}{V_0 + |V_R|} \tag{5.1-2}$$

式中 D 为反射极与上栅极之间的距离,m 和 e 分别为电子的质量和电量,V_0 为谐振腔电压,V_R 为反射极电压。由式(5.1-2)可知,如适当调整 V_0 和 V_R 可以使得

$$\tau = \left(n + \frac{3}{4}\right)T \quad (n = 1, 2, 3, \cdots) \tag{5.1-3}$$

此时返回栅极的电子流受微波电场的最大减速度而把能量转交给微波场,从而使谐振

腔获得最大能量,引起电磁振荡,振荡频率 f_0 满足

$$\frac{4D\sqrt{mV_0/2e}}{V_0+|V_R|}f_0 = n + \frac{3}{4} \quad (n=1, 2, 3, \cdots) \tag{5.1-4}$$

式(5.1-4)表明,只有 V_0 和 V_R 为某些值时才能产生振荡,而且对于一定的 n 和 V_0,改变 V_R 也会引起振荡频率 f_0 的改变(称为电子调谐)。由式(5.1-3)可见,微波振荡周期是小于电子渡越时间的($T<\tau$),电子在反射空间的渡越时间得到了充分的利用。反射式速调管之所以产生振荡,正是利用了这一特点。

式(5.1-3)称为振荡的相位条件,满足相位条件,只说明振荡有可能产生。要使振荡产生,还需要满足幅值条件:使电流大于某一最小电流(称为起始电流 i_0),即 $i>i_0$。

当相位和幅值两条件都满足时,微波振荡就会发生。

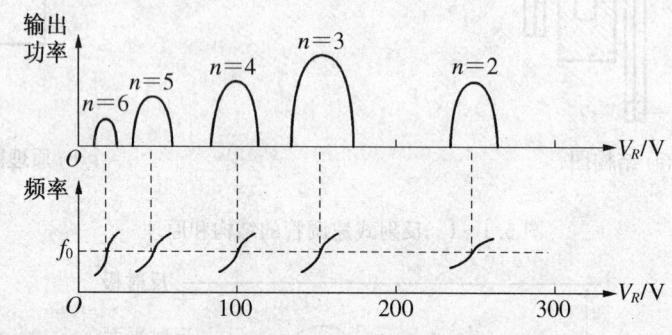

图 5.1-3 反射式速调管的功率和频率特性

在实验中,若反射式速调管的其他各极电压固定,而将反射极电压渐渐增大,可观察到如图 5.1-3 所示的反射式速调管的特性曲线,其特点如下:

(1) 反射式速调管只有在某些特定的电压下才能振荡。每一个有振荡输出功率的区域,称为反射式速调管的振荡模。

(2) 对于每一个振荡模,当反射极电压 V_R 变化时,速调管的功率 P 和振荡频率 f_0 都随之变化。在振荡模中心的反射极电压上,输出功率最大,且输出功率 P 和振荡频率 f_0 随反射极电压的变化也比较缓慢。

(3) 输出功率最大的振荡模叫做最佳振荡模,为使速调管具有最大输出功率和稳定的工作频率,通常使速调管工作在最佳振荡模的中心反射极电压上。

(4) 各个振荡模中心频率相同,通常称之为反射式速调管的工作频率。

反射式速调管的振荡频率在一定范围内有两种调节方法:一种是通过旋转调谐螺钉改变谐振腔的大小来实现频率的变化,叫做机械调谐;另一种是通过改变反射极电压来实现频率的变化,叫做电子调谐。

反射式速调管一般有如下三种工作状态(见图5.1-4):

(1) 连续振荡状态,在反射极不加任何调制电压时,反射式速调管处于某一振荡点反射极电压(通常调至对应最佳振荡模的最大功率输出处)时的工作状态。

(2) 用方波调幅时,为了获得纯粹的幅度调制,调制电压应为严格的方波,且要选择合适的反射极电压的直流工作点,使得调制电压波形的半周期处在两个振荡模的不振荡区域内,而另一个半周期速调管处在振荡模的功率最大点。

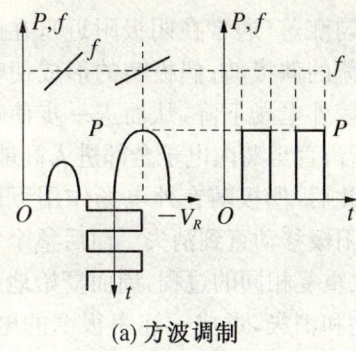
(a) 方波调制

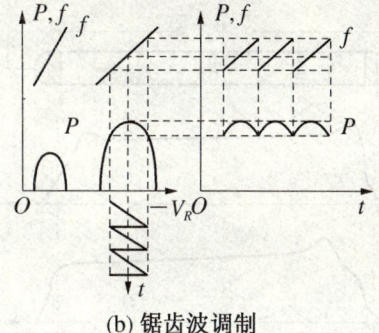
(b) 锯齿波调制

图 5.1-4 反射式速调管的调制特性

(3) 在用锯齿波调制时，反射极电压的直流工作点应选择在某一振荡模的功率最大点，当锯齿波的幅度比振荡模的宽度小得多时，可得到近似线性的调频信号输出，且附加的调幅很小。

2. 体效应管振荡器

体效应管中的微波电流振荡现象是耿氏（J. B. Gunn）于 1963 年首先发现的。所以，也称为耿氏二极管振荡器。体效应管的工作原理是基于 n 型砷化镓（GaAs）的导电能谷——高能谷和低能谷结构。如图 5.1-5 所示，它是一种多能谷材料，其中具有最低能量的主谷和能量较高的临近子谷具有不同的性质。当电子处于主谷时，有效质量 m 较小，则迁移率 μ 较高；当电子处于子谷时，有效质量 m 较大，则迁移率 μ 较低。在常温且无外加电场时，大部分电子处于迁移率较高而有效质量较小的主谷。随着外加电场的增大，电子平均漂移速度也增大。当外加电场大到足够使主谷的电子能量增至 0.36 eV 时，部分电子转移到子谷，在那里迁移率低而质量较大，其结果是随着外加电压的增大，电子的平均漂移率反而降低。这种现象称为负阻效应。

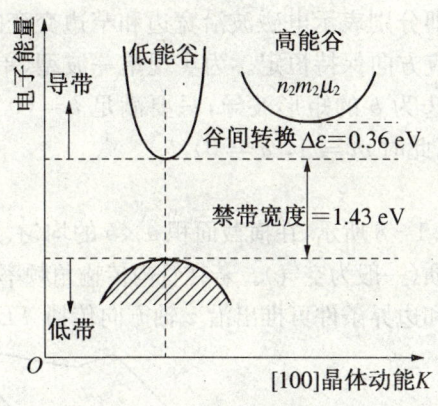

图 5.1-5 砷化镓能带结构

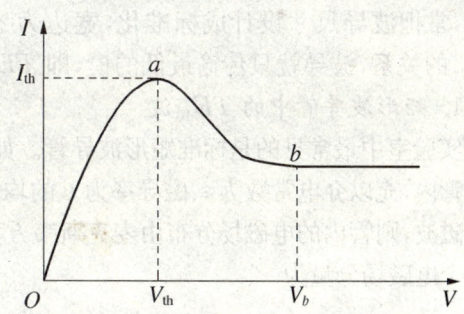

图 5.1-6 耿氏二极管的伏-安特性

实验可见，在体效应管两端加直流电压，当电压较小时，体效应管的电流随着电压增高而增大；当电压 V 超过某一临界值 V_{th} 后，随着电压的增高电流反而减小，这种随着电压的增加电流下降的现象称为负阻效应，若继续增大电压（$V > V_b$），则电流趋于饱和。如图 5.1-6 所示，证明体效应管具有负阻特性。

实际应用，是将体效应管装入金属谐振腔中做成振荡器。如图 5.1-7 所示，在体效应管两端加上电压，当管内电场 E 略大于 E_r（E_r 是负阻效应起始电场强度）时，由于管内局部电量的不均匀涨落(通常在阴极附近),在阴极端开始生成电荷的偶极畴;偶极畴的形成使畴内电场增大而使畴外电场下降,从而进一步使畴内电子转入高能谷,直至畴内电子全部进入高能谷,畴不再长大。此后,偶极畴在外电场作用下以饱和漂移速度向阳极移动直到消失。而后整个电场重新上升,再次重复相同的过程,周而复始地产生畴的建立、移动和消失,形成一连串很窄的电流,构成电流的周期性振荡,其振荡频率由偶极畴的渡越时间决定。通过改变腔体内的机械调谐装置可在一定范围内改变体内效应管振荡器的工作频率。

二、微波传输线

微波能量的传输通常采用同轴线、波导管和微带线等传输线。传输线中某一种确定的电磁波分布称为波型,通常用 TEM、TE、TM 表示。

同轴线由内导体和一根环绕它的同心管形外导体组成,其间充有绝缘介质。它传输的是电、磁场仅分布在横截面积上而纵向分量的横电磁波(TEM 波)。

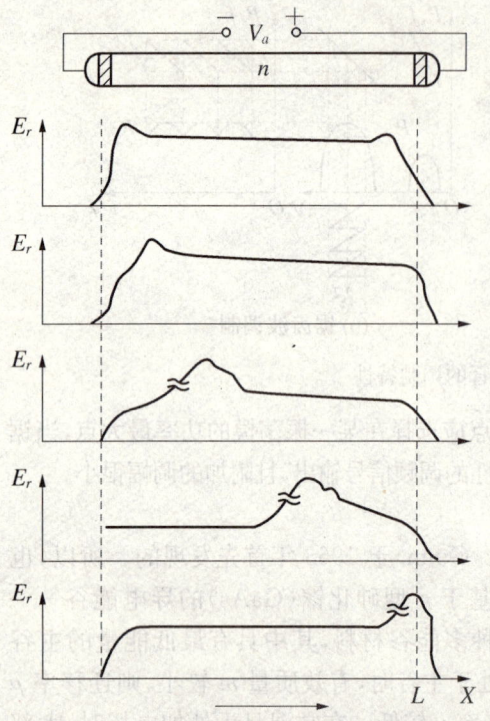

图 5.1-7 耿氏二极管中畴的形成、传播和消失过程

波导是空心金属的总称,由于空心波导中无任何导体,故不能传输 TEM 波,但能传输横电波(TE 波)和横磁波(TM 波)。TE 波和 TM 波均可有无穷多个波型,常写成 TE_{mn} 和 TM_{mn} 波,下标 mn 分别为包括零在内的正整数,即分别表示电磁波沿宽边和窄边交变的次数(半波长数),当 m 或 n 为零时表明电磁场在相应方向保持恒定。为实现单一波型(单模)传输,常把波导尺寸设计成标准化,宽边为 a、窄边为 b 的矩形波导,只要满足 $b = (0.4 \sim 0.5)a$ 的关系,波导就只传输最低的模,即 TE_{10} 波(此时 $m = 1$,$n = 0$)。

1. 矩形波导管中的 TE_{10} 波

实验室中最常见的是标准矩形波导管。如图 5.1-8 所示,在横截面积 $a \times b$ 的均匀、无耗波导管内,充以介电常数为 ε、磁导率为 μ 的均匀介质(一般为空气)。若在管内传输角频率为 ω 的电磁波,则管内的电磁场分布由麦克斯韦方程组和边界条件可推出沿 z 轴方向传播 TE_{10} 波的各个电磁场分量为

$$\left. \begin{aligned} E_y &= E_0 \sin\left(\frac{\pi x}{a}\right) e^{j(\omega t - \beta z)} \\ E_x &= E_z = 0 \\ H_x &= -\frac{\beta}{\omega\mu} E_0 \sin\left(\frac{\pi x}{a}\right) e^{j(\omega t - \beta z)} \\ H_z &= j\frac{\pi}{\omega\mu^2 a} E_0 \sin\left(\frac{\pi x}{a}\right) e^{j(\omega t - \beta z)} \\ H_y &= 0 \end{aligned} \right\} \quad (5.1-5)$$

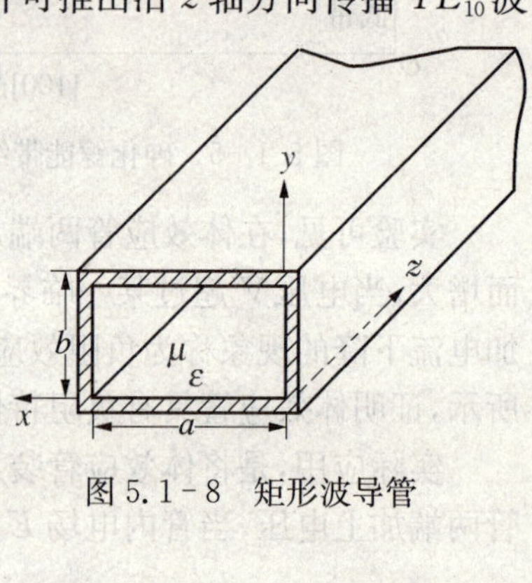

图 5.1-8 矩形波导管

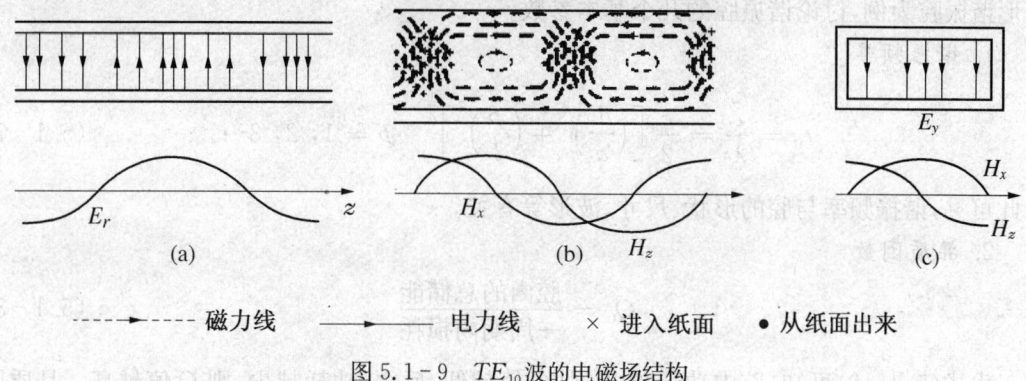

----▶---- 磁力线　——▶—— 电力线　× 进入纸面　● 从纸面出来

图 5.1-9　TE_{10} 波的电磁场结构

矩形波导管中 TE_{10} 波的电磁场结构如图 5.1-9 所示，它具有下列特性：

(1) 微波在波导中传播存在一个临界波长 λ_c（也称截止波长），$\lambda_c = 2a$ 取决于波导横截面尺寸，波导中只能传输 $\lambda < \lambda_c$ 的电磁波，波导波长大于自由空间波长（$\lambda_g > \lambda$）。

(2) $E_z = 0, H_z \neq 0$，电场在 z 方向无分量，为横电波。

(3) 电磁场沿 x 方向形成半驻波，沿 y 方向均匀分布。

(4) 电磁场沿 z 方向形成行波，E_y 和 H_x 的分布规律相同，即 E_y 与 H_x 同时为最大和同时为零，与 H_z 的相位差为 90°。

2. 传输线的特性参量和工作状态

对于矩形波导管中的 TE_{10} 波，常用下列几种参量来描述波导内的传输特征：

$$\left.\begin{array}{l} \text{相位常量 } \beta = \dfrac{2\pi}{\lambda_g} \\[6pt] \text{波导波长 } \lambda_g = \dfrac{\lambda}{\sqrt{1-(\lambda/\lambda_c)^2}} \\[6pt] \text{临界波长 } \lambda_c = 2a，\text{自由空间波长 } \lambda = \dfrac{c}{f} \\[6pt] \text{驻波比 } \rho = \dfrac{|E_y|_{\max}}{|E_y|_{\min}}，\text{反射系数 } \Gamma = \dfrac{\rho-1}{\rho+1} \end{array}\right\} \quad (5.1\text{-}6)$$

在实际应用中，传输线为有限长，传输线中的电磁波由入射波和反射波叠加而成，传输线中的工作状态主要与负载有关：

(1) 当波导终端接匹配负载时，微波功率全部被负载吸收，波导中不存在反射波，即 $\rho = 1$ 是行波状态（匹配状态）。

(2) 当波导终端接理想导体板，即终端短路时，将形成全反射，即 $\rho = \infty$ 是纯驻波状态。

(3) 当波导终端开路（不接任何负载）时，波导中传输的不是单纯的行波或驻波，而是行波与部分反射波的叠加，即 $1 < \rho < \infty$ 是混波状态。

三、微波谐振腔

常用的谐振腔是一个封闭的金属导体空腔，由一段长度 l 为 $\dfrac{\lambda_g}{2}$ 整数倍的波导管，两端用金属片短路而成，其能量传输通过金属片上的小孔耦合。谐振腔有矩形和圆形两种，下面以矩形谐振腔为例,讨论谐振腔的几个基本参数。

1. 谐振频率

$$f_0 = \frac{c}{\lambda} = \frac{c}{2}\left[\left(\frac{1}{a}\right)^2 + \left(\frac{p}{l}\right)^2\right]^{\frac{1}{2}} \quad p = 1, 2, 3\cdots \tag{5.1-7}$$

由此可见,谐振频率与腔的形状、尺寸、波形等有关。

2. 品质因数

$$Q_0 = \frac{腔内的总储能}{一周期内损耗} \tag{5.1-8}$$

由式(5.1-8)可知,腔内功耗越多,则 Q 值越低;反之,功耗越少,则 Q 值越高。品质因数是一个重要参量,它能衡量谐振腔效率和频率选择性等指标。

3. 谐振曲线

矩形谐振腔分通过式和反射式两种谐振腔。通过式谐振腔有两个孔,一个孔输入微波信号以激励谐振腔,另一个孔输出腔内的部分能量。

通过式谐振腔的输出功率 $P_o(f)$ 和输入功率 $P_i(f)$ 之比称为腔的传输系数 $T(f)$,即

$$T(f) = \frac{P_o(f)}{P_i(f)} \tag{5.1-9}$$

谐振腔的有载品质因数 Q_L 定义为谐振曲线的中心频率与半功率点的宽度比,即

$$Q_L = \frac{f_0}{2\Delta f_{1/2}} = \frac{f_0}{|f_2 - f_1|} \tag{5.1-10}$$

它的谐振曲线如图 5.1-10 所示。在微波测量中可根据上式求出通过式谐振腔的有载品质因数。

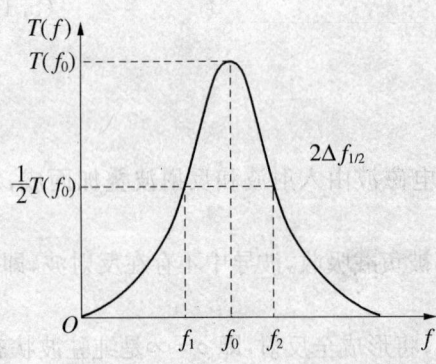 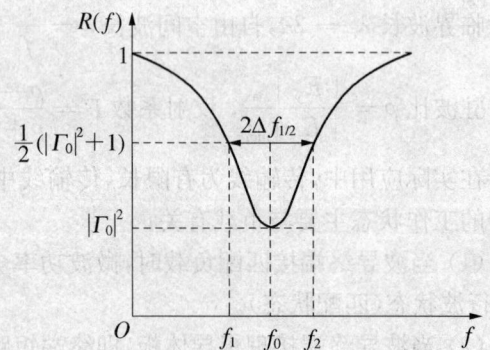

图 5.1-10 通过式谐振腔的谐振曲线　　图 5.1-11 反射式腔的谐振曲线

反射式谐振腔上只有一个孔,输入和输出信号都通过于该孔。反射式谐振腔输入反射功率 $P_r(f)$ 与入射功率 $P_i(f)$ 之比称为反射式腔的相对反射系数 $R(f)$,即

$$R(f) = \frac{P_r(f)}{P_i(f)} \tag{5.1-11}$$

反射式谐振腔的谐振曲线如图 5.1-11 所示,从图上可见,谐振腔的 Q 值越高,谐振曲

线越窄。因此 Q 值高低除了表征谐振腔效率的高低外,还表示频率选择性的好坏。

四、微波测量仪器和常用的微波元件

微波元件是微波测量系统的重要组成部分,它们具有对微波信号或能量进行定向传输、衰减、滤波、相位控制、波形转换、阻抗变换和调配等作用。下面介绍几种常用的微波波导元件(见图 5.1-12)。

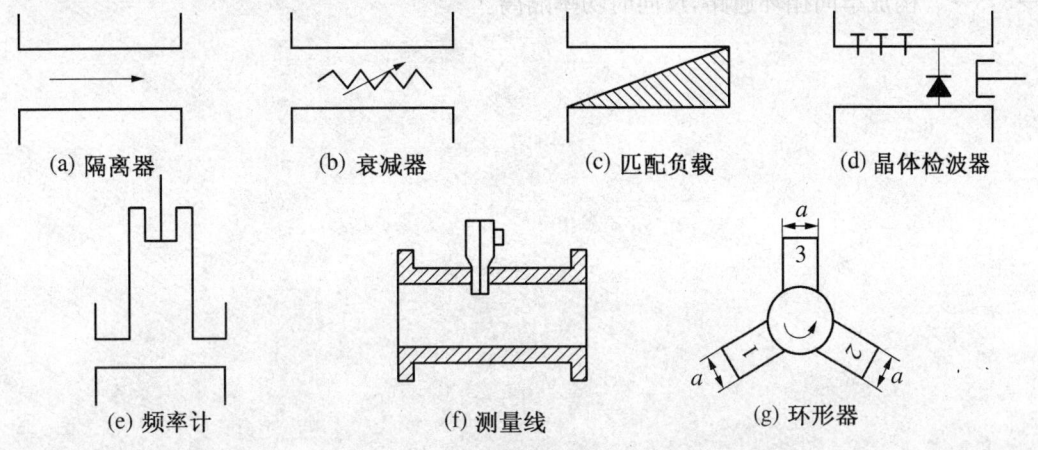

图 5.1-12 常规波导元件示意图

1. 隔离器

隔离器是一种铁氧体,具有单向传输特性。即微波正向通过衰减很小,一般正向衰减≤0.5 dB,反向衰减≥20 dB。其作用常用于振荡器与负载之间,使振荡器工作稳定。

2. 可变衰减器

衰减器是一段波导,在垂直于波导宽边沿纵向插入吸收片以吸收部分传输功率达到衰减。通过调节吸收片插入的深度以改变衰减量。最大衰减量一般小于 30 dB。

3. 匹配负载

匹配负载是一单口终端短路波导段。内部的吸片几乎无反射地吸收入射波的全部功率,实现传输系统中的行波状态。通常要求驻波比 $\rho<1.06$。

4. 晶体检波器

晶体检波器由调配螺钉、微型检波二极管和活塞构成,是用来检测微波信号的,其中晶体二极管跨接在最大电场方向上,利用它的非线性进行检波,将微波信号转换成直流或低频信号供电表指示。

5. 测量线

测量线是一段开槽的波导与一个可沿线带有晶体检波器的探针和调谐机构组成。探针从槽中伸入波导,从中拾取微波功率,同时可测量电场幅值的沿线分布,探针的位置可由测量线上所附标尺读取。测量线的调整包括探针的穿透深度、短路活塞调谐及传动机构探头位置的调整。

6. 频率计(波长计)

频率计是利用谐振法来直接测量微波频率的仪器,它由传输波导的圆柱形谐振腔构成,

通过丝杆、螺母传动机构移动活塞调节腔长以改变谐振频率,频率值由外圆筒上的刻度读出。当微波信号与谐振腔频率一致时,谐振腔吸收一部分微波能量,使通过波导传输到负载的功率突然下降。

7. 环形器

环形器是一种具有非可易性的分支传输元件,Y 型环形器是常用的一种,它由三个互成 120°对称配置的分支线构成。环形器的功能是保证功率的单向循环流通,即类似由 1→2, 2→3,3→1,构成单向循环通路,反向时功率隔离。

实验十八 微波基本参量和传输特性

【实验目的】

(1) 了解微波振荡器工作原理和微波传输特性。
(2) 了解常用微波器件的功能和结构。
(3) 掌握检波晶体定标原理和方法。
(4) 掌握微波基本参量的测量原理和方法。
(5) 验证电磁波(TEM 波)在同轴线中传播速度为光速 c。

【实验原理】

1. 微波的传输特性

波导是传输微波信号最常用的传输线之一。不同尺寸的波导适用于不同的波段。实验室常用的是矩形 TE_{10} 波导管,微波在波导中传输具有横电波(TE 波)、横磁波(TM 波)和 TE 波与 TM 波叠加的混合波。当波导终端配置不同的负载时,波导中具有以下三种工作状态:

(1) 当波导终端接匹配负载时,微波功率全部被负载吸收,波导中不存在反射波,即 $\rho = 1$,是行波状态。
(2) 当波导终端接终端短路,将形成全反射,即 $\rho = \infty$,是纯驻波状态。
(3) 当波导终端开路,波导中传输的是行波与部分反射波的叠加,即 $1 < \rho < \infty$,是混波状态。

2. 波长的测量

测量方法有谐振法和驻波分布法。

(1) 谐振法。波长 λ 与频率 f 是微波的基本参量,它们之间关系为

$$\lambda = \frac{v}{f} \tag{18-1}$$

式中,f 为微波信号频率,v 为电磁波在媒质中的传播速度。

由式(18-1)可知,只要测出 f,即可算出 λ。测量频率时,按其连接方式分为通过型和吸收型两种。对后者,在调节谐振腔频率与微波信号频率一致时,谐振腔吸收一部分微波能量,使通过波导传输到负载的功率突然下降到最低。此时频率计外圆筒上红线对准的刻度值,即为被测信号频率 f。

注意:频率计不用时应使之失谐,以免影响测量系统。

(2) 驻波分布法。当微波波导终端短路时,波导传输线上就建立纯驻波,波导波长在数值上为相邻两个驻波极点(波腹或波节)距离的 2 倍。由于场强在极大点附近变化缓慢,故峰顶位置不易确定,实际采用测定驻波极小点的位置来求出波导波长。考虑极小点附近变化平缓,因而测量值不够准确。为此,测量时通常采用平均值法间接测量。即测极小点附近两点的坐标(此两点的幅度必须相等),然后取这两点坐标的平均值,即得极小点坐标,如图

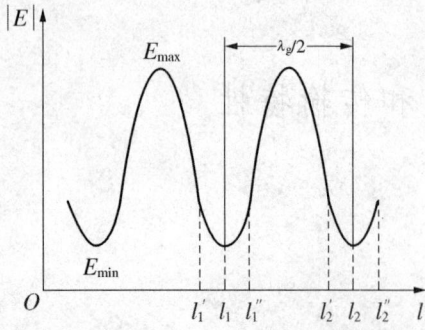

图 18-1 驻波极小点的测量方法

18-1 所示,两个相邻极小点的距离为半个波导波长 λ_g,测量计算公式为

$$\frac{\lambda_g}{2} = \frac{l'_2 + l''_2}{2} - \frac{l'_1 + l''_1}{2}$$

即

$$\lambda_g = (l'_2 + l''_2) - (l'_2 + l''_1) \tag{18-2}$$

式中 $(l'_2 + l''_2)$ 和 $(l'_2 + l''_1)$ 分别为极小点两旁输出幅度相等的两点坐标。

另外,在微波同轴传输线上,按此方法测得的波长即为自由空间波长 λ。在波导传输线中,λ_g 与自由空间波长 λ 之间的关系为

$$\lambda_g = \frac{\lambda}{\sqrt{1-(\lambda/\lambda_c)^2}} \tag{18-3}$$

式中 $\lambda_c = 2a, a = 22.86$ mm。

3. 检波晶体定标

在微波系统中,供电表显示的微波能量是通过晶体二极管检波后的直流或低频电流。由于晶体二极管是非线性元件,电表示值不能直接反映波导内场强的变化关系。因此在定量测量时,必须事先作出检波晶体 $u-i$ 特性曲线(见图 18-2)。

在一定范围内,检波晶体的电压和电流成如下关系:

$$i = k_1 u^n \tag{18-4}$$

在探针深度一定时,感生电动势 E 与所测电场成正比,当电表的内阻远小于检波晶体的正向电阻时,感生电动势 E 基本上等于检波晶体上的压降。因此式(18-4)近似写成

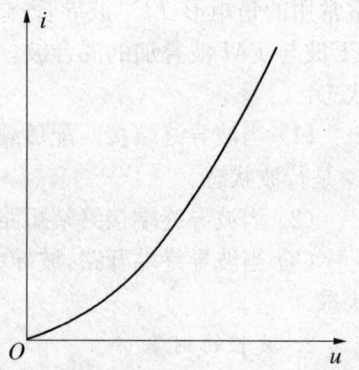

图 18-2 检波晶体 $u-i$ 特性曲线

$$i = k_1 u^n \approx k_2 E^n \tag{18-5}$$

为了测定 n 的数值和 $u-i$ 的关系曲线,将测量线终端短路,此时沿线各点驻波的振幅与终端的距离 d 的关系为

$$E = k_3 \left| \sin \frac{2\pi d}{\lambda_g} \right| \tag{18-6}$$

式中 d 的参考点可设定在沿线任一驻波节点(见图 18-3)。将式(18-5)和(18-6)联立,并取对数得

$$\log i = K + n\log \left| \sin \frac{2\pi d}{\lambda_g} \right| \tag{18-7}$$

式中 $K = \log k_2 + n\log k_3$。

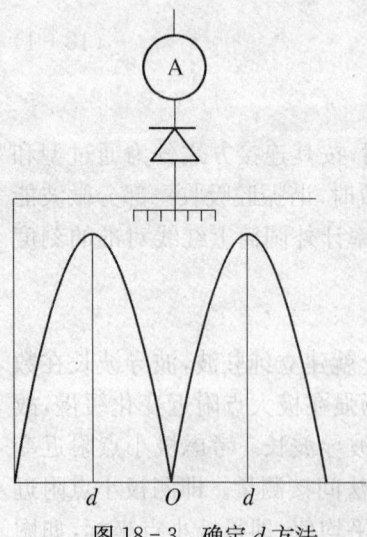

图 18-3 确定 d 方法

用双对数纸作出 $\log i - \log \left| \sin \frac{2\pi d}{\lambda_g} \right|$ 关系曲线,就可以

从曲线上求出晶体检波律 n。

4. 驻波比的测量

驻波比定义为波导中驻波极大值点和极小值点的电场之比，即

$$\rho = \frac{E_{\max}}{E_{\min}} \tag{18-8}$$

如图 18-1 所示，实验常采用沿线测量驻波最大和最小场强，但实际测出的是与它对应的检波电流，即驻波腹点 $i_{\max}$ 和波节点 $i_{\min}$。然后根据检波晶体定标曲线查出检波电流 i 与场强 E 相应值，并用式(18-8)计算驻波比 ρ。

在小驻波比的情况下，由于驻波极大值点和极小值点的检波电流值相差微小，为了提高测量精度，常采用测量多个相邻波腹与相邻波节点的检波电流值，然后求平均值：

$$\rho = \frac{E_{\max 1} + E_{\max 2} + \cdots + E_{\max n}}{E_{\min 1} + E_{\min 2} + \cdots + E_{\min n}} \tag{18-9}$$

三、实验装置

微波实验装置如图 18-4 所示。

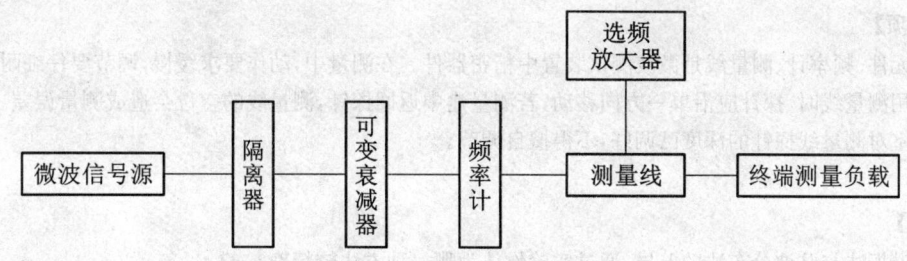

图 18-4　微波实验装置示意图

四、实验内容

1. 体效应管振荡特性的测量

(1) 按图 18-4 在测量线终端接上微波数字功率计，并进行零点调整。

(2) 将 DH1121A 型固态信号源的工作方式键置"教学"位置，调节电压观察体效应管工作电压的变化。

(3) 在工作电压 0~12 V 范围内取 12 个测量点，测出电压与电流、功率、频率的关系，并在同一坐标系中作出 u-(i, p, f) 特性曲线，确定体效应管最佳工作点。

注意：体效应管的工作电压不能高于 12 V，否则将会影响它的使用寿命。

2. 波导中微波传输特性的测量

(1) 将测量线终端接上短路器，移动探针到驻波波腹点位置，调节可变衰减器，使电表指示为 100(满刻度)。

(2) 沿线移动探针，在含有三个波节和两个波腹的范围内逐点测量电流 i 和探针位置 d 的关系(见图 18-1)，并在方格纸上作出 i-d 关系曲线。为使绘出的图形有较高的精度，实验点的间隔也应足够小。

(3) 利用 i-d 关系曲线确定波导波长 λ_g，应考虑如何获得较高的精度，并估计 λ_g 的测量误差。

(4) 根据 i-d 关系曲线，在双对数纸上作出 $\log i$ - $\log\left|\sin\dfrac{2\pi d}{\lambda_g}\right|$ 关系曲线。其中 d 的原点取在驻波最小值位置（见图 18 - 3）。由对数曲线确定晶体检波律 n。

3. 不同负载的驻波比 ρ 的测量

将测量线终端分别设置为开口和匹配负载，然而沿线分别测量驻波极大值 $i_{\max}$ 和极小值 $i_{\min}$。若晶体检波律为 n，则驻波比为

$$\rho = \left(\dfrac{i_{\max}}{i_{\min}}\right)^{1/n} \tag{18-10}$$

4. 验证电磁波（TEM 波）在同轴线中传播速度为光速 c

用驻波分布法测量同轴线中 TEM 波波长 λ，同时用谐振法测量该信号的精确频率 f，并读取仪器误差 Δ_l 和 Δ_f。考虑减小测量误差，测量波长时要求用逐差法处理数据，求出波长 λ 及其不确定度 U_λ。利用式(18-1)的关系算出 TEM 波传播速度 v 及其不确定度 U_v，并与光速 c 相比较，求出百分误差。分析误差原因。

【注意事项】
1. 波导元件、频率计、测量线是微波测试装置中精密器件。在测量中，动作要求缓慢，调节要仔细耐心。
2. 在使用测量线时，探针应沿单一方向移动，若测量途中返回探针，测量线的空位会造成测量误差。
3. 实验室对测量线探针的深度已调好，不得擅自调节。

【思考题】
1. 比较谐振法与驻波分布法的差异，通过实验你认为哪一种方法较精确？
2. 为什么在检波晶体完好的条件下，还要进行检波晶体的定标？
3. 采用驻波极小点的位置确定波导波长 λ_g 有何意义？

【参考文献】
[1] 吴思诚，王祖铨. 近代物理实验[M]. 北京：北京大学出版社，1995.
[2] 沈致远. 微波技术[M]. 国防工业出版社，1980.
[3] 林木欣. 近代物理实验教程[M]. 北京：科学出版社，1999.

实验十九 微波的干涉和衍射

【实验原理】

微波同样能在均匀介质中沿直线传播,也有类似于光的效应,例如反射、折射、衍射、干涉和偏振等现象,用微波和用光波所作的波动实验所说明的现象及规律是一致的。由于微波的波长比光波的波长在量级上大1万倍左右,因此用微波装置比用光学装置作波动实验更直观、更方便。

1. 反射实验

微波具有波长短、方向性强等特性,因此在传播过程中遇到障碍物,就会发生反射。实验选取一铝板作为障碍物,当电磁波以某一入射角入射到铝板,就会发生反射,且同样遵循和光线一样的反射定律,即反射线在入射线与法线所决定的平面内,反射角等于入射角。

2. 单缝衍射实验

如图19-1所示,当一平面波入射到一宽度和波长可比拟的狭缝时,就会发生衍射现象。在缝后出现的衍射波强度并不均匀,中央最强,同时也最宽。在中央的两侧衍射波强度迅速减小,直至出现衍射波强度的最小值,即一级极小,此衍射角为

$$\varphi = \sin^{-1}\frac{\lambda}{a} \quad (19-1)$$

式中,λ 为波长,a 为狭缝宽度,两者取同一长度单位。

然后,随着衍射角增大,衍射波强度又逐渐增大,直至出现一级极大,角度为

$$\varphi = \sin^{-1}\left(\frac{3}{2} \cdot \frac{\lambda}{a}\right) \quad (19-2)$$

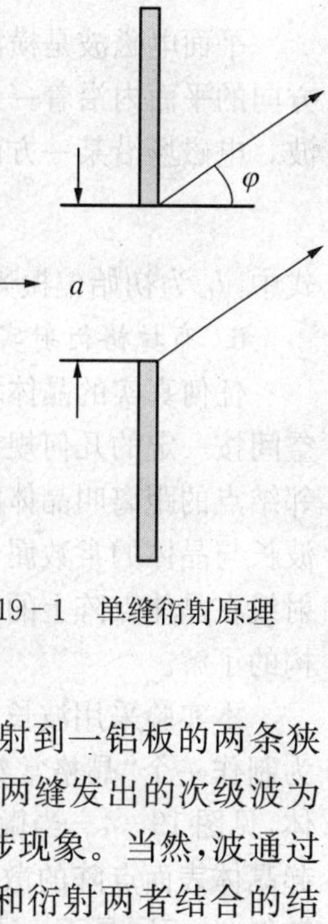

图19-1 单缝衍射原理

3. 双缝干涉实验

如图19-2所示,当一平面波垂直入射到一铝板的两条狭缝上,则每一条狭缝就是次级波波源。由两缝发出的次级波为相干波,在铝板的背后空间中,将产生干涉现象。当然,波通过各缝均有衍射现象。因此实验将是干涉和衍射两者结合的结果。令 b 为双缝的间距,a 为缝宽,接近微波波长,若采用微波波长 $\lambda = 3.2$ cm,当 $a = 4.0$ cm,这时单缝的一级极小衍射角接近53°。因此取较大的 b,则干涉强度受单缝衍射的影响小;当 b 较小时,干涉强度受单缝衍射影响较大。干涉加强的角度为

$$\varphi = \sin^{-1}\left(k \cdot \frac{\lambda}{a+b}\right) \quad (k = 1, 2, 3, \cdots) \quad (19-3)$$

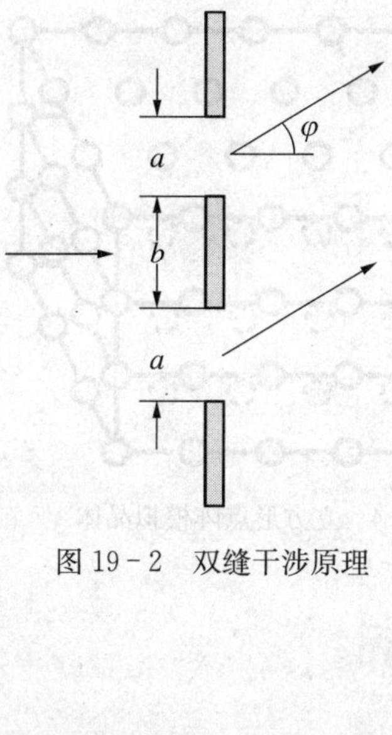

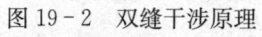

图19-2 双缝干涉原理　　干涉减弱的角度为

$$\varphi = \sin^{-1}\left(\frac{2k+1}{2} \cdot \frac{\lambda}{a+b}\right) \quad (k = 1, 2, 3, \cdots) \tag{19-4}$$

4. 迈克尔逊干涉实验

如图 19-3 所示,在平面波传播的方向上放置一块与波传播方向成 45°角的半透射半反射的分束板。将入射波分成两束波,一束被反射沿 A 方向传播,另一束被折射沿 B 方向传播。由于 A、B 方向上全反射板的作用,两列波就再次回到半透射板,又分别经同样的折射和反射,最后到达接收喇叭。于是接收喇叭收到两束频率相同、振动方向一致的波。若这两列波的相位相差为 2π 的整数倍,则干涉加强;当相位相差为 π 的奇数倍,则干涉减弱。若将 A 方向上的全反射板固定,B 方向的全反射板可移动,即可改变两列波的相位。

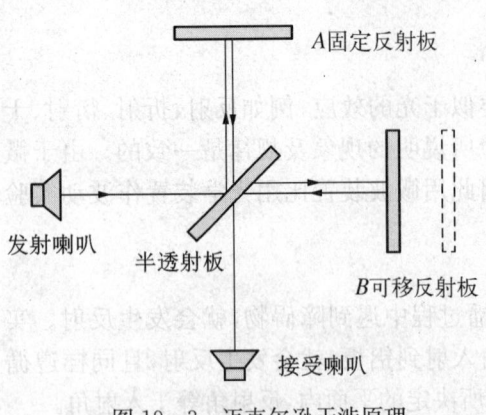

图 19-3 迈克尔逊干涉原理

5. 偏振实验

平面电磁波是横波,它的电场强度矢量 E 和波长的传播方向垂直。如果 E 在垂直于传播方向的平面内沿着一条固定的直线变化,这样的横电磁波叫线极化波,在光学中也叫偏振波。电磁场沿某一方向的能量有 $\sin^2\varphi$ 的关系,就是光学中的马吕斯(Malus)定律:

$$I = I_0 \cos^2\varphi \tag{19-5}$$

式中,I_0 为初始偏振光的强度,I 为偏振光的强度,φ 是 I 与 I_0 间的夹角。

6. 布拉格衍射实验

任何真实的晶体均具有自然外形和各向异性的性质,这与晶体内的离子、原子或分子在空间按一定的几何规律排列密切相关。晶体内的离子、原子或分子占据着点阵的结构,两相邻结点的距离叫晶体的晶格常数。真实晶体的晶格常数约在 10^{-8} cm 的数量级。X 射线的波长与晶体的常数属于同一数量级。实际上晶体是起着衍射光栅的作用。因此可以利用 X 射线在晶体点阵上的衍射现象来研究晶体点阵的间距和相互位置的排列,以达到对晶体结构的了解。

本实验采用波长为 3.2 cm 的微波代替 X 射线,人为制作一个"晶格常数"为 4 cm 的立方形点阵模拟晶体,见图 19-4。当微波入射模拟晶体上时,除了要引起晶体表面点阵的散射外,还要引起晶体内部平面的散射,从不同晶面上点阵的散射互相干涉后产生衍射条纹(详见单元三 X 射线衍射)。令相邻散射平面点阵间距为 d,则从两相邻平面散射出来的射线之间的程差为 $2d\sin\theta$,则相互干涉加强的条件为

$$2d\sin\theta = n\lambda \quad (n = 1, 2, 3, \cdots) \tag{19-6}$$

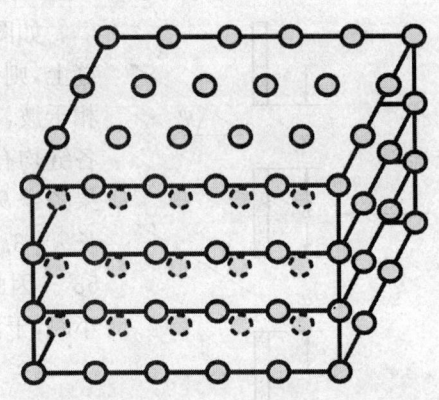

图 19-4 立方形点阵模拟晶体

式中,λ 为射线波长;θ 为掠射角(入射角与晶体面之间

的夹角);n 为反射系数,$n=1$ 称为一级反射,$n=2$ 称为二级反射。实验可测定掠射角 θ 和衍射强度 I 的分布 I-θ 曲线,由 I 的极大值所对应的 θ,可求出晶面间距 d。

【实验内容】

按图 19-5 连线仪器,调整水平,开启 DH1121B 三厘米固态源电源,预热 5 min。

1. 微波反射实验

(1) 将反射板(铝板)放置在具有分度盘的平台上,使度盘上的 0 刻度与铝板的法线方向一致。

(2) 转动度盘,使固定臂处在某一角度,即为入射角,然后转动活动臂,使微安表读数 i 为最大,则活动臂所指的刻度为反射角。

(3) 设置入射角分别为 20°,40°,60°,通过微安表的读数 i 变化,验证反射定律。

2. 单缝衍射实验

(1) 将预先调整好的单缝衍射板放置在具有分度盘的平台上,使盘度上的 0 刻度与单缝平面的法线方向一致。

(2) 启动微波分光仪自动测试系统(DH926U)应用软件,测量 i-φ 曲线。

(3) 波长 λ 和缝宽度 a,计算出一级极小值和一级极大值的衍射角,并与实验 i-φ 曲线上求得的结果进行比较。

3. 双缝干涉实验

(1) 将单缝板换成双缝衍射板,重复上述单缝衍射实验步骤(1)、(2)。

(2) 波长 λ、缝宽度 a、缝间距 b,计算出一、二级干涉极小值和一、二级干涉极大值的角度。

4. 迈克尔逊干涉实验

(1) 将发射喇叭与接收喇叭轴线互成 90°,半透射板(玻璃板)放置在具有分度盘的平台上,并与两喇叭轴线互成 45°。

(2) 使固定反射板 A 的法线与接收喇叭的轴线一致;可移动反射板 B 的法线与发射喇叭的轴线一致。

(3) 移动反射板 B 至读数机构端,在附近寻找一个极小位置,然后旋转读数机构手柄使反射板 B 移动,从微安表上测出 $(n+1)$ 个极小值,同时从读数机构得到反射板 B 的移动距离 L,则微波波长 $\lambda = \dfrac{2L}{n}$。

5. 偏振实验

[提示:偏振实验不需在具有分度盘的平台上放任何分波元件。]

(1) 将两喇叭口面互相平行,其轴线在同一水平线上。

(2) 在 0°~90° 之间要求每旋转接收喇叭 10° 记录一次微安表读数 i,验证马吕斯定律。

6. 布拉格衍射实验

[提示:用模片把模拟晶体球调得上下左右成一方形点阵,晶格常数为 4 cm。使被研究晶面的法线与度盘上的 0° 刻度一致。为避免两喇叭之间的波直接入射,入射角取值范围取 30°~70°。]

(1) 验证布拉格公式,用(100)晶面簇作为散射点阵面,测定相当于第一级和第二级的

掠射角 θ_1 和 θ_2，并与式(19-6)计算的 θ_1 和 θ_2 进行比较，在20°~25°之间要求每半度记录一次微安表读数 i。

(2) 已知晶格常数测定波长，模拟晶体晶格常数 $a=b=c=4.0\,\mathrm{cm}$，用(110)晶面族作为散射点阵面(度盘转45°角)由实验测定相应于第一级掠射角 θ，代入式(19-6)计算波长。

(3) 已知波长测定晶格常数，测定正交晶体的晶格常数 a、b、c。用(100)、(010)、(001)晶面为散射点阵面，分别测得 θ_a、θ_b、θ_c，利用式(19-6)算出 a、b、c 的值。

【实验装置】

实验装置如图19-5所示。

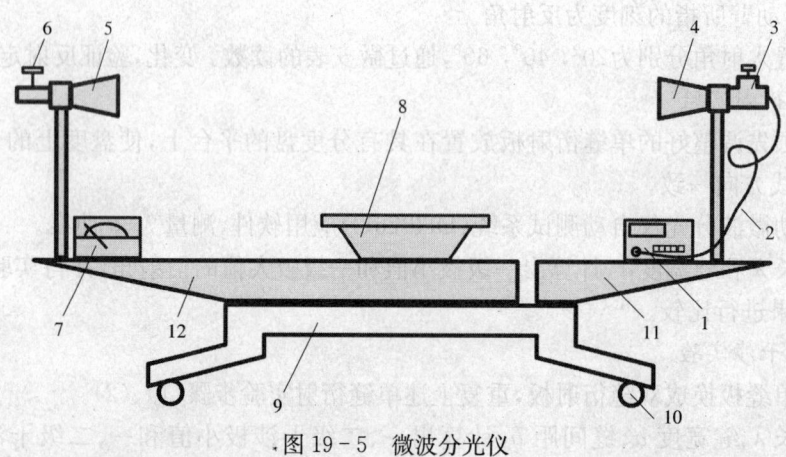

图19-5 微波分光仪

1—三厘米固态源；2—同轴线；3—可变衰减器；4—发射喇叭；5—接收喇叭；6—晶体检波器；7—微安表；8—具有分度盘的平台；9—底盘；10—水平调节螺丝；11—固定臂；12—活动臂

【思考题】

1. 实验前，为什么必须使发射喇叭和接收喇叭的轴线在同一水平线上？否则对实验结果会有什么影响？
2. 通过实验，你认为是否验证了微波也有类似于光的效应，例如反射、干涉、衍射、偏振等现象？
3. 本实验装置只能定性观察和验证电磁波的特性，其主要原因是什么？

【参考文献】

[1] 微波分光仪使用说明书. 北京：北京大华无线电仪器厂.
[2] 沈志远. 微波技术[M]. 北京：国防工业出版社，1980.
[3] 高铁军，等. 近代物理实验[M]. 济南：山东大学出版社，2009.

实验二十　介电常数波导法测量

【实验目的】

(1) 掌握介电常数波导法测量原理和方法。
(2) 测量某介质材料的相对介电常数 ε_r 和损耗角正切 $\tan\delta_\varepsilon$。

【实验原理】

微波介质材料的介电常数，是研究材料的微波特性和设计微波器件的重要参量。微波工程中广泛应用各种电介质材料，如同轴线中的绝缘片、微波集成电路的介质基片、波导中的介质片以及介质天线中各种微波器件的支持装置等。因此，在微波波段研究介质特性参量测量原理和方法有着实际的意义。

微波介质材料的特性参量通常用复数介电常数 ε^* 表征

$$\varepsilon^* = \varepsilon_0 \varepsilon_r = \varepsilon_0 (\varepsilon' - j\varepsilon'') \tag{20-1}$$

式中，$\varepsilon_0 = 0.8854 \times 10^{-11}$ F/m，自由空间的介电常数；ε_r 为介质材料的复数相对介电常数，即

$$\varepsilon_r = \frac{\varepsilon^*}{\varepsilon_0} = \varepsilon' - j\varepsilon'' = \varepsilon'(1 - j\tan\delta_\varepsilon) \tag{20-2}$$

式中 $\tan\delta_\varepsilon = \dfrac{\varepsilon''}{\varepsilon'}$，称为电介质的损耗角正切。当 $\tan\delta_\varepsilon$ 很小，即 $(\varepsilon''/\varepsilon') \ll 1$ 时，可以认为无耗介质。此时，相对介电常数 ε_r 近似为实数，即 $\varepsilon_r \approx \varepsilon'$。

波导法是将填充介质试样的波导段作为传输系统的一部分来测量它的复数相对介电常数 ε_r。具体测量方法可以分为传输法和反射法。反射法最常用的一种。这种方法中，介质试样段接在测量系统的末端，它的输出端接短路器或开路器（即 $\lambda_g/4$ 短路器），以产生全反射波。如图 20-2 所示，根据介质试样段引起的驻波节点偏移和驻波比，可确定介质的相对介电常数。

波导法测量介质的 ε_r 实际上是阻抗测量的具体应用，通常采用终端短路法、终端短路开路法、长试样法和网络法等。终端短路法是应用最为普通的电介质测量方法。当介质的损耗极小而可以看成无耗介质时，常用这个方法可以获得准确的结果。

1. 终端短路法测量原理

由介质波导传输理论，不难证明，当短路波导的末端填充介质试样时，可在介质试样输入端面 AA'（见图 20-1）得到阻抗关系式

$$\frac{\tanh\gamma l_\varepsilon}{\gamma l_\varepsilon} = \frac{1}{j\beta_0 l_\varepsilon}\left(\frac{1 - j\rho\tan\beta_0 \overline{d}}{\rho - j\tan\beta_0 \overline{d}}\right) \tag{20-3}$$

式中，γ 为介质试样波导段中的传播常数，即 $\gamma = \alpha + j\beta$；l_ε 为介质试样段的长度（最好是取介质波导波长的四分之一，此情况下可使测量数据比较准确）；β_0 为未填充介质时空气波导中

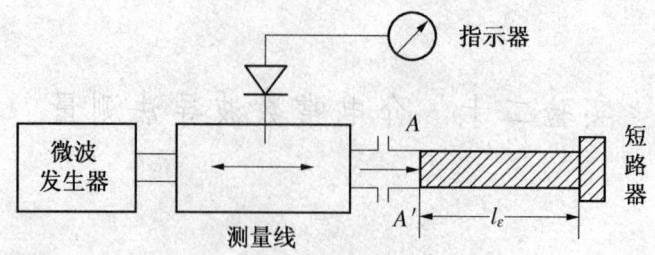

图 20-1　ε_r 终端短路法测量原理

的相位常数,即 $\beta_0 = 2\pi/\lambda_g$;ρ 为介质试样段的输入驻波比;$\bar{d}$ 为驻波节点(波源与 AA' 端面之间的节点)到介质试样输入端面的距离(见图20-2)。

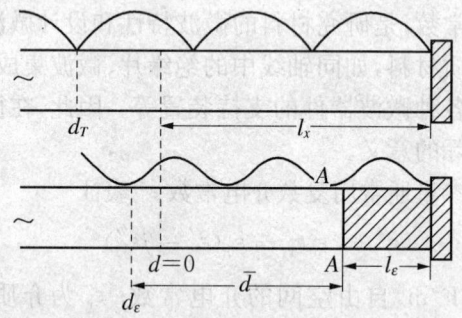

图 20-2　确定 $\bar{d}$ 的方法

在传输 H_{10} 波的矩形波导测量系统中,复数相对介电常数可按下式计算:

$$\varepsilon_r = \varepsilon' - j\varepsilon'' = \left(\frac{\lambda_0}{2\pi}\right)^2 \left[\left(\frac{\pi}{a}\right)^2 + \beta^2 - \alpha^2 - j2\beta\alpha\right] \quad (20-4a)$$

$$\varepsilon' = \left(\frac{\lambda_0}{2\pi}\right)^2 \left[\left(\frac{\pi}{a}\right)^2 + \beta^2 - \alpha^2\right] \quad (20-4b)$$

$$\tan\delta_\varepsilon = \frac{2\beta\alpha}{\left(\frac{\pi}{a}\right)^2 + \beta^2 - \alpha^2} \quad (20-4c)$$

式中,λ_0 为自由空间波长(可通过未填充介质的空气波导中测量频率来计算),a 为波导的宽边尺寸。

由式(20-4)可知,欲在微波频率下测量某电介质材料的复相对介电常数,仅需测量介质试样波导段中的传播常数 γ,而由式(20-3)可知,测出驻波比 ρ 及驻波节点至介质试样输入端面距离 $\bar{d}$,则通过求介质复数超越方程式(20-3),即可得 $\gamma = \alpha + j\beta$。

2. 测量 ρ 及 $\bar{d}$

驻波比 ρ 的测量方法不再叙述(详见实验十九),下面介绍测量 $\bar{d}$ 的方法。图20-2中分别为未放入介质试样和放入介质试样的两种情况下测量驻波最小点位置,图中 $d=0$ 为测量线上标尺的零点,d_T,d_ε 为驻波节点位置。

由图 20-2 得

$$\begin{cases} l_x = (n\lambda_g/2) - d_T \\ \bar{d} = d_\varepsilon + (l_x - l_\varepsilon) = d_\varepsilon - d_T - l_\varepsilon + n\lambda_g/2 \end{cases} \quad (20-5)$$

式中 l_ϵ 为介质试样的长度(一般取填充介质时波导波长的四分之一), λ_g 为未放入介质试样的波导波长, n 的选值使 $\bar{d}$ 小于 $\lambda_g/2$。

3. 复数超越方程式(20-3)的图解法

式(20-3)右边项的模数 C 和幅角 ζ 为

$$C=\frac{\lambda_g}{2\pi l_\epsilon}\sqrt{\frac{1+\rho^2\tan^2\frac{2\pi\bar{d}}{\lambda_g}}{\rho^2+\tan^2\frac{2\pi\bar{d}}{\lambda_g}}} \tag{20-6a}$$

$$\zeta=\arctan\frac{\rho\left(1+\tan^2\frac{2\pi\bar{d}}{\lambda_g}\right)}{(\rho^2-1)\tan\frac{2\pi\bar{d}}{\lambda_g}} \tag{20-6b}$$

将式(20-3)左边项中的 γl_ϵ，令

$$\gamma l_\epsilon \equiv T e^{j\tau} \tag{20-7}$$

则式(20-3)成为

$$\frac{\tanh Te^{j\tau}}{Te^{j\tau}}=Ce^{j\zeta} \tag{20-8}$$

式(20-8)中 T 和 τ 与 C 和 ζ 的关系,可以从图 23-3 所示曲线直接查出。查得 $Te^{j\tau}$ 值后,按下式计算 γ：

$$\gamma=\alpha+j\beta=\frac{T}{l_\epsilon}(\cos\tau+j\sin\tau) \tag{20-9}$$

按式(20-4)计算某介质材料的相对介电常数 ϵ_r 和损耗角正切 $\tan\delta_\epsilon$。

4. 终端短路法测量结果的近似计算

在使用图 20-3 的函数曲线时,将会发现读取的数据还不够精确(除非将图 20-3 绘出更多的曲线并加以放大),并会使方程(20-3)式的求解产生误差。在实际应用中,微波介质材料的选取很大一部分是损耗极小的电介质。当衰减常数 α 远小于相位常数 β 的条件下,则可按下述步骤求取近似解。

(1) 将式(20-3)右边写成 $A+jB$ 的形式：

$$A+jB=-\frac{\lambda_g}{2\pi l_\epsilon}\left[\frac{(\rho^2-1)\tan\frac{2\pi\bar{d}}{\lambda_g}+j\rho\left(1+\tan^2\frac{2\pi\bar{d}}{\lambda_g}\right)}{\rho^2+\tan^2\frac{2\pi\bar{d}}{\lambda_g}}\right] \tag{20-10}$$

$$A=-\frac{\lambda_g}{2\pi l_\epsilon}\left[\frac{(\rho^2-1)\tan\frac{2\pi\bar{d}}{\lambda_g}}{\rho^2+\tan^2\frac{2\pi\bar{d}}{\lambda_g}}\right] \tag{20-11}$$

$$B=-\frac{\lambda_g}{2\pi l_\epsilon}\left[\frac{\rho\left(1+\tan^2\frac{2\pi\bar{d}}{\lambda_g}\right)}{\rho^2+\tan^2\frac{2\pi\bar{d}}{\lambda_g}}\right] \tag{20-12}$$

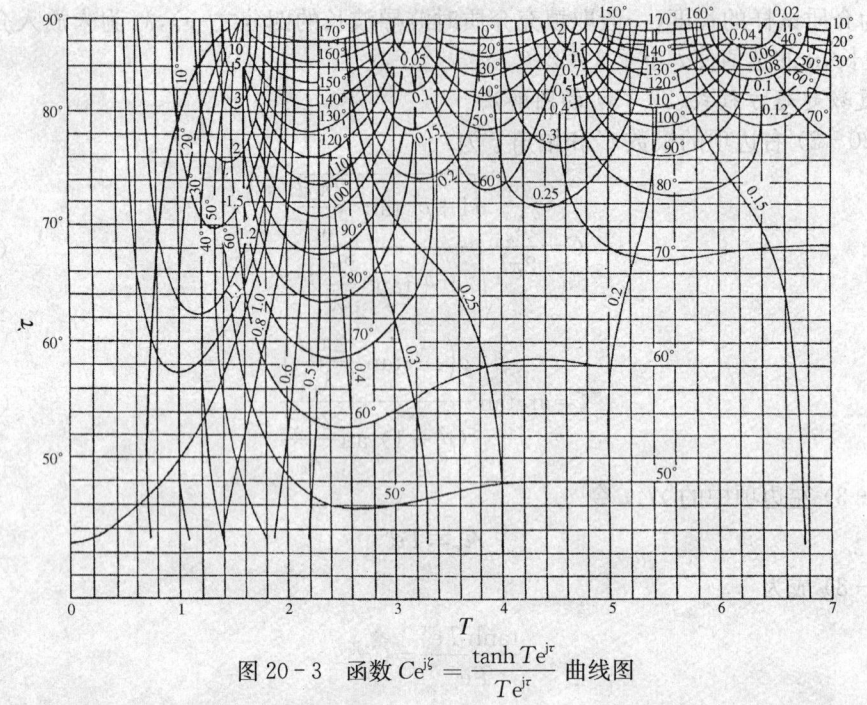

图 20-3 函数 $Ce^{j\zeta} = \dfrac{\tanh Te^{jr}}{Te^{jr}}$ 曲线图

根据测量获得的数据 λ_g、l_ε、ρ 和 d 代入(20-11)、(20-12)式可得 A 和 B。

(2) 令式(20-3)左边项中

$$\gamma l_\varepsilon = (\alpha + j\beta) = a + jb \tag{20-13}$$

则

$$A + jB = \frac{\tanh(a+jb)}{a+jb} \tag{20-14}$$

展开式(20-14)可得

$$A = \frac{a\tanh a(1+\tanh^2 b) + b\tan b(1-\tan^2 a)}{(a^2+b^2)(1+\tan^2 a \tan b)} \tag{20-15}$$

$$B = \frac{a\tan b(1-\tanh^2 a) - b\tanh a(1+\tan^2 b)}{(a^2+b^2)(1+\tanh^2 a \tan^2 b)} \tag{20-16}$$

对于损耗极小的电介质,设 $a = 0$,则可化为简单的超越方程:

$$A = \frac{\tan b'}{b'} \tag{20-17}$$

式中 b' 为假设 $a = 0$ 的情况下的近似值 b。

由式(20-11)计算的 A 值,利用图 23-4 所示与 $\dfrac{\tan x}{x}$ 与 x 的关系曲线求解 b'。

(3) 再设 a 很小,则式(20-16)可写成近似式

$$B \approx \frac{a'[\tan b' - b'(1+\tan^2 b')]}{b'^2} \tag{20-18}$$

$$a' \approx \frac{Bb'^2}{\tan b' - b'(1+\tan^2 b')} \tag{20-19}$$

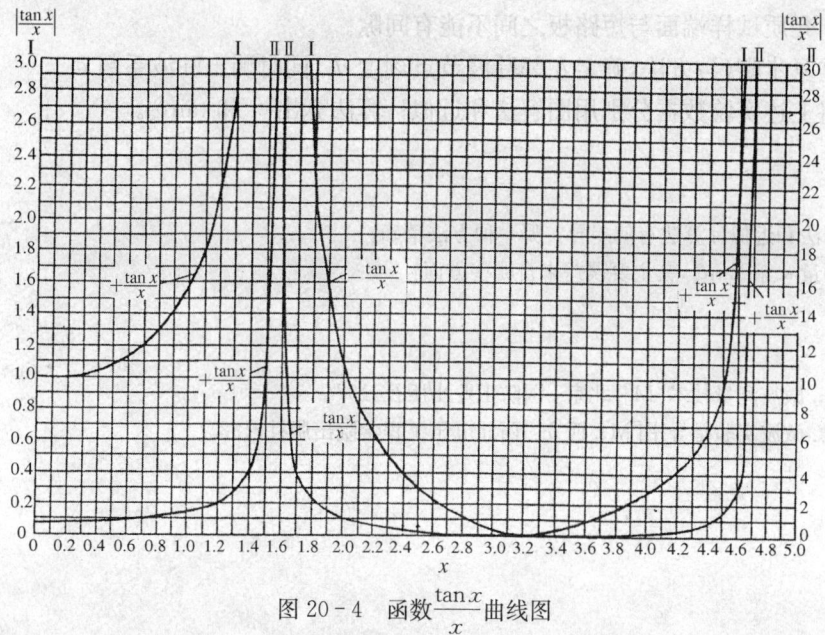

图 20-4　函数 $\dfrac{\tan x}{x}$ 曲线图

式中 B 为式(20-12)算出的常数值,b' 为由式(20-17)通过图 20-4 所求取到的 b 近似值,$\tan b'$ 可由式(20-17)计算得出。

(4) 为了验证计算出的近似值 a' 和 b' 是否可作为越方程式(20-3)的解,可将 a',b' 代入式(20-15),计算出的近似值 A' 如与式(20-11)计算的 A 值很接近,则可按式(20-13)计算衰减系数 α 和相位系数 β。

$$\alpha = \frac{a'}{l_\varepsilon} \tag{20-20}$$

$$\beta = \frac{b'}{l_\varepsilon} \tag{20-21}$$

(5) 按式(20-4)计算某介质材料的相对介电常数 ε_r 和损耗角正切 $\tan\delta_\varepsilon$。

【实验内容】

实验提示:如果已经知道被测介质的相对介电常数的大约数值,则可从测量数据计算出的不同结果中确定正确的解答;如果未知被测介质 ε_r 的大约数值,就需测量不同长度的介质试样,经过两次测量和计算,而由两次测量数据计算出的相同(或很接近)的结果确定待测介质的 ε_r。

电介质特性参量的测量方法和步骤:

(1) 按图 20-1 连接测量仪表和介质试样的波导段(波导段中先不放入介质试样)。

(2) 将波导终端短路,移动测量线,用极小点附近两点坐标的平均值法测出波导波长 λ_g,同时用谐振法测出传输频率 f。

(3) 按图 20-3 确定测量线的零点坐标刻度,即 $d = 0$。

(4) 左移测量线,用极小点附近两点坐标的平均值法确定左邻驻波节点刻度 d_T。

(5) 右移测量线至零点坐标位置。

(6) 取下短路器,放入被测介质试样,再装上短路器。

注意：介质试样端面与短路板之间不能有间隙。

(7) 重复步骤(4)方法，确定左邻驻波节点刻度 d_ε，同时测出驻波系数 ρ_ε。

(8) 将上述实验数据分别用图解法和近似计算法算出 ε_r 和 $\tan\delta_\varepsilon$。

【思考题】

1. 比较图解法和近似计算法有何差异？哪一种方法精确？
2. 波导法测量 ε_r 和 $\tan\delta_\varepsilon$，其主要误差来自哪些方面？

【参考文献】

[1]　周清一. 微波测量技术[M]. 北京：国防工业出版社，1974.
[2]　钮茂德. 微波实验指导书[M]. 西安：西北电讯工程学院出版社，1985.

5.2 微弱信号检测技术基础知识

微弱信号检测(weak signal detection)是测量技术中的综合技术和尖端领域,无论从理论还是技术角度出发,微弱信号检测所涉及的内容都是广泛、前沿和深入的。其检测技术是采用物理学、电子学、信息论、计算机技术等知识,分析噪声产生的原因和规律,研究被测信号的特点和相关性,检测被背景噪声覆盖的微弱信号。

微弱信号检测技术的发展,始终是围绕着两个问题逐渐解决和提高的,即速度和精度。微弱信号的种类繁多,即可以是稳定的直流信号、重复信号、离散信号和不重复的单次信号以及具有空间分布的信号等。而重复信号又可分为频域信号和时域信号;它们又可分为快速信号、缓慢信号、不稳定信号、周期或非周期信号以及相干和不相干信号等等。所以对于不同的信号,一般有三种检测方法:一是降低传感器与放大器的固有噪声,尽量提高信噪比;二是采用适合弱信号检测原理并能满足特殊需要的器件;三是利用弱信号检测技术通过各种手段提取信号。

一、频域的窄带化技术

如果被测信号是频域信号,或被调制成频域为固定频率的 f_0 正弦波振荡或其他信号。过去对此类中心频率 f_0 的信号实现窄带化的唯一办法是使它通过带通滤波器(BPF)。但 BPF 的带通是有一定范围的,只能允许 $f_0 \pm \Delta f$ 的信号与噪声通过。显然 Δf 越小(Q 值越高),噪声通过的分量也越少,检测越理想。实际上,BPF 的 Q 值是有限的,用它直接进行弱检测有一定困难。若将 f_0 的频率搬迁到 f_0',而使 $f_0' = 0$(即直流 DC),则 BPF 就可用低通滤波器(LPF)来代替。对信号则起到了平滑作用的积分过程,由于 LPF 可以使 Δf 很小(取决于积分时间常数),这样窄带化得到了解决。实现频谱搬迁的电路称相敏检波器,它是窄带化技术的心脏。实现这种检测方法的仪器称锁相放大器(LIA)。是一种相干检测,也是相关接收,它是一积分过程:

$$\int_0^t [S(t) + N(t)] \varphi(t) dt \qquad (5.2-1)$$

式中 $\varphi(t)$ 是一个取决于接收方法的加权函数。若 $\varphi(t) = S(t-\tau) + N(t-\tau)$,即 $\varphi(t)$ 为经过延迟后的输入函数时,则是自相关。对于频率信号(如正弦波信号)的处理,经过延迟后的输入函数在这里就意味着固定频率,并且有一定相位差的参考信号,因此锁相放大器是自相关的一个特例与变通形式。加权函数 $\varphi(t)$ 中的 τ 是一常数,在时域表示为固定延迟,在频域测量则意味着相位的固定,由于噪声的随机特性,锁相放大器完成了相位的锁定。一般来说,带通滤波器的 Q 值为 10~100,锁相放大器的 Q 等效值可达 10^8,噪声几乎全部被抑制。

二、时域信号的平均处理

利用相干检测的是频域的窄带化处理方法,但若被测弱信号是一个用时间描述的脉冲波形,相干检测必须完成时—频域的相互转换,因为在实际测量中两者的参数没有明显的直观关系。

一种根据时域特征的取样平均来改善信噪比并恢复波形作永久记录的 BOXCAR 积分器首先得到发展。对于任何重复的信号波形,在其出现周期间只取一个样本,并在固定的取样间内重复 m 次,由 $\sqrt{m}$ 法则可知,信噪改善比 $SNIR=\sqrt{m}$。若将所描述的信号按时间序划分为 n 个间隔,将每个间隔的平均结果依次记录下来,便能使被噪声污染的信号波形得到恢复。n 分得越细,恢复越准确,平均次数 m 越大,$SNIR$ 也越大,因此,当记录一个完整的波形时,共需信号重复 $n\times m$ 次,即 $SNIR$ 的恢复是以长时间测量为代价。

BOXCAR 积分器由慢扫描发生器控制的延时电路完成逐次移动取样间隔,在门宽的范围内积累平均以达到信噪声比改善的目的。

假设伴有噪声的信号为 $f(t)=S(t)+N(t)$,每隔 T 秒后总取样一次,对第 i 个取样点(相对信号的位置是固定的)的第 k 次取样值为

$$f(t_k+iT)=S(t_k+iT)+N(t_k+iT) \qquad (5.2-2)$$

将此值经 A/D 转换后存贮到各个取样点对应的存贮地址。经 mT 秒后,总取样数为 m,对 i 点共作了 m 次平均,若平均方式是简单线性累加平均,则 i 地址的存贮总值为

$$\sum_{k=1}^{m}f(t_k+iT)=\sum_{k=1}^{m}S(t_k+iT)+\sum_{k=1}^{m}N(t_k+iT) \qquad (5.2-3)$$

因此,对信号的输出是输入信号幅度的 m 倍,而噪声是随机的,其有效值为 $\sqrt{m}$ 倍,平均后的 $SNIR=\sqrt{m}$。从而使信噪比得到了改善。

三、离散量的计数统计

在被测信号中,有时却是随机的或按概率分布的离散信号。例如当光非常微弱时,它呈粒子性,成为量子化的光子。单位时间内的光子既非同时发射,也非序到达,而是满足一定概率分布。在检测这些离散量时能否逐一分开,全部记录;如何修正其堆积过程;如何排除噪声,光子计数系统成功地解决了这些问题。在常用的适合于光辐射的探测器中,光电倍增管(PMT)由于不直接测量功率,而是给出一个与单位时间内探测器接收到的光子数即光子速率成正比例的输出信号,在不考虑量子效率时,输出信号与光子数的能量无关,与光子速率成正比,并且灵敏度高,从而表现出明显的优越性。因此通常的光子计数系统中使用 PMT 作为探测器件,PMT 的输出光电子脉冲经放大/甄别器放大后利用光子计数器来对光脉冲信号脉冲计数。

在弱光检测中主要的噪声源是大量的二次电子发射、热激发和放大器噪声。它们都有很高的计数概率,所以要求光电检测器对二次电子发射等的输出脉冲幅度要低,对要求检测光子脉冲幅度尽可能的要趋于一致,对宇宙射线要尽量屏蔽,以防进入,要求光电倍增管(PMT)要有明显的单光子响应,因此要进行合理的选择和特殊的设计。对光子计数系统提出如下要求:首先 PMT 要有制冷系统以降低光电阴极的温度,以防止热电子发射,且 PMT 各倍增极的增益要进行合理的分配;其次,由于每一个光子所产生的脉冲是很窄的,要求后续放大器不仅噪声低,而且有足够的频宽,后续放大器的终端还需有两个可调整阈值的甄别电路,以便提取单光子的输出脉冲;第三,对所获取并经过甄别的信息要进行计数和计算处理,其中包括计数误差的修正、自动背景扣除、源强度补偿以及进一步改善信噪比等。

四、并行检测

对于只有一次事件的信息记录,如单次闪光的光谱,或者希望在测量范围内用扫描方式同时获得结果,这就需要并行检测的方法。并行检测需要一个检测的传感器阵列,而每一个传感器必须有存贮效应,使数据能依次输出。这种并行检测所用的传统方法是照相干板,它同时使整个干板感光,并永久记录。

并行检测需要由一定的被测系统、传感器阵列和处理方法部分组成。采用多路传输和多道技术来实现。实质是图像处理技术。

并行检测除对噪声作处理外,还可实现快速分析。因此,并行检测在荧光动力学、阳光发射与大气现象、等离子体分析、爆炸研究、低能电子衍射、质谱及干扰测量中获得广泛应用。

五、自适应噪声抵消系统

自适应噪声抵消系统需要一个额外的参考输入。如参考输入有干扰噪声电压,则系统能将与信号混杂的干扰噪声信号成分进行有效的抵消,从而提高信噪比,并对信号不引入畸变。这种方法在生物医学、通信和测量设备中均有很大的应用价值。

实验二十一 相关器原理和基本参数

【实验目的】

(1) 了解相关器的原理和结构。
(2) 掌握相关器的输出特性测量方法。
(3) 测量相关器抑制干扰的能力。

【实验原理】

相关器是锁相放大器的核心部件,它通常由一个开关式乘法器与低通滤波器所组成。

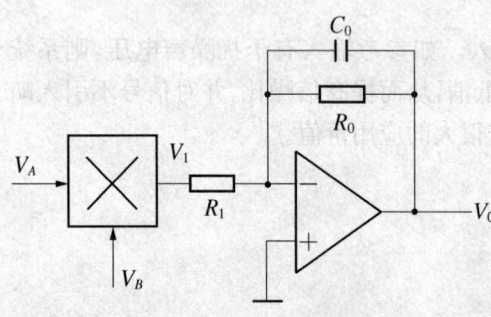

图 21-1 相关器原理图

如图 21-1 所示,设输入信号 V_A 是以角频率为 ω 的正弦波信号,参考信号 V_B 是以角频率为 ω_R 的方波信号,即

$$V_A = V_A \sin(\omega t + \varphi)$$

$$V_B = \frac{4}{\pi}\left(\sin\omega_R t + \frac{1}{3}\sin 3\omega_R t + \cdots\right)$$

当 $\omega = \omega_R$ 时为信号,$\omega \neq \omega_R$ 时为噪声或干扰。V_A 和 V_B 之间的相位差 φ 可由锁相放大器参考通道中的相移器调节,由相关器原理(见图 21-1)以及 V_A 和 V_B 关系可求得

$$V_1 = V_A \cdot V_B \tag{21-1}$$

$$V_0 = -\frac{2R_0 C_A}{\pi R_1} \sum_{n=0}^{\infty} \frac{1}{2n+1} \left\{ \frac{\cos\{[\omega-(2n+1)\omega_R]t+\varphi+Q_{2n+1}^-\}}{\sqrt{1+\{[\omega-(2n+1)\omega_R]R_0 C_0\}^2}} \right.$$

$$\left. - e^{-\frac{t}{R_0 C_0}} \frac{\cos(\varphi+Q_{2n+1}^-)}{\sqrt{1+\{[\omega-(2n+1)\omega_R]R_0 C_0\}^2}} \right\} \tag{21-2}$$

式中,$Q_{2n+1}^- = \arctan^{-1}[\omega-(2n+1)\omega_R]R_0 C_0$。当 $\omega = \omega_R$ 时,图 21-1 中的各点工作波形如图 21-2 所示。需要说明的是,图 21-1 中的低通滤波器为反相输入,故输出直流电压 V_0 为负。本实验为直观起见,在图 21-2 中把低通滤波器设为正相输入,使 V_0 直流分量为正。

本实验对式(21-2)进行讨论得出以下结论:

(1) 时间常数

$$T = R_0 C_0 \tag{21-3}$$

(2) $\omega = \omega_R$ 时,

$$V_0 = -\frac{2R_0 V_A}{\pi R_1}\cos\varphi \tag{21-4}$$

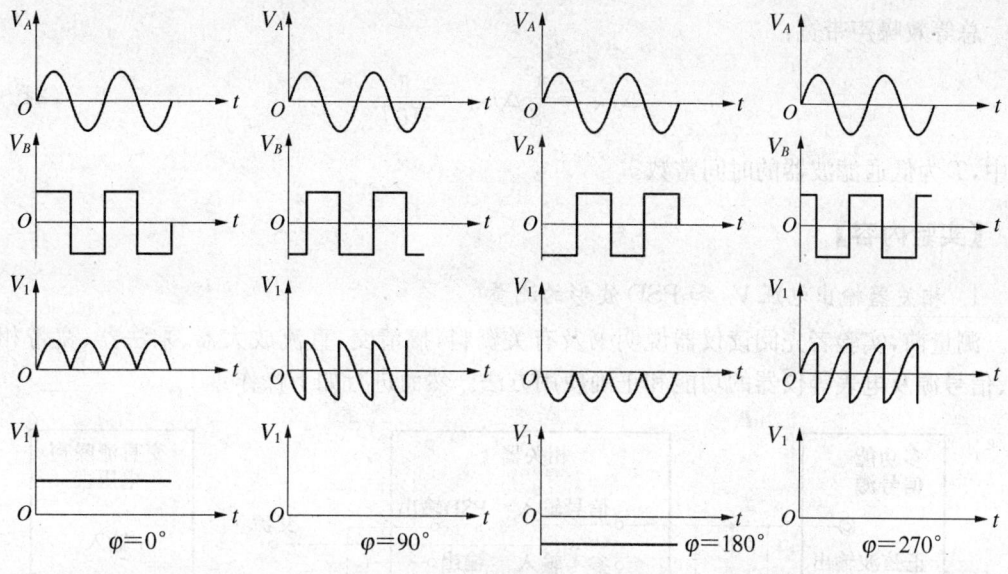

图 21-2 相关器各点工作波形

输出直流电压 V_0 与相位 φ 成 $\cos\varphi$ 关系如图 21-2 所示。

(3) 奇次谐波能通过并抑制偶次谐波,其传输函数和方波的频谱相同,说明相关器是以参考信号频率为参数的方波匹配滤波器。因此,它能在噪声或干扰中检测与参考信号频率相同的方波信号,输出 V_0 与 f/f_R 响应曲线如图 21-3 所示,曲线表明在 f_R 的各奇次谐波的响应为基波的 $\dfrac{1}{2n+1}$ 离开奇次谐波频率很快衰减,形成 Q 值很高的通滤波器。

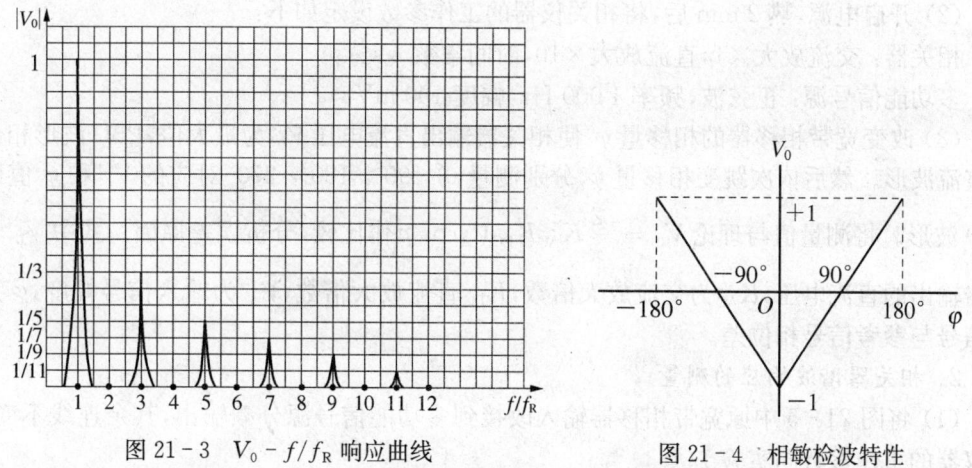

图 21-3 $V_0 - f/f_R$ 响应曲线

图 21-4 相敏检波特性

(4) 若输入信号为一恒定和参考方波频率相同的方波信号,则相关器为相敏检波器,输出的直流电压与参考信号两者的相位差呈线性关系,如图 21-4 所示。

(5) 等效噪声带宽。

基波噪声带宽:

$$\Delta f_{N1} = \frac{1}{2R_0 C_0} = \frac{1}{2T} \tag{21-5}$$

总等效噪声带宽：

$$\Delta f_N = \frac{\pi^2}{8}\Delta f_{N1} = \frac{\pi^2}{16T} \tag{21-6}$$

式中，T 为低通滤波器的时间常数。

【实验内容】

1. 相关器输出电压 V_0 和 PSD 波形的测量

测量前，实验者先阅读仪器说明书及有关资料，搞清交、直流放大器、乘法器、宽带相移器、信号源及电表等仪器的功能和正确使用方法。然而进行如下操作：

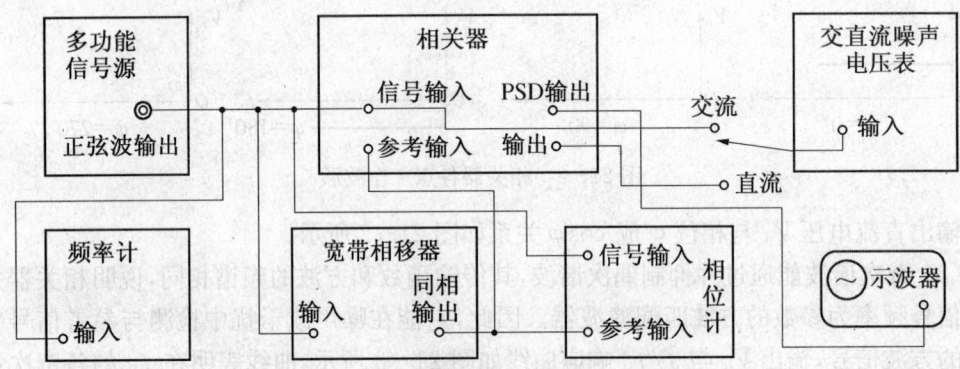

图 21-5 相关器 PSD 和 V_0 测量装置图

(1) 按图 21-5 连线。

(2) 开启电源，热 2 min 后，将相关仪器的工作参数设定如下：

相关器：交流放大×1，直流放大×10，时间常数 1 s。

多功能信号源：正弦波，频率 1 000 Hz，幅度 100 mV。

(3) 改变宽带相移器的相移量 φ，使相关器输出直流电压 V_0 为最大值，PSD 波形相似全波整流波形。然后依次跳变相移量 φ，分别测量 0°，90°，180°，270°对应的 V_0 和 φ 值以及 PSD 波形。将测量值与理论 $V_0 = \frac{2}{\pi}K_{AC}K_{DC}\tilde{V}_A\cos\varphi$ 作比较，分析误差原因。式中 V_0 为相关器输出的直流电压，K_{AC} 为交流放大倍数，K_{DC} 直流放大倍数，$\tilde{V}_A$ 为输入信号幅度，φ 为输入信号与参考信号相位差。

2. 相关器谐波响应的测量

(1) 将图 21-5 中原宽带相移器输入改接到多功能信号源分频输出，其余连线不变，相关仪器的工作参数同实验 1。

(2) 设置多功能信号源输出为 $\frac{1}{n}$ 分频，即使相关器输入信号为参考信号的 n 次倍频。

(3) 设置分频数为 1，调节相移器的相移量 φ，使直流电压 V_0 为最大值。

(4) 依次设定分频数为 1，2，3，4，5，重复上述(3)的方法，测量并记录各次谐波的直流电压 V_0 和 PSD 波形。

由实验结果，验证奇次谐波 V_0 为基波直流响应电压的 $\frac{1}{n}$，偶次谐波 V_0 直流响应为 0。

并且各次谐波的 PSD 波形应相似于图 21-6 中的波形。

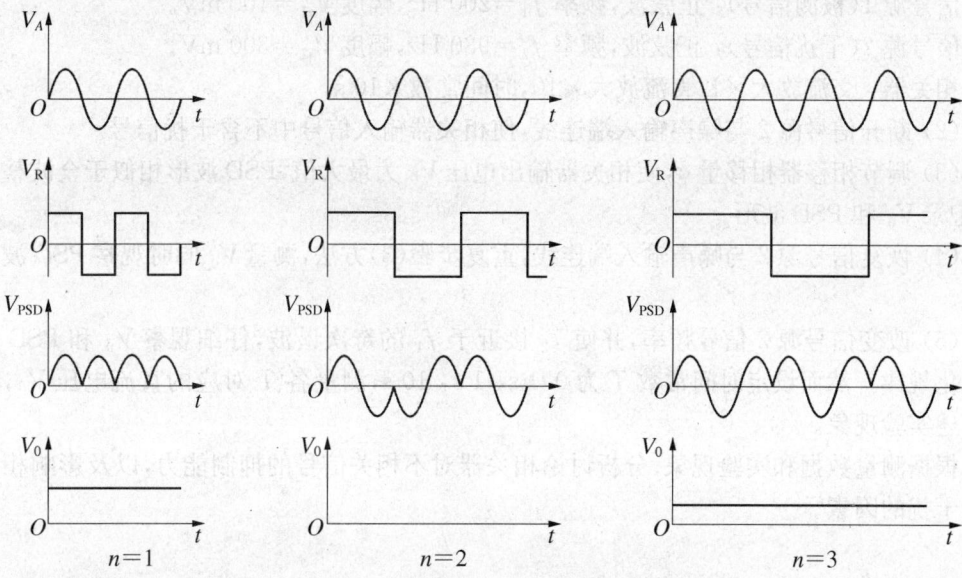

图 21-6 相关器谐波响应的各点波形

3. 相敏检波特性测量

(1) 按图 21-5 连线。

(2) 把相关仪器的工作参数设定如下：

多功能信号源：方波，频率 250 Hz，幅度 1 000 mV。

相关器：交流放大×1，直流放大×1，时间常数×1 s。

(3) 改变相移器的相移量 φ，在 360°范围内测量 φ 与 V_0 关系，在方格纸上作出 V_0-φ 曲线。

4. 相关器对不相关信号的抑制

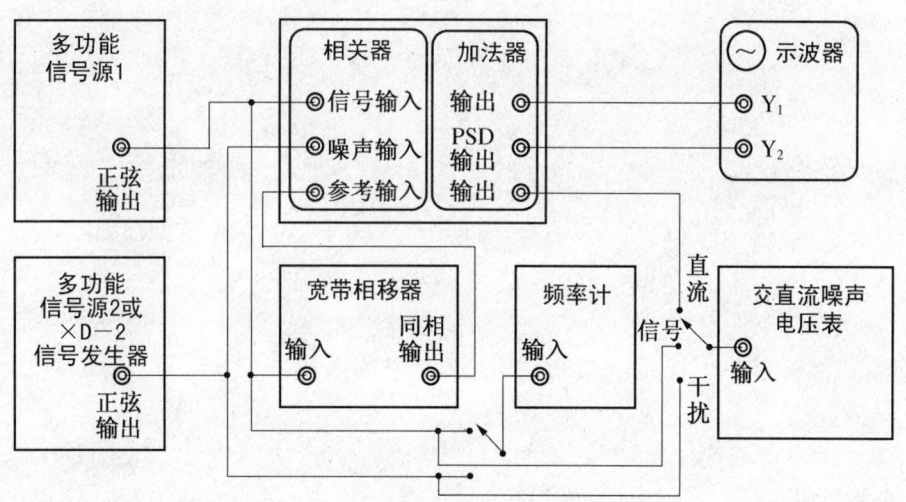

图 21-7 对不相干信号抑制实验装置

(1) 按图 21-7 连线,并将相关仪器的工作参数设定如下:

信号源 1(被测信号):正弦波,频率 $f_1=200$ Hz,幅度 $V_{i1}=100$ mV。

信号源 2(干扰信号):正弦波,频率 $f_2=930$ Hz,幅度 $V_{i2}=300$ mV。

相关器:交流放大×1,直流放大×10,时间常数×10 s。

(2) 断开信号源 2 与噪声输入端连线,使相关器输入信号中不含干扰信号。

(3) 调节相移器相移量 φ,使相关器输出电压 V_0 为最大值,PSD 波形相似于全波整流波形,记录 V_0 和 PSD 波形。

(4) 恢复信号源 2 与噪声输入端连线,重复步骤(3)方法,测量 V_0 同时观察 PSD 波形的变化。

(5) 改变信号源 2 信号频率,并使 f_2 接近于 f_1 的奇次谐波,仔细观察 V_0 和 PSD 波形的变化规律。然而设定时间常数 T 为 0.1 s,1 s,10 s,测量各 T 对应的直流电压 V_0,并记录上述实验现象。

根据测量数据和实验现象,分析讨论相关器对不相关信号的抑制能力,以及影响相关器抑制干扰的因素。

【思考题】

1. 在什么条件下,相关器输出反映输入信号的大小?
2. 为什么相关器时间常数也有抑制噪声的作用?
3. 相关器用作鉴相器的条件是什么?

【参考文献】

[1] 唐鸿宾.微弱信号检测技术说明书.南京:南京大学微弱信号检测中心.
[2] 曾庆勇.微弱信号检测[M].杭州:浙江大学出版社,1994.
[3] 陈佳圭.微弱信号检测[M].北京:中央广播电视大学出版社,1987.

实验二十二 锁相放大器原理和应用

【实验目的】

(1) 了解锁相放大器的基本原理和结构。
(2) 学习用实验插件组装锁相放大器,并掌握正确的测试方法。
(3) 了解 ND204 型双相锁定放大器的工作原理和扩展功能。
(4) 掌握利用锁相放大器检测各种弱信号的方法和技巧。

【实验原理】

1. 锁相放大器

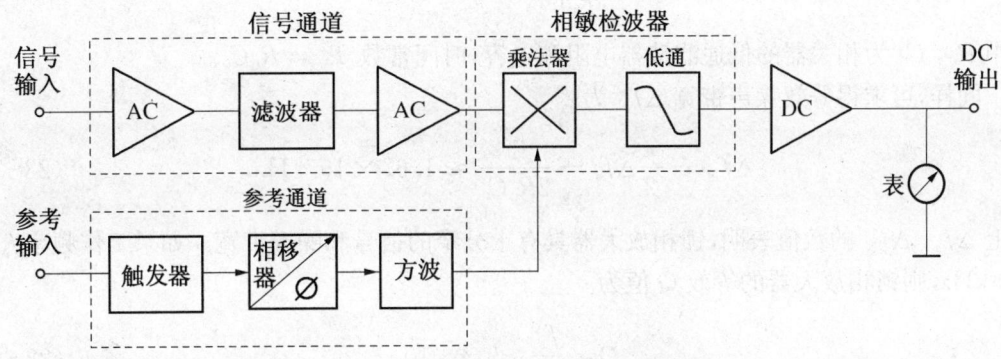

图 22-1 锁相放大器基本原理和结构

如图 22-1 所示,锁相放大器主要由信号通道、参考通道和相敏检波器三部分组成,其三部分主要功能:

信号通道包括低噪声前置放大器、有源滤波器、主放大器。它的作用是把微弱信号放大到足以推动乘法器的工作电平,并兼顾抑制噪声的功能。

不同的测量工作所有的传感器种类也不同,因而对放大器呈现出的信号源内阻也不一样。为了得到最佳的信噪比,应使放大器应工作在 3 dB 曲线之内。

信号通道中的滤波器可根据各种噪声特点,使用带通、高通、低通、陷波器等不同形式,也可以插入有源滤波器。这样可以在信号进入乘法器之前预先削弱一部分噪声,避免乘法器过载,从而能扩大锁相放大器的动态范围。

参考通道是指从参考信号输入到乘法器输入之前的部分,它的作用是产生与被测信号同步的参考信号,通常参考通道输出的是与被测信号同步的对称方波,用以去驱动乘法器工作。参考通道包括触发电路、相敏电路、方波形成电路和驱动级。输入参考通道的信号可以是正弦波、方波、三角波、脉冲等各种波形的周期信号。其各部件功能如下:

(1) 触发电路,能把各种波形的参考信号变成一定波形的同步脉冲去触发下一级电路分电路。

(2) 倍频电路的作用是把触发器输入进来的脉冲进行倍频,使参考通道输出的方波和被测信号的二次谐波同步。大多数的锁相放大器中都有 $2f$ 工作方式,在进行二次谐波响应的测量时需采用的方式。

(3) 相移电路是参考通道的重要部件,它的功能是改变参考通道输出方波的相位,要求相位在360°范围内可调。大多数的锁相大器的相移器是由一个 0°~100°连续可调的相移器和相移量可 0°,90°,180°,270°跳变的固定相移器联合组成。

(4) 方波形成电路的作用是将相移器送来的波形变成与被测信号同步的宽比严格为 1∶1 的方波,从而抑制了信号中的偶次谐波分量。

相敏检波器的工作特性在此不再赘述(详见实验二十一)。

本实验,考虑定量分析锁相放大器抑制噪声的能力。根据国内外多数仪器面板可控制参数,设定时间常数为最大值 $T_1 = 300\,\text{s}$,由等效信号带宽 Δf_s 与相关器时间常数之间的关系,用公式表示为

$$\Delta f_s = \frac{1}{\pi R_0 C_0} \approx 1.06 \times 10^{-3}\,\text{Hz} \tag{22-1}$$

式中 R_0,C_0 为相关器的低通滤波器电阻和电容,时间常数 $T_1 = R_0 C_0$。

同样,可求得等效噪声带宽 Δf_N 为

$$\Delta f_N = \frac{\pi}{2} \Delta f_s = \frac{1}{2R_0 C_0} \approx 1.67 \times 10^{-3}\,\text{Hz} \tag{22-2}$$

以上 Δf_s,Δf_N 的数值表明,锁相放大器具有十分窄的信号和噪声带宽。如果工作频率 $f_s = 100\,\text{kHz}$,则锁相放大器的等效 Q 值为

$$Q = \frac{f_s}{\Delta f_s} \approx 9.4 \times 10^7 \tag{22-3}$$

由式(22-3)可知,这样高 Q 值常规滤波器是无法达到的。由于锁相放大器的被测信号与参考信号严格同步,它不存在着频率的稳定性,所以它相当于一个"跟踪滤波器"。等效 Q 值由低通滤波器的积分时间常数决定。

若信道输出噪声带宽越窄,则信噪比改善越有效。对白噪声而言,噪声电压正比于噪声带宽的平方根。设仪器输入等效噪声带宽为 $\Delta f_{Ni} = 200\,\text{kHz}$,相关器输出等效噪声带宽为 $\Delta f_{No} = 1.67 \times 10^{-3}\,\text{Hz}$,则锁相放大器信噪改善比 $SNIR$ 为

$$SNIR = \frac{S_o/N_o}{S_i/N_i} = \sqrt{\frac{\Delta f_{Ni}}{\Delta f_{No}}} \approx 1.09 \times 10^4 \tag{22-4}$$

由式(22-4)可知,锁相放大器使信噪比提高了 1 万多倍,即功率信噪比提高了 80 dB 以上。若有辅助前置放大器,总增益可达 10^{11}(即 220 dB)能检测极微弱的信号;交流输入直流输出,其直流输出电压正比于输入信号幅度及被测信号与参考信号相位差的余弦;满刻度灵敏度 μV,nV,甚至于 pV 量级;非相干输入过载电压可达 60 dB 以上,即噪声大于信号数千倍以上时仍能正常检测。

2. 双相锁定放大器

若有两个完全相同的信号通道和相关器,分别由两个相互成正交的参数对称方波激励,

则两个相关器的输出分别为 V_I，V_Q 表示：

$$\begin{cases} V_I = KV_s\cos\varphi \\ V_Q = KV_s\sin\varphi \end{cases} \quad (22-5)$$

将式(22-5)变换为极坐标的表示式：

$$\begin{cases} A = \sqrt{V_I^2 + V_Q^2} \\ \varphi = \arctan\dfrac{V_Q}{V_I} \end{cases} \quad (22-6)$$

式中 V_I，V_Q 为用直角坐标表示的同相与正交输出分量，A，φ 分别为被测信号的振幅和相位。

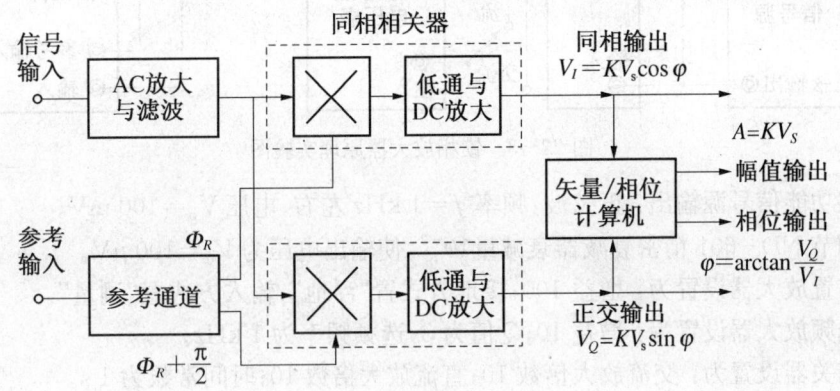

图 22-2　双相锁定放大器原理和结构

如图 22-2 所示，双相锁定放大器能将被测信号用直角坐标表示同相分量和正交分量，或用极坐标表示幅值和相位。由式(22-6)可知 A 的输出是不相敏的，因此双相锁定放大器具有功能扩展，可做如下仪器使用：

(1) 矢量电压表；
(2) 频谱分析仪；
(3) 噪声电压表；
(4) 动态特性测试仪。

【实验装置】

ND601 精密衰减器，ND501 微弱信号检测综合装置，HP33120A 多功能信号源，XJ4312 双踪示波器，BOIF 单色仪，YJ32-2 直流电源，调制器等设备。

【实验内容】

1. 锁相放大器原理和结构
(1) 锁相放大器。

如图 22-3 所示，虚线框以内的插件构成锁相放大器，虚线框以外的插件为测量仪器。使用同轴电缆和三通分支器进行线路连接。开启电源，预热 2 min 后，进行如下操作：

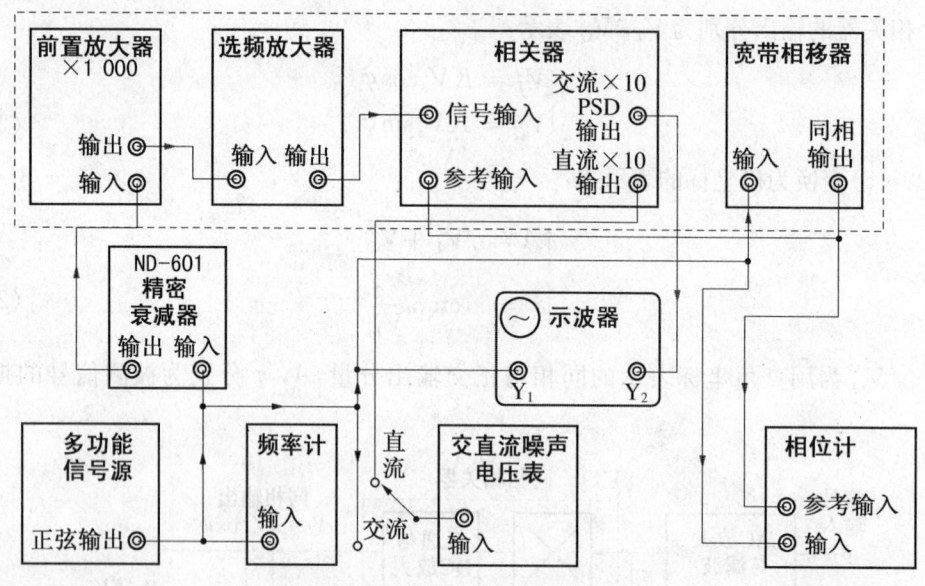

图 22-3 锁相放大器原理实验图

① 多功能信号源输出：正弦波，频率 $f=1\,\text{kHz}$ 左右，电压 $V_o=100\,\text{mV}$。

② 调节 ND-601 精密衰减器衰减量 10^{-3}，使输出电压为 $V_o=100\,\mu\text{V}$。

③ 前置放大器设置为：增益 100；接地方式置"浮地"；输入方式置"测量"。

④ 选频放大器设置为：增益 10；Q 值为 3，选频频率为 1 kHz。

⑤ 相关器设置为：交流放大倍数 10；直流放大倍数 10；时间常数为 1 s。

⑥ 用示波器观察相关器"加法器输出端"信号波形。

⑦ 调节选频放大器的选频率，微调 0.1 和 0.01 档的波段开关和电位器，使加法器输出信号电压为最大。

⑧ 改变选频放大器的 Q 值为 30，重复上述步骤⑦，使输出电压为最大，这时表明选频放大的频率为信号频率。

⑨ 调节宽带相移器的相移量，使相关器直流输出为 0 V。然而跳变相位 90°，这时用示波器观察到的相关器 PSD 波形应相似全波整流波形，相关器输出的直流电压最大，即为锁相放大器的输出电压，根据上述各插件的放大倍数此时相关器输出直流电压应为 10 V。

⑩ 重复上述①～⑨的测量方法，测量更小的信号，如 $10\,\mu\text{V}$，$1\,\mu\text{V}$，…。在整个测量过程中，注意观察输出信噪比和时间常数与输入灵敏度之间的关系，接地对测量微弱信号的影响。

（2）双相锁定放大器。

根据实验室提供的测量仪器和实验插件，由实验者设计一个双相锁定放大器实验原理图，拟定实验步骤并进行组装、调试、测量工作。将测量数据填入表 22-1 中进行计算，验证双相锁定功能，分析误差原因。提示：计算值 $\arctan\dfrac{V_Q}{V_I}$ 与测量值 $\varphi-\varphi_0$ 应相同，计算 $\arctan\dfrac{V_Q}{V_I}$ 时要考虑正、负号和象限。

表 22-1 双相锁定放大器实验数据

测量值			计算值	
V_I	V_Q	$\varphi - \varphi_0$	$A = \sqrt{V_I^2 + V_Q^2}$	$\arctan \dfrac{V_Q}{V_I}$

2. 锁相放大器应用

(1) 弱激励下发光二极管相对光谱响应的测定。

半导体发光二极管光谱响应是表征该器件性能的重要指标。应用锁相放大器进行光谱测量,一方面能提高测量系统的灵敏度和抗干扰能力;另一方面使测量工作不限于在暗室中进行。本实验目的是加深对锁相放大器原理及应用的理解。

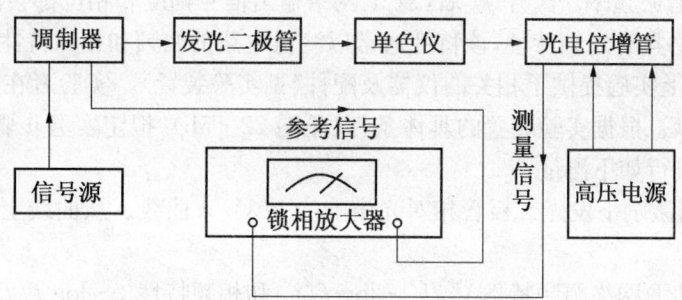

图 22-4 发光二极管相对光谱响应测量系统

如图 22-4 所示,由调制器调制信号并激励发光二极管,调制光由入射狭缝进入单色仪,经分光到出射狭缝处的光电倍增管上,转换成与出射狭缝光强成正比的电压信号 $V_s(\lambda)$。同时调制器产生一个与调制光同频的参考信号 V_R,输给锁相放大器参考通道。锁相放大器把信号 $V_s(\lambda)$ 中与调制频率相同的基波和奇次谐波检测出来,除此频率以外的干扰信号和噪声被抑制。

由于光源在不同波长的光强不同,如果用单色仪进行波长扫描时,输出的光强随波长发生变化,因此锁相放大器输出电压 $V_o(\lambda)$ 也随之变化。

在调制单色光的作用下,光源的光谱功率分布 $\gamma(\lambda)$ 与光电倍增管输出电压信号 $V_s(\lambda)$ 和灵敏度 $S(\lambda)$ 以及单色仪棱镜透过率 $T(\lambda)$ 和线色散率 $\left[\dfrac{dl}{d\lambda}\right]_\lambda$ 之间成如下关系:

$$\gamma(\lambda) = \dfrac{V_s(\lambda)}{S(\lambda) T(\lambda) \left[\dfrac{dl}{d\lambda}\right]_\lambda} \tag{22-7}$$

本实验,如果 $S(\lambda)$、$T(\lambda)$、$\left[\dfrac{dl}{d\lambda}\right]_\lambda$ 是与波长 λ 无关的常量,则只需测出电压 $V_o(\lambda)$ 与波长 λ 关系并对 $\gamma(\lambda)$ 进行归一化,即可得出发光二极管的相对光谱响应曲线。

(2) 双 T 网络特性的测定。

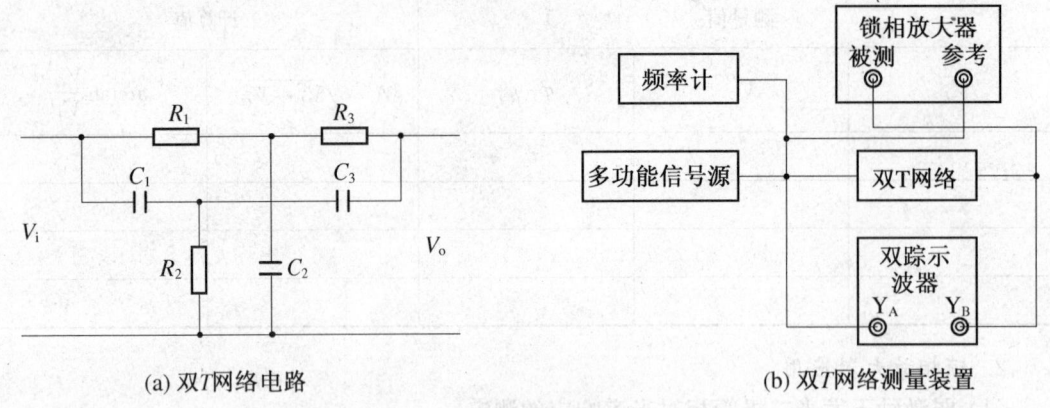

(a) 双T网络电路　　　　　　　(b) 双T网络测量装置

图 22-5　双 T 网络特性的测量

图 22-5(a)是双 T 网络电路图,它有两条支路,输入信号经过支路时会产生幅度和相位的变化。在某一特定频率 f_0 时,两条支路产生的信号幅度相等,相位相反,输出信号幅度为零,f_0 被称为谐振频率。离开 f_0 后,双 T 网络输出信号幅度和相位都会随着频率 f 而变化,因此双 T 网络具有选频特性,该特性通常以测量电路的幅频和相频特性来表征。

实验室为以上实验提供了相关的仪器及配件(见实验装置)。实验者在阅读所用仪器说明书和有关资料后,根据实验装置的具体条件(见图 22-5b),拟定实验步骤,设定相关仪器参数的最佳值,进行如下测量:

① 测绘出弱激励下发光二极管相对光谱响应 $\gamma(\lambda)$-λ 曲线。从曲线上求出半高宽 $\Delta\lambda$,分析光谱纯度。

② 测绘出双 T 网络幅频特性 V_o/V_i-$\log f/f_0$ 和相频特性 φ-$\log f/f_0$ 曲线。

根据实验现象及测量数据,分析讨论锁相放大器抑制噪声的能力及影响抑制噪声能力的因素。

【注意事项】
1. 锁相放大器是贵重仪器。使用前,必须了解它的工作原理、使用方法、面板控制旋钮功能。
2. 在使用中,必须逐步提高灵敏度。随时监视过载指示灯,一旦发现过载应及时加大时间常数,同时降低灵敏度。
3. 本实验,光电倍增管是采用负高压供电方式,即高压电源输出端正极接地。
4. 选择调制信号频率时,必须避免测量系统仪器的工作频率和外界干扰信号(包括奇次谐波)。

【思考题】
1. 测光调制方式有几种?选取的条件是什么?
2. 调制信号是否反映原来信号的信息?调制波形和频率选取原则是什么?

【参考文献】
[1]　唐鸿宾.微弱信号检测技术说明书.南京:南京大学微弱信号检测中心.
[2]　曾庆勇.微弱信号检测[M].杭州:浙江大学出版社,1994.
[3]　王圣佑,等.光测原理和技术[M].北京:兵器工业出版社,1992.

5.3 等离子体基本知识

一、等离子体的物理特性

等离子体(又称等离子区)定义为包含大量正负带电粒子而又不出现净空间的电离气体,是由大量带电粒子组成的非凝聚系统。也就是说,其中正负电荷密度相等,整体上呈现电中性。等离子体可分为等温等离子体和不等温等离子体,一般气体放电产生的等离子体属于不等温等离子体。

等离子体具有下列不同于普通气体的特性:
(1) 高度电离,是电和热的良导体,具有比普通气体大几百倍的比热容。
(2) 带正电的和带负电的粒子密度几乎相等。
(3) 宏观上是电中性。

虽然等离子体宏观上呈现是电中性的,但是由于电子的热运动,等离子体局部会偏离电中性。电荷之间的库仑相互作用,使这种偏离电中性的范围不能无限扩大,最终使电中性得以恢复。偏离电性的区域最大尺度称为德拜长度 λ_D。当系统尺寸 $L > \lambda_D$ 时,系统呈现电中性,当 $L < \lambda_D$ 时,系统可能出现非电中性。

二、等离子体的主要参量

描述等离子体的一些主要参量如下:
(1) 电子温度 T_e,它是等离子体的一个主要参量,因为在等离子体中电子碰撞电离是主要的,而电子碰撞电离与电子能量有直接关系,即与电子温度相关联。
(2) 带电粒子密度,电子密度为 n_e,正离子密度为 n_i,在等离子体中 $n_e \approx n_i$。
(3) 轴向电场强度 E_L,表征为维持等离子体的存在所需的能量。
(4) 电子平均动能 $\bar{E}_e$。
(5) 空间电位分布。

此外,由于等离子体中带电粒子间的相互作用是长程的库仑力,使它们在规则的热运动之外,能产生某些类型的集体运动,如等离子振荡,其振荡频率 f_p 称为朗谬尔频率或称为等离子体频率。电子振荡时辐射的电磁波称为等离子体电磁辐射。

三、等离子体的诊断方法

等离子体诊断方法分为接触法和非接触法两大类。接触法有朗谬尔探针法、霍尔效应法、阻抗测量法等,一般用来对大范围、均匀分布的等离子体参数进行诊断;非接触法有微波透射法、电荷收集器法、双谱线法等,一般用来对小范围或非均匀等离子体进行精确诊断,其特点是不对等离子体产生扰动。

1. 阻抗测量法

阻抗测量法以网络分析理论为基础,对射频放电电压、电流及相位角进行精确测量,结合等效电路模型得到等离子体阻抗的实部和虚部,再结合射频放电模型得到等离子体的电子密度[2]。一个线圈就可以组成一个简便的电流探头,用来测量与电流成正比的磁场强度H,电压探头用来测量与电压成正比的电场强度E,但要想完全屏蔽电场对电流探头的干扰很困难,因此仪表得到的电流示值为射频电压U和电流I共同叠加的结果,用S_I表示:

$$S_I = a_{11}I + a_{12}U \tag{5.3-1}$$

同样由于电流形成磁场的耦合,使得仪表得到的电压示值为射频电压U和电流I共同叠加的结果,用S_U表示:

$$S_U = a_{21}I + a_{22}U \tag{5.3-2}$$

由式(5.3-1)和(5.3-2)得

$$\begin{bmatrix} I \\ U \end{bmatrix} = \begin{bmatrix} a_{11} & a_{12} \\ a_{21} & a_{22} \end{bmatrix}^{-1} \begin{bmatrix} S_I \\ S_U \end{bmatrix} \tag{5.3-3}$$

通过对传感器的校正得到系数a_{11},a_{12},a_{13},a_{14},即可精确地测量射频电压U和电流I,进而得到放电管的阻抗Z,在此基础上测出无射频放电时阻抗$Z_0 = (j\omega c_0)^{-1}$算出c_0,电极间的电容c_{p0}可以由公式$c_{p0} = \varepsilon_0\varepsilon_r A/d$计算得出($A$为电极的面积,$d$为电极间的距离),则分布电容$c_s = c_0 - c_{p0}$。调整电极间距离使放电区域只有鞘层和负辉区,考虑到分布电容的存在,射频放电管等效电路如图5.3-1所示。

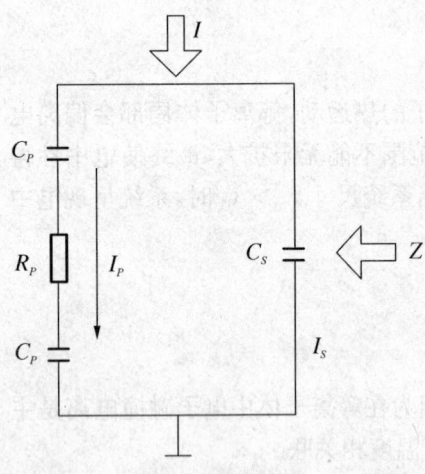

图5.3-1 射频放电管等效电路

图5.3-1中,I_P为通过等离子体的电流,I_S为通过分布电容的电流,C_S为分布电容,R_P为负辉区电阻,C_P为鞘层电容,Z_P为等离子体阻抗,Z为放电总阻抗,设A为电极面积,$\bar{d}$为电极鞘层平均厚度,求出等离子体阻抗Z_P,进而求出等离子体放电电压U,最后可求出电子密度:

$$n_e = \frac{\varepsilon_0}{2e\bar{d}^2}\sqrt{|U|^2 - [I_P R_P]^2} \tag{5.3-4}$$

式中,U值为测量值,$I_P = U/Z_P$,Z_P、R_P可由等效电路求出,此法测得的是电子的平均密度。

2. 双谱线法

根据原子发射光谱理论[3],受激原子从高能级向低能级跃迁时,将以光的形式辐射出能量,产生特定的原子光谱如图5.3-2。选择同种原子或离子的两条光谱线,在热力学平衡状态(TE)或局部热力学平衡状态(LTE)下,两条光谱线的辐射强度比满足:

$$\frac{I_1}{I_2} = \frac{A_1 g_1 \lambda_2}{A_2 g_2 \lambda_1}\exp\left(-\frac{E_1 - E_2}{kT_e}\right) \tag{5.3-5}$$

式中,I_1和I_2分别为两条谱线的发射光谱强,A_1和A_2为跃迁概率,g_1和g_2为统计权重,λ_1和λ_2为两谱线的波长,E_1和E_2为两谱线激发态能量,k为Boltzman常数,T_e为等离子体电

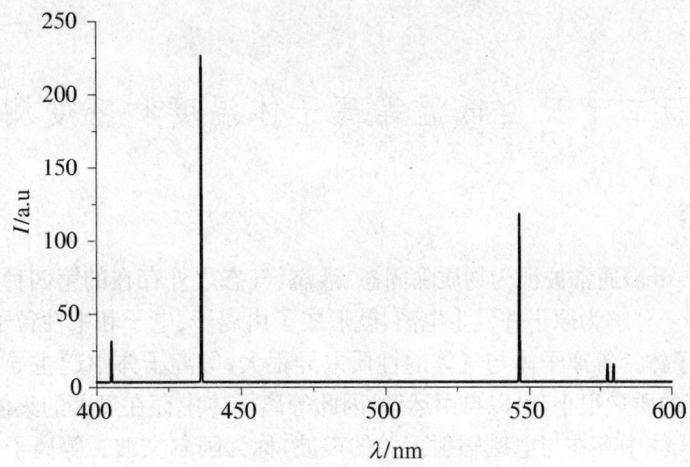

图 5.3-2　等离子体原子发射光谱

子温度。参数 A,g 和 E 值可以从光谱常数表、化学或物理常数手册中查到[4,5]。通过实验测定出两条谱线的强度后，代入相关光谱常数值，就可以获得等离子体的电子温度 T_e。

3. 微波透射法

微波透射法诊断原理是当微波进入等离子体中时，会引起那些谐振频率与微波一致的粒子的共振，共振将改变微波的传播，通过测量传播变化的信号，可以诊断出等离子体中粒子的分布。作为一种发展完善的、非扰动的诊断方法，微波干涉测量法在测量直流和 RF 辉光放电等离子体的电子数密度中得到了广泛的应用。微波透射法的关键是，当微波信号穿过等离子体传播时，采用微波网络分析器同时测量该微波信号的衰减和相移。由于衰减和相移与等离子体折射系数相关，而等离子体折射系数又是一个由阿普尔顿等式确定的复合值，因此我们可以从测定的衰减和相移中求解出电子密度和碰撞频率[6]。由阿普尔顿等式推导出衰减、相移和电子密度、碰撞频率之间的关系：

$$\alpha(\mathrm{dB}) = 10\log_{10}\left[\left(\frac{E}{E_0}\right)^2\right] = 10\log_{10}\left[\mathrm{e}^{-\frac{2d}{\delta}}\right] = 10\log_{10}\left[\mathrm{e}^{-\frac{2d\omega}{c}x}\right] = f(n_e, \nu_c, \omega, d) \quad (5.3-6)$$

$$\Delta\phi(\mathrm{degree}) = \phi - \phi_f\left(\frac{\omega}{c}\mu - \frac{2\pi}{\lambda}\right)d = g(n_e, \nu_c, \omega, d) \quad (5.3-7)$$

式中，n_e 为电子密度，ν_c 为碰撞频率，d 为波在等离子体中传播的距离，ω 为入射波的频率。

【参考文献】

[1] 项志遴，等. 高温等离子体诊断技术[M]. 上海：上海科学出版社，1982.
[2] 黄建军，等. 射频放电阻抗测量等离子体诊断研究[J]. 物理学报，2001，50(12).
[3] 发射光谱分析编写组. 发射光谱分析[M]. 北京：冶金工业出版社，1977.
[4] Corliss C H, Bozman W R. Experimental Transition Probabilities for Lines of Seventy Elements. Washington：National Bureau of Standard Monograph 53，1962.
[5] CRC Handbook of Chemistry and Physis[M]. 71th Ed. Boca Raton：CRC Press，1996.
[6] 詹如娟. ECR 微波等离子体特性的实验研究[J]. 真空科学与技术，1998，18(5)：390-394.
[7] 沙振舜，等. 新编近代物理实验[M]. 北京：南京大学出版社，2002.

实验二十三　低温等离子体温度和密度测量

【背景知识】

等离子体(plasma)通常被视为物质除固态、液态、气态之外存在的第四种形态。如果对气体持续加热,使分子分解为原子并发生电离,就形成了由离子、电子和中性粒子组成的气体,这种状态称为等离子体。等离子体与气体的性质差异很大,等离子体中起主导作用的是长程的库仑力,而且电子的质量很小,可以自由运动,因此等离子体中存在显著的集体过程,如振荡与波动行为。等离子体中存在与电磁辐射无关的声波,称为阿尔文波。等离子体是一种以自由电子和带电离子为主要成分的物质形态,具有很高的电导率,与电磁场存在极强的耦合作用。等离子体是由克鲁克斯在1879年发现的,1928年美国科学家欧文·朗缪尔和汤克斯(Tonks)首次将"等离子体"(plasma)一词引入物理学,用来描述气体放电管里的物质形态。严格来说,等离子体是具有高势能动能的气体团,等离子体的总带电量仍是中性,借由电场或磁场的高动能将外层的电子击出,结果电子便不再被束缚于原子核,而成为高势能高动能的自由电子。

等离子体可分为两种:高温和低温等离子体。高温等离子体只有在温度足够高时发生的。太阳和恒星不断地发出这种等离子体,组成了宇宙的99%。低温等离子体是在常温下发生的等离子体(虽然电子的温度很高)。低温等离子体可以被用于氧化、变性等表面处理或者在有机物和无机物上进行沉淀涂层处理。

常见等离子形态如表23-1所示。

表23-1　常见等离子体形态

人造等离子体	地球上的等离子体	太空和天体物理中的等离子体
• 荧光灯、霓虹灯灯管中的电离气体	• 圣艾尔摩之火	• 太阳和其他恒星(其中等离子体由于热核聚变供给能量产生)
• 核聚变实验中的高温电离气体	• 火焰(上部的高温部分)	• 太阳风
• 电焊时产生的高温电弧,电弧灯中的电弧	• 闪电	• 行星际物质(存在于行星之间)
• 火箭喷出的气体	• 球状闪电	• 星际物质(存在于恒星之间)
• 等离子显示器和电视	• 大气层中的电离层	• 星系际物质(存在于星系之间)
• 太空飞船重返地球时在飞船的热屏蔽层前端产生的等离子体	• 极光	• 木卫一与木星之间的流量管
• 在生产集成电路用来蚀刻电介质层的等离子体	• 中高层大气闪电	• 吸积盘
• 等离子球		• 星际星云

等离子态常被称为"超气态",它和气体有很多相似之处,比如:没有确定形状和体积,具有流动性,但等离子也有很多独特的性质。等离子体中的粒子具有群体效应,只要一个粒子扰动,这个扰动会传播到每个等离子体中的电离粒子。等离子体和普通气体的最大区别是它是一种电离气体。由于存在带负电的自由电子和带正电的离子,有很高的电导率,和电磁场的耦合作用也极强:带电粒子可以同电场耦合,带电粒子流可以和磁场耦合。描述等离子体要用到电动力学,并因此发展起来一门叫做磁流体动力学的理论。和一般气体不同的是,等离子体包含两到三种不同组成粒子:自由电子、带正电的离子和未电离的原子。这使得我们可以针对不同的组分定义不同的温度:电子温度和离子温度。轻度电离的等离子体,离子温度一般远低于电子温度,称之为"低温等离子体"。高度电离的等离子体,离子温度和电子温度都很高,称为"高温等离子体"。

相比于一般气体,等离子体组成粒子间的相互作用也大很多。一般气体的速率分布满足麦克斯韦分布,但等离子体由于与电场的耦合,可能偏离麦克斯韦分布。

本实验学生通过观察到气体放电现象,了解辉光放电等离子体的知识,掌握用 Langmuir 探针法和霍尔效应法测量等离子体的电子温度和离子密度等基本参量的测量方法。

【实验原理】

本实验所研究的是直流辉光放电等离子体,在放电管中,从阴极到阳极分为:(1)阿斯顿;(2)阴极辉区;(3)阴极暗区;(4)负辉区;(5)法拉第暗区;(6)正柱区;(7)阳极暗区;(8)阳极辉区。正柱区是我们实验所研究的等离子体区,该区气体高度电离、电场强度沿轴向恒定值。其光强、电位、场强沿放电管长 L 的分布如图 23-1 所示。

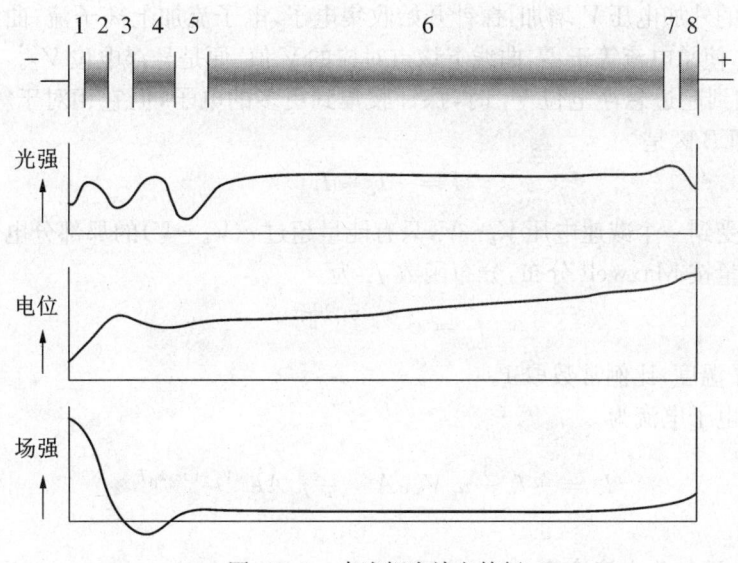

图 23-1 直流辉光放电特征

1. Langmuir 单探针方法

若在放电管两端加上一定的直流电压,起辉放电管。在正柱区中任何一点,装一根探针,该探针不与其他任何电极相连接,称之为"悬浮"。探针相对于等离子体的电位为 V_p。

实验时,按图 23-2 连接单探针电路,可以测得如图 23-3 所示的 I-V 曲线。其中 I 是探针总电流($I = -I_e + I_i$),V 是探针外加电压,$I_o = 0$ 所对应的 V 值相应于悬浮电位 V_f。

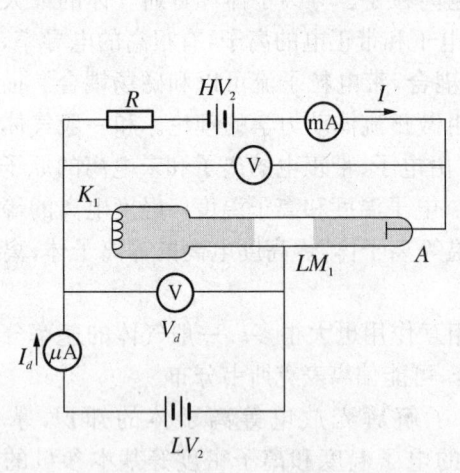

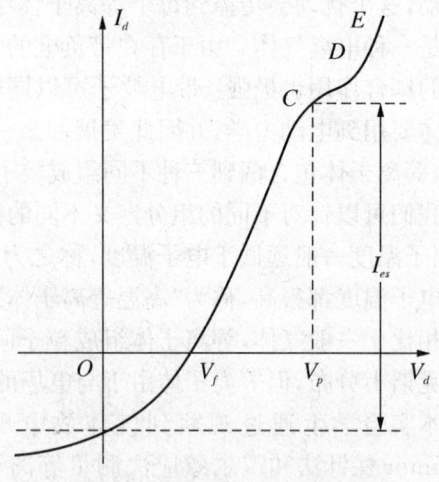

图 23-2 单探针测量原理　　　　图 23-3 单探针特征曲线

在图 23-3 的区域 A,探针电压足够负,以致几乎所有的电子都被排斥,所有向探针方向运动的离子都被收集。利用已学过的知识,知道单位时间打到探针的离子数是 $\dfrac{n_i A V_i}{4}$,式中 A 为探针截面积,n_i 为离子密度数,V_i 为离子平均速度。所以饱和离子电流为

$$I_i = \frac{1}{4} n_i V_i e A \tag{23-1}$$

当探针上的外加电压 V 增加,探针开始收集电子,电子流加上离子流,曲线上升。我们可以找到一点,使总电流等于零,曲线上该点对应的 V 值,便是悬浮电位 V_f。当探针上的外加电压 V 增加到超过悬浮电位 V_f 时,探针收集到更多的电子,但它相对于等离子电位 V_p 仍然是负的,即 B 区是

$$I = -I_e + I_i \tag{23-2}$$

因为电子受到一个减速电压 $V_p - V$,只有能量超过 $e(V_p - V)$ 的那部分电子才能到达探针。设电子能量按 Maxwell 分布,分布函数 f_e 为

$$f_e = e^{-(V_p - V)e/k_B T_e} \tag{23-3}$$

式中 T_e 为电子温度,比例常数取 1。

由此探针电子电流为

$$I_e = -f_e \frac{1}{4} n_e V_e e A = -j_r A e^{-(V_p - V)e/k_B T_e} \tag{23-4}$$

式中 $j_r = \dfrac{1}{4} n_e V_e e$ 为电流密度。

将式(23-4)两边取对数然后对外加电压 V 求微商得

$$\frac{d[\ln(-I_e)]}{dV} = \frac{e}{k_B T_e} \tag{23-5}$$

在半对数纸上作 $\ln(-I_e)$ 与 V 曲线,便可求得电子温度 T_e。如果探针处于等离子体中的面积为 A,则此时探针收集到的电子流由下式给出:

$$I_{es} = \frac{1}{4} n_e V_e eA = en_e A \sqrt{k_B T_e / 2\pi m_e} \qquad (23-6)$$

由此得到探针所在处的电子密度为

$$n_e = \frac{I_{es}}{eA} (2\pi m_e / k_B T_e)^{1/2} \qquad (23-7)$$

式中,I_{es} 为饱和电子流。

2. Langmuir 双探针法

图 23-4 是双探针法的测量线路图,探针 LM_1 和探针 LM_2 的面积分别 A_1 和 A_2(两探针截面积尽可能相等)置于等离子体中,且位置相当接近,使它们所在处的等离子体具有相同的性质。可调电位加在两探针之间,探针系统内就有电流流过。整个双探针系统不同任何电极连接,称为悬浮双探针系统。V_d 改变时得到 I_d-V_d 曲线,图 23-5 即为双探针系统特征曲线。

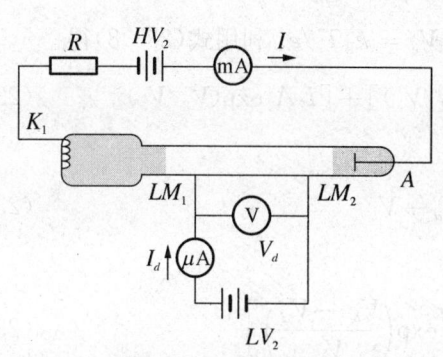

图 23-4 双探针测量原理

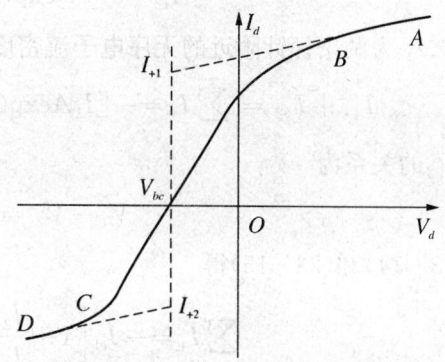

图 23-5 双探针特征曲线

图 23-6 是双探针系统的电位分布。V_d 是外加偏置电压,V_1 和 V_2 是两个探针相对于它们所在处等离子体的电位,V_{bc} 是等离子体之间的电位差。因为整个系统是悬浮的,所以从等离子体流入探针系统的净电流必须为零。因此

$$(I_{+1} + I_{+2}) + (I_{e1} + I_{e2}) = 0 \qquad (23-8)$$

式中 I_{+1}、I_{+2}、I_{e1}、I_{e2} 分别是到达探针 LM_1 和 LM_2 的离子流和电子流。这是探针系统的基尔霍夫定律。由于系统悬浮,当 V_d 增加时,V_1 减小,同时 V_2 向相反方向增加。即

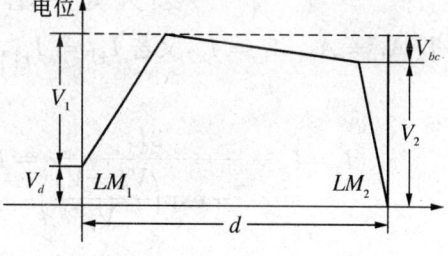

图 23-6 双探针系统电位分布

$$V_d = |\Delta V_1 + \Delta V_2| \qquad (23-9)$$

在图 23-6 中,取探针 LM_1 处等离子体电位为零点,随着 V_d 的增加,最后到某一点,此时探针 LM_2 的电位太负,$I_{e2} = 0$,探针 LM_2 只吸收正离子。式(23-8)变为

$$-I_{e1} = I_{+1} + I_{+2} \qquad (23-10)$$

这种情况对应于图 23-5 的 B 点和 C 点,只要两个探针的面积差别不大,当探针 LM_1 的电

位仍低于等离子体电位时,此条件就能满足。因此,悬浮双探针系统的两个探针,通常总是处于等离子体更负的电位。

V_d 继续增加,由于 $I_{e2}=0$,V_1 必须自行调整,使 I_{e1} 满足式(23-10),V_d 的增加,只使 V_2 变得更负,双探针曲线的这一部分称为饱和区,即图 23-5 中的 AB 段和 CD 段。当 $V_d=V_{bc}$ 时,电位分布如图 23-6 所示,这时 $V_1=V_2=V_f$,V_f 为探针的悬浮电位。即

$$V_f = \frac{k_B T_e}{2e} \ln\left(\frac{\pi m_e}{2M_+}\right) \tag{23-11}$$

这时 $I_{e1}=I_{+1}$,$I_{e2}=I_{+2}$。因此,探测电流 $I_d=0$,特性曲线与横坐标相交,即图 23-5 中 V_{bc} 那一点。如果两探针所处的等离子体电相位等,即 $V_{bc}=0$,则探针曲线通过坐标原点。

以上定性地分析了悬浮双探针系统的电位分布特性曲线,下面推导双探针特性曲线方程。

假设等离子体内电子速度分布服从 Maxwell 分布,则到达两探针的电子流为

$$I_{e1} = I_1 A_1 \exp(V_1/V_e) \quad V_1 < 0 \tag{23-12}$$

$$I_{e2} = I_2 A_2 \exp(V_2/V_e) \quad V_2 < 0 \tag{23-13}$$

式中 I_1、I_2 为两个探针附近的无序电子流密度,$V_e = k_B T_e/e$。利用式(23-8)得

$$I_{+1} + I_{+2} = \sum I_+ = -[I_1 A \exp(V_1/V_e)] + [I_2 A_2 \exp(V_2/V_e)] \tag{23-14}$$

V_1 与 V_2 的关系为

$$V_1 - V_2 = V_d - V_{bc} \tag{23-15}$$

由式(23-14)和(23-15)得

$$\sum I_+ = -I_{e1}\left[1 + \frac{I_2 A_2}{I_1 A_1}\exp\left(\frac{V_{bc}-V_d}{V_e}\right)\right] \tag{23-16}$$

探针系统电流为

$$I_d = I_{+1} + I_{e1} = -(I_{+2} + I_{e2}) \tag{23-17}$$

若 $A_1 = A_2$,$I_1 = I_2$,又若 $I_{+1} = I_{+2}$,且与探针电位无关,则

$$I_d = I_+ - \frac{2I_+}{1+\exp\left(\frac{V_{bc}-V_d}{V_e}\right)} = I_+ \cdot \left[\frac{\exp\left(\frac{V_{bc}-V_d}{V_e}\right)-1}{\exp\left(\frac{V_{bc}-V_d}{V_e}\right)+1}\right] = I_+ \cdot th\left(\frac{V_{bc}-V_d}{2V_e}\right)$$

$$\tag{23-17a}$$

这就是对称双探针特征曲线的数学表达式。此式表明,特性曲线对于 $V_d = V_{bc}$ 这一点是对称的,从此式可以出,$|V_d|$ 大时,$|I_d| \to I_+$ 即进入饱和区,这正同上面分离特征曲线在 $I_d = 0$ 处的斜率为

$$\left.\frac{dI_d}{dV_d}\right|_{V_d=V_{bc}} = -\frac{I_+}{2V_e} = \frac{eI_+}{2k_B T_e} \tag{23-18}$$

由于两探针面积不可能完全相等,所以探针曲线不完全对称,$I_+ \neq |I_{+2}|$,这时可取

$I_+ = \dfrac{|I_{+1}|+|I_{+2}|}{2}$,则式(23-18)就成为

$$\left.\dfrac{dI_d}{dV_d}\right|_{V_d=V_{bc}} = \dfrac{e(I_{+1}+I_{+2})}{4k_BT_e} \tag{23-19}$$

由此得到

$$T_e = \dfrac{e}{4k_B} \cdot \dfrac{|I_{+1}|+|I_{+2}|}{\left.\dfrac{dI_d}{dV_d}\right|_{V_d=V_{bc}}} \tag{23-20}$$

饱和离子流

$$I_+ = 0.61en_eA\left(\dfrac{k_BT_e}{M_+}\right)^{1/2}$$

因此

$$n_e \approx n_i = \dfrac{1}{2}\left[\dfrac{I_{+1}}{0.61eA_1\left(\dfrac{k_BT_e}{M_+}\right)^{\frac{1}{2}}} + \dfrac{I_{+2}}{0.61eA_2\left(\dfrac{k_BT_e}{M_+}\right)^{1/2}}\right] \tag{23-21}$$

式中 M_+ 为离子质量。

3. 霍尔效应法

等离子体中的带电粒子在极间电场作用下沿电场方向将产生迁移运动。在等离子体中"悬浮"一对平行板,在等离子体外面加一均匀磁场,保持磁场方向和电子迁移运动方向以及平行板法线方向三者之间互相垂直,如图23-7和图23-8所示,那么,具有电荷量 e 和迁移速度 $U_\perp$ 的电子在磁场中将受到一个力为

$$\boldsymbol{F}_B = -e\boldsymbol{U}_\perp \times \boldsymbol{B} \tag{23-21}$$

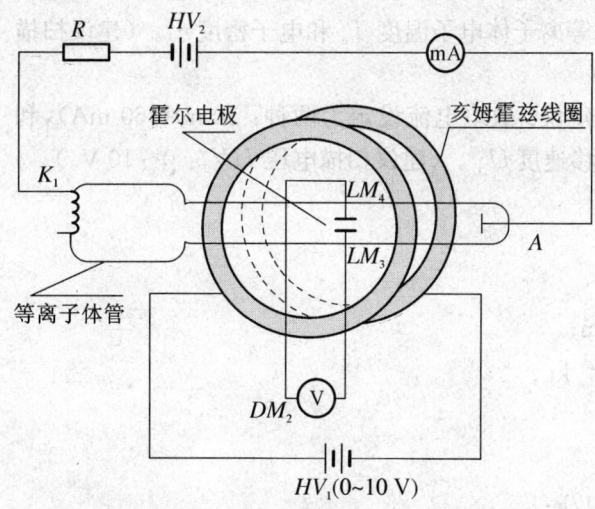

图 23-7 霍尔效应法原理

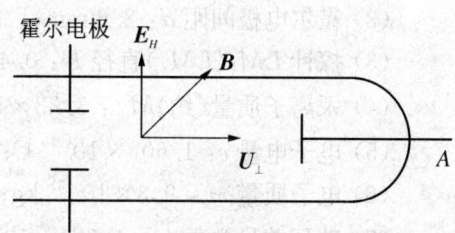

图 23-8 带电粒子受力示意图

式中B为磁感强度。

这个作用力使电子向平行板法线方向偏转,从而建立起电场E_H,这个电场对电子也将产生作用力

$$F = eE_H \tag{23-22}$$

当电场作用在电子上的力和电场的作用力达到平衡时有

$$eE_H = eU_\perp B \tag{23-23}$$

或

$$U_\perp = \frac{E_H}{B} = \frac{V_H}{Bd} = \frac{V_H}{B} \cdot \frac{1}{d} \tag{23-24}$$

式中d是平行板间距,V_H是霍尔电压,$\frac{V_H}{B}$为霍尔电压随磁场变化拟合直线的斜率。通过放电管的电流是

$$dI = jdA = n_e(r)eU_\perp 2\pi r dr \tag{23-25}$$

式中r为放电管半径。如果把$n_e(r)$看作为一个常数,有

$$I = n_e e\pi r^2 U_\perp \tag{23-26}$$

即得

$$n_e = \frac{I}{e\pi r^2 U_\perp} \tag{23-27}$$

当给出不同B值,可测出对应的霍尔电压V_H,由式(23-24)、(23-27)求出电子迁移速度$U_\perp$和电子密度n_e。

【实验内容】

实验前,请实验者认真预习实验讲义和有关参考资料,拟定实验步骤,再进行如下测量:

(1) 用双探针法测量I-V曲线,计算等离子体电子温度T_e和电子密度n_e。(建议扫描电压LV_2:$-30\sim10$ V。)

(2) 用霍尔效应法测量B-V_H曲线(建议:放电电流设定为两种:30 mA、60 mA),利用计算机绘图,计算电子密度n_e和电子迁移速度$U_\perp$。(建议扫描电压HV_1:$0\sim10$ V。)

与本实验有关的参量:

(1) 放电管半径r:2.8 mm;
(2) 霍尔电极间距d:2.6 mm;
(3) 探针LM_1(LM_2)直径D:0.4 mm;
(4) 汞离子质量(约)M_+:3.33×10^{-25} kg;
(5) 电子电量e:1.602×10^{-19} C;
(6) 电子质量m_e:9.3×10^{-31} kg;
(7) 玻耳兹曼常数k_B:1.381×10^{-23} J/k;
(8) HV_1-B对照表见表23-2。

表 23-2　HV_1-B 对照表

电压 HV_1/V	1	2	3	4	5	6	7	8	9	10
磁场 B/mT	0.30	0.52	0.75	0.96	1.18	1.40	1.61	1.83	2.05	2.26

【注意事项】

1. 所有线路连接无误后方可打开主机电源，连接或断开相关模块的连接电缆前必须将相应的电压或电流调节至零。
2. 放电管工作时相当于一个半导体，阴极、阳电极引线相对地都有一定的高压，实验过程中切勿用手触摸引线。
3. 本仪器开机后相关实验模块可能带有高电压，请谨慎操作，避免触电。

【思考题】

1. 比较单探针和双探针两种方法的差异，双探针法测量优点有哪些？
2. 采用霍尔效应法测量时，为什么要采用空心线圈和较小的励磁电流？
3. 分析以上两种实验方法的误差来源。

【参考文献】

[1] 项志遴，俞昌旋.高温等离子体诊断技术[M].上海：上海科学技术出版社，1982.
[2] 徐学基，诸定昌.气体放电物理[M].上海：复旦大学出版社，1996：121-126，43-61.
[3] Auciello O.等离子体诊断.第一卷[M].郑少白，胡建芳，郭淑静，等译.北京：电子工业出版社，1994：136-137.
[4] 孙大明.气体放电等离子体参量的霍尔效应诊断[J].安徽大学学报，1982，(2).
[5] 李明，王叶，耿在斌.等离子体综合实验仪.物理实验，2009，(11).

单元六 核物理测量技术

核技术概述

随着人们对核辐射与物质相互作用规律越来越深入的了解,如今核技术已广泛地应用到许多科学领域中,如固体性质,离子注入,辐射损伤,探伤和测厚,诊断和治疗肿瘤等。

我们开设的核物理实验主要内容是了解核衰变的规律及核辐射与物质作用的基本规律,了解各种核探测器(如 NaI 闪烁计数器、半导体探测器)以及放射源的安全使用和防护知识。

一、放射性

(1) 一般特性:是原子内部一种自发过程,与其所处化学状态、外界条件无关。

(2) 衰变的类型及其性质见下表:

衰变类型		射线性质
α 衰变	$_Z^A X \to\, _{Z-2}^{A-4} Y + _2^4 \alpha$	贯穿力小,电离本领最大
β 衰变	$_Z^A X \to\, _{Z-1}^A Y + e^+$	贯穿力较大,电离本领较小
	$_Z^A X \to\, _{Z+1}^A Y + e^-$	
γ 衰变	$_Z^A X \to\, _Z^A X + \gamma$	贯穿力最大,电离本领最小
K 捕获	$_Z^A X + e^- \to\, _{Z-1}^A Y$	

(3) 衰变规律:实验表明放射衰变是遵守下列规律的:

$$N = N_0 e^{-\lambda t}$$

式中,N_0 为时间 $t = 0$ 时的原子核数目;N 为经过 t 时后还存留的原子核数目;λ 为比例常数,是放射物放射衰变快慢的标志,称为衰变常数。

二、常用核仪器的功能及使用

1. 单道脉冲幅度分析器

单道脉冲幅度分析器(简称单道),是对输入脉冲进行幅度分选的仪器。它的基本工作原理如图 6.1-1(a)所示,它由上、下两个甄别器和一个反符合电路组成。上、下两个甄别器有相应的两个阈电压,若下甄别器的阈电压设为 V,则上甄别器的阈电压为 $V+\Delta V$,ΔV 称为道宽(或称能量窗口宽度),反符合电路的作用是一种对同时性事件相斥的电路,即仅当一个输入端有脉冲输入时才有脉冲输出。这样,脉冲 A 和 C 均不能使反符合有信号输出,只有介于上、下甄别阈之间的脉冲 B 才能触发反符合电路使单道有脉冲输出,送到定标器计数,如图 6.1-1(b)所示。

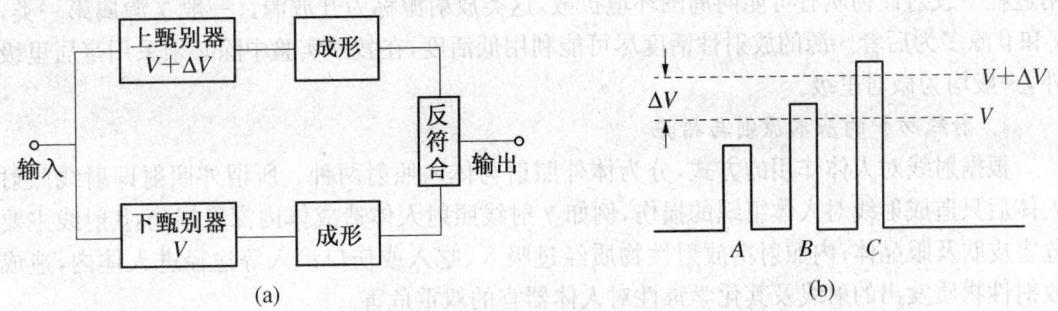

图 6.1-1 单道脉冲幅度分析器原理图

若通过不断改变下甄别阈电压 V,而保持 ΔV 不变,就可以将输入脉冲按幅度分选出来,以达到幅度分析的目的,由此得到脉冲记数率按其幅度分布的曲线叫作"能谱曲线"。以上是单道分析器作"微分"测量时的情形,当作"积分"测量时,上甄别器不输出脉冲到反符合电路,故只要幅度高于下甄别阈的脉冲都能通过分析器记数。

2. 多道分析器

多道分析器相当于多个单道分析器。按其道数可分为 256 道、512 道、1 024 道等。它有采集数据和简单数据处理功能,实际上是一个程序固化、带有输出输入接口的专用微机。现在通常在通用微机内插入放大卡、模数转换(ADC)卡、接口卡和高压电源卡就构成一台多道分析器。它具有结构灵活、可靠性高、操作方便、可用高级语言自行编程等优点。用单道分析器测能谱,每次记录的只是落入 V 和 $V+\Delta V$ 之间的脉冲信号,要测一条能谱,要不断地改变 V 值,逐段进行测量,而且 ΔV 取得越小,所测能谱越精确,但所用时间越长。多道分析器则不同,它首先对每个输出脉冲进行测量,然后按其幅度大小分别记录到相应道中去,并能在多道显示屏上观察到被测放射源的能谱曲线。

三、放射性强度 I

一定量的放射性核素在单位时间 dt 内发生的核衰变次数 dN,称为该放射源的放射性强度(也称活度),用 I 表示,即

$$I = dN/dt$$

其国际单位是贝可勒尔(Becquerel),简称"贝可"(Bq)。1 Bq 表示每秒发生一次核衰变的放射源强度。习惯上也常用居里(Ci)作放射性强度的单位。这些单位的关系如下:1 Bq = 1 个/秒,注意:个/秒指的是衰变数,而不是指放出粒子数。1 居里(Ci) = 3.7×10^{10} 个/秒 = 3.7×10^{10} Bq,1 毫居里(mCi) = 3.7×10^{7} 个/秒,1 微居里(μCi) = 3.7×10^{4} 个/秒。

四、放射源的安全操作与防护

核辐射能够对人体产生损伤。损伤是在一定剂量下发生的,并且是可以防护的。

在我们开设的核物理实验中,所用放射源基本上分为两类:一类是将放射性物质放在密封的容器中,在正常使用情况下无放射性物质的泄露称为封闭源;另一类是将放射性物质黏附在托盘上或电镀在托盘上(有时在这种源的活性面上覆盖上一层极薄的有机膜),在使用过程中放射性物质有可能向周围环境扩散,这类放射源称为开放源。一般 γ 源属第一类,α 和 β 源多为后者。源的放射性活度尽可能利用低活度,在教学实验中除必须采用毫居里级外,一般均为微居里级。

1. 射线防护的基本原则与措施

根据射线对人体作用的方式,分为体外照射与体内照射两种。所谓外照射即射线照射人体后只造成射线对人体组织的损伤,例如 γ 射线照射人体造成体内深度损伤,β 射线主要危害皮肤及眼晶体;内照射指放射性物质经过吸入、吃入或伤口渗入等途径进入体内,造成放射性物质发出的射线及其化学毒性对人体器官的双重危害。

(1) 外照射防护原则及措施:

(a) 在操作放射源前应作好充分准备工作,减少接触放射源的时间;

(b) 增大人体与放射源距离;

(b) 设置必要的屏蔽。

(2) 内照射防护原则与措施:

(a) 防止放射性物质由呼吸道进入体内。在操作开放性液体源时,需在通风柜中进行;操作粉末状态放射性物质,必须在手套箱中进行。

(b) 防止放射性物质经手转移或直接入口;在操作开放性放射源时,应佩戴口罩、手套等防护用品。实验后特别要注意手的清洁。

(c) 防止放射性物质经体表进入体内,面部和手臂等处有破伤时不能进行开放性放射源的操作。

在本单元实验中不使用开放性液态和粉末状放射性物质,但仍要注意因 α 源、β 源等放射性物质脱落而造成的照射的可能性。

2. 放射源的安全操作

(1) 放射源置于固定存放地点,并加铅室屏蔽,实验结束后应立即归还原处。

(2) 任何形式封装的放射源,均不得直接用手接触,取放放射源必须使用专用镊子或托盘等专用工具,用毕应立即归还原处。

(3) 操作 X、β 放射源时,应佩戴防护眼镜,切忌用眼睛直视活性区。

(4) 若遇有放射源跌落、封装破裂等意外事故发生,应及时报告实验室管理人员妥善处理,并检查出事地点及附近玷污情况。

实验二十四 半导体α谱仪

【实验目的】

(1) 了解α射线在物质中能量损失和射程。
(2) 了解α谱仪的工作原理及其特性。
(3) 掌握应用α谱仪测量能谱的方法。

【实验原理】

1. 载能重带电粒子在物质中的能量损失

天然放射性物质放出的α粒子,能量范围是3~8 MeV。在这个能区范围内,α粒子的核反应截面很小,α粒子与原子核的卢瑟福散射概率也很小,α粒子与物质相互作用的主要方式是与核外电子的碰撞。通过碰撞将能量转移给电子,导致原子的电离和激发。α粒子的质量比电子大很多,所以每碰撞一次,只有一小部分能量转移给电子。当它通过吸收体时,经过多次碰撞后,才损失较多能量。每一次碰撞后,α粒子的运动方向基本上不发生偏转,因此它的径迹是直线。带电粒子在吸收体内单位路程上的能量损失用$-\frac{dE}{dx}$表示,$-\frac{dE}{dx}$称为电离能量损失率,负号表示随着路径增加能量将减少。$-\frac{dE}{dx}$也称为阻止本领,阻止本领的单位一般用 MeV/cm,也可用单位质量厚度上的能量损失,即用 MeV/(mg/cm^2)。设带电粒子的质量为M,电荷为ze,入射能量为E_0,速度为$v(v\ll c)$,吸收体单位体积内有N个原子数,吸收体的原子序数为Z,单位体积内的电子数就是NZ。吸收体物质中的电子的质量为m_e,电荷为$-e$。量子理论导出的能量损失公式是:

$$-\frac{dE}{dx} = \frac{4\pi z^2 e^4 NZ}{m_e v^2}\ln\left(\frac{2m_e v^2}{I}\right) \qquad (24-1)$$

由上式我们可以得出:
(1) 阻止本领只与入射粒子的速度有关,与它的质量无关。
(2) 阻止本领与带电粒子的电荷数平方成正比。
(3) 阻止本领与NZ成正比,即密度很大,原子序数高的物质,其阻止本领大。

2. 重带电粒子的射程

带电粒子在物质中运动时,不断损失能量,最终就停留在物质中,沿入射方向它穿过的最大距离,称为入射粒子在此物质中的射程,用R表示。对于天然放射性核所放α粒子,在空气中的射程为

$$R_0 = 0.318 E^{3/2} \qquad (24-2)$$

式中,能量单位为 MeV,射程单位为 cm。α粒子在其他物质中的射程为

$$R = 3.2 \times 10^{-4} \frac{\sqrt{A}}{\rho} R_0 \qquad (24-3)$$

式中，A 为该物质原子量，ρ 为密度，单位为 g/cm³。

3. 半导体 α 谱仪的组成

半导体 α 谱仪的探测器是金硅面垒探测器，金硅面垒探测器是用一片 N 型的硅，蒸上一层金(100～200 Å)，接近金膜的那层硅具有 P 型硅的特性，这种方式形成的 PN 结靠近表面层，结区即探测粒子的灵敏区。探测器工作时加反向偏压。α 粒子在灵敏区内损失能量转变为与其能量成正比的电脉冲信号，经放大并由多道分析器测出幅度的分布，从而给出 α 粒子的能谱。金硅面垒探测器要放在真空中保存，要注意避光、防潮。

金硅面垒探测器灵敏区厚度 d_N 和结电容 C_d 与探测器偏压有如下关系：

$$d_N = 0.505 \, (\rho U)^{1/2} \, (\mu m) \qquad (24-4)$$

$$C_d = 2.1 \times 10^4 \, (\rho U)^{-1/2} \, (\mu F/cm^2) \qquad (24-5)$$

式中，ρ 为材料电阻率，U 为反向偏压。因灵敏区的结电容和厚度均取决于偏压，所以偏压的选择首先要使 α 粒子的能量全部损失在灵敏区中，并且所产生的离子对全部被收集；此外，结电容对前置放大器来说还起着噪声源的作用。这样看来，偏压选得高一些，谱仪的能量分辨率会好一些。但是，偏压提高，探测器漏电流增大，反而使能量分辨率降低。所以，为了得到最佳的谱仪能量分辨率，必须选择最佳的偏压范围。

4. 谱仪的能量刻度

谱仪的能量刻度就是确定 α 粒子的能量和脉冲幅度之间的对应关系。我们用一个 α 粒子源 ^{241}Am 和一个精密脉冲发生器来作能量刻度。α 谱仪的能量分辨率也用谱线的半高全宽度 FWHM 表示。即谱线峰值计数的一半时的能谱的宽度。

5. 确定 ^{241}Am α 衰变的相对强度

用半导体 α 谱仪可以测量 α 粒子能谱，还可以测量多种能量的 α 粒子能谱的强度之比。如 ^{241}Am 有五个不同能量的 α 衰变，可以用谱仪确定它们的强度比。本实验将测量分支比最大的两个 α 衰变的强度比，它们是 5.476 MeV(84.4%)和 5.433 MeV(13.6%)。

【实验装置介绍】

该实验装置由半导体 α 谱仪、精密脉冲发生器、8192 道脉冲幅度分析器、真空装置及一个放射源 ^{241}Am 组成。

【实验内容】

(1) 测量 α 能谱随偏压变化曲线。
(2) 选择适当的工作条件，如偏压、气压等，使谱仪能量分辨率最佳。
(3) 用 α 源和精密脉冲发生器作 α 谱仪能量刻度。
(4) 测量 α 粒子的射程。
(5) 测量 ^{241}Am 的 α 衰变的相对强度。

【思考题】

1. 试定性讨论粒子穿过吸收体后能谱展宽的原因。

2. 解释 α 能谱分辨率随偏压变化曲线的特征,并说明选择探测器偏压应考虑哪些因素。
3. 如何计算 ^{241}Am α 衰变的相对强度?

【参考文献】

[1] 北京大学,复旦大学. 核物理实验. 北京:原子能出版社,1984.
[2] 杨福家,王炎森,陆福全. 原子核物理. 上海:复旦大学出版社,2002.

实验二十五　相对论效应

【背景知识】

20世纪初,物理学基本观念经历了三次影响深远的革命,作为这三次革命的标志和成果,就是狭义相对论、广义相对论和量子力学的建立。物理科学中有两个十分重要的实验发现一直困扰着人们:一个是1887年由迈克尔逊和莫雷所做的光速实验;另一个是所谓的黑体辐射。狭义相对论改变了人们关于时间和空间的观念:从牛顿的绝对时空观念而成为四维时空观,这就是爱因斯坦于1905年提出的相对性原理和光速不变原理。爱因斯坦狭义相对论已为大量的实验所证实,并应用于近代物理的各个领域,是设计所有粒子加速器的基础。

本实验通过同时测量速度接近光速 c 的高速电子(粒子)的动量和动能来证明狭义相对论的正确性。能量为 1 MeV 粒子速度为 $0.94c$.实验所用粒子的能量在 $0.4\sim 2.27$ MeV 范围。其速度非常接近光速。所以能验证动质能的相对论关系。学习磁谱仪的测量原理及其他核物理的实验方法和技术。γ射线是原子核衰变或裂变时放出的辐射,本质上它是一种能量比可见光和X射线高得多的电磁辐射。利用γ射线和物质相互作用的规律,人们设计和制造了多种类型的射线探测器,闪烁探测器即是其中之一。它是利用某些物质在射线作用下发光的特性来探测射线的仪器,既能测量射线的强度,也能测量射线的能量,在核物理研究和放射性同位素测量中得到广泛的应用。本实验介绍一种常用的γ射线测量仪器:碘化钠单晶γ射线探测仪及粒子的动量和动能相对论效应。

【实验原理】

在爱因斯坦的论文"论动体的电动力学"发表之前,力学定律、时间、长度、加速度、质量、同时性,这些概念被认为是绝对的,点的坐标、速度被认为是相对的。在爱因斯坦发表这篇论文以后,只有物理定律和光速被看作绝对的,其他的,不仅点的坐标和光速,而且包括时间、长度、质量、同时性都必须看成相对的。爱因斯坦狭义相对论两个基本假设:① 相对性原理——所有物理定律在所有惯性参考系中均有完全相同的形式;② 光速不变原理——在所有惯性参考系中,光在真空中的传播速度在各个方向都是相同的,与光源和参考系的运动无关。

牛顿经典力学理论认为一个质量为 m、速度为 v 的物体所具有的动量为 $p=mv$,与速度成正比;所具有的动能为 $E_k=\frac{1}{2}mv^2$,与速度的平方成正比。由此得到运动物体动能与动量的经典关系为

$$E_k = \frac{p^2}{2m} \tag{25-1}$$

相对论理论认为物体的质量与它运动的速度有关,即满足

$$m = \frac{m_0}{\sqrt{1-\left(\frac{v}{c}\right)^2}} \qquad (25-2)$$

式中，m_0 为静止质量，c 为真空中的光速，v 为物体的速度。狭义相对论定义的动量 p 为

$$p = mv = \frac{m_0 v}{\sqrt{1-\beta^2}} \qquad (25-3)$$

式中 $\beta = v/c$。相对论定义的能量为

$$E = mc^2 \qquad (25-4)$$

这就是著名的质能关系，mc^2 是运动物体的总能量；当物体静止时，$v=0$，物体的能量为 $E_0 = m_0 c^2$ 称为静止能量，两者之差为物体的动能 E_k，即

$$E_k = mc^2 - m_0 c^2 = m_0 c^2 \left[\frac{1}{\sqrt{1-\beta^2}} - 1\right] \qquad (25-5)$$

由式(25-3)和(25-4)可得

$$E^2 - c^2 p^2 = E_0^2 \qquad (25-6)$$

这就是狭义相对论的动量与能量关系。而动能与动量的关系为

$$E_k = E - E_0 = \sqrt{c^2 p^2 + m_0^2 c^4} - m_0 c^2 \qquad (25-7)$$

这就是狭义相对论的动量与动能的关系。物体的动量和动能的关系究竟满足式(25-1)还是式(25-7)？这是检验经典理论和相对论理论孰是孰非的重要依据之一。根据式(25-1)和式(25-7)得到的动量和动能的关系曲线如图 25-1 所示，由图可知，物体的运动速度越大(动能越大)，相对论与经典力学的差别越明

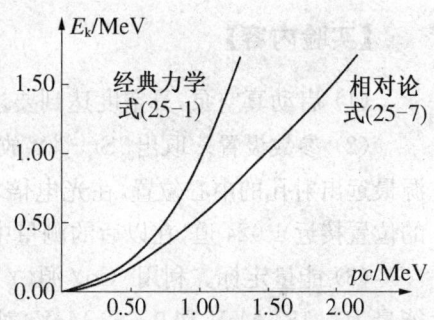

图 25-1 经典力学与相对论的动量和动能的关系比较

显。因此本实验采用 $^{90}_{38}\text{Sr}-^{90}_{39}\text{Y}$ 放射源发出的 β^- 射线作为高速运动的粒子(速度接近光速)来验证相对论效应。

【实验装置介绍】

验证相对论效应实验装置如图 25-2 所示，$^{90}_{38}\text{Sr}-^{90}_{39}\text{Y}$ 放射源射出的高速 β^- 粒子经准直通过真空密封膜垂直射入一均匀磁场中，粒子因受到与运动方向垂直的洛仑兹力的作用而作圆周运动。

如果不考虑其在真空中的能量损失，则粒子具有恒定的动量数值而仅仅是方向在不断变化。粒子作圆周运动的方程为

$$\frac{\mathrm{d}p}{\mathrm{d}t} = -e v \times B \qquad (25-8)$$

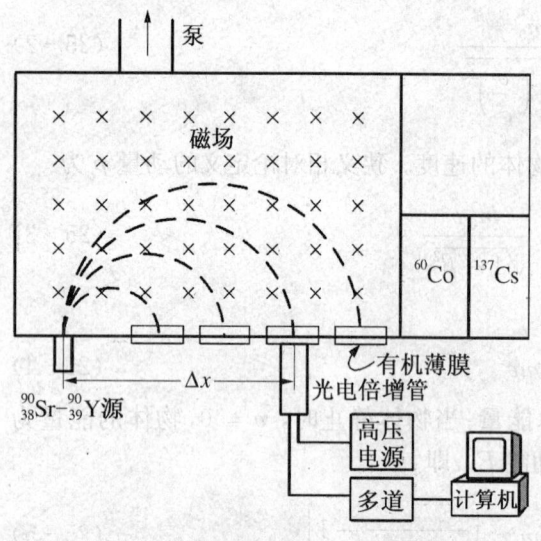

图 25-2 验证相对论效应实验装置示意图

式中,e 为电子电荷,v 为粒子速度,B 为磁场强度。对某一确定的动量数值 p,$p = mv$,其运动速率为一常数,所以质量 m 保持不变,因此有

$$p = eBR = eB\frac{\Delta x}{2} \quad (25-9)$$

式中 R 为 β^- 粒子运动轨道的半径,等于源与光电倍增管之间间距 Δx 的一半。在磁场外距 β^- 放射源 Δx 窗口处放置一个 NaI(Tl) 光电倍增管接收从该处射出的 β^- 粒子,β^- 粒子通过真空密封膜和 NaI(Tl) 晶体的铝膜打在晶体上,从光电倍增管输出的信号经过多道分析器由计算机获取。由于 $^{90}_{38}$Sr-$^{90}_{39}$Y 放射源射出的 β^- 粒子具有能量从 0 到 2.27 MeV 连续的能量分布,因此光电倍增管在不同位置,可测量一系列不同能量所对应的动量值。这样就可以用实验方法确定测量范围内动能与动量的对应关系。

【实验内容】

(1) 启动真空泵,真空度达到要求后开始实验。

(2) 参数设置。取出 $^{90}_{38}$Sr-$^{90}_{39}$Y 放射源装入实验仪,把 NaI(Tl) 光电倍增管移到距离放射源最远出射孔的中心位置,在光电倍增管上加适当的高压,并选取适当的放大倍数,使谱峰的位置接近 1 024 道,在以后的测量中,保持高压和放大倍数不变。

(3) 能量定标。利用 ^{60}Co γ 源(γ 射线能量为 1.17 MeV 和 1.33 MeV)、^{137}Cs γ 源(γ 射线能量为 0.184 MeV 和 0.662 MeV)对光电倍增管进行能量定标,得到四个不同能量 γ 射线在多道能谱分析器上对应的道数,参考表 25-1。采用最小二乘法直线拟合得到多道能谱分析器道数与能量的关系。

表 25-1 不同能量 γ 射线对应的道数

能量/MeV	0.184	0.661	1.17	1.33
道 数				

(4) β^- 射线动量测量及作图。光电倍增管在不同位置测量 β^- 射线的多道谱,得到峰位的道数,根据最小二乘法拟合公式得出 β^- 粒子透过真空密封有机膜和铝膜后对应的能量;经过两次能量拟合得到 β 粒子入射能量,即透过真空密封膜进入均匀磁场时 β 粒子能量。由式 (25-9) 得出该点 β^- 粒子动量测量值;在图上再分别作式 (25-1) 和式 (25-7) 理论曲线,比较实验曲线与哪条理论曲线符合。

(5) 计算相对偏差。为了检查快电子束验证相对论效应的程度,由相对论的动量与动能的关系式 (25-7) 得出动量理论值。定义动量实验值与理论值相对偏差

$$D_{pc} = \frac{|pc - pc_T|}{pc_T} \times 100\% \qquad (25-10)$$

【参考文献】

[1] 陈玲燕,蔡卫国,等. 相对论实验及装置. 物理实验,1987,7(4).
[2] 北京大学、复旦大学. 核物理实验. 北京:原子能出版社,1984.

实验二十六　核磁共振

【背景知识】

20世纪30年代,物理学家伊西多·拉比发现在磁场中的原子核会沿磁场方向呈正向或反向有序平行排列,而施加无线电波之后,原子核的自旋方向发生翻转。这是人类关于原子核与磁场以及外加射频场相互作用的最早认识。由于这项研究,拉比于1944年获得了诺贝尔物理学奖。

1946年,美国哈佛大学的珀塞尔和斯坦福大学的布洛赫发现,将具有奇数个核子(包括质子和中子)的原子核置于磁场中,再施加以特定频率的射频场,就会发生原子核吸收射频场能量的现象,这就是人们最初对核磁共振现象的认识。为此他们两人获得了1952年度诺贝尔物理学奖。

人们在发现核磁共振现象之后很快就产生了实际用途,早期核磁共振主要用于对核结构和性质的研究,如测量核磁矩、电四极距及核自旋等,化学家利用分子结构对氢原子周围磁场产生的影响,发展出了核磁共振谱,用于解析分子结构。随着时间的推移,核磁共振谱技术不断发展,从最初的一维氢谱发展到碳谱、二维核磁共振谱等高级谱图,核磁共振技术解析分子结构的能力也越来越强。进入20世纪90年代以后,人们甚至发展出了依靠核磁共振信息确定蛋白质分子三级结构的技术,使得溶液相蛋白质分子结构的精确测定成为可能。后来核磁共振广泛应用于分子组成和结构分析、生物组织与活体组织分析、病理分析、医疗诊断、产品无损监测等方面。

20世纪70年代,脉冲傅里叶变换核磁共振仪出现了,它使^{13}C谱的应用也日益增多。用核磁共振法进行材料成分和结构分析有精度高、对样品限制少、不破坏样品等优点。

目前,核磁共振技术已广泛地应用到许多科学领域,成为分析测试不可缺少的技术手段。20世纪80年代发展起来的核磁共振成像技术在医学领域已发挥了很大的作用。核磁共振的实验方法可采用两种不同的射频技术:一是稳态法(即连续波法),用连续的弱射频场作用于原子核系统,观测核磁共振波谱;二是瞬态法(即脉冲波法),用脉冲的强射频场作用于原子核系统,观测核磁矩弛豫过程的自由感应现象。本实验是关于核磁共振的稳态吸收。

【实验原理】

核磁共振现象来源于原子核的自旋角动量在外加磁场作用下的运动。根据量子力学原理,原子核与电子一样,也具有自旋角动量,其自旋角动量的具体数值由原子核的自旋量子数决定,实验结果显示,不同类型的原子核自旋量子数也不同:质量数和质子数均为偶数的原子核,自旋量子数为0;质量数为奇数的原子核,自旋量子数为半整数;质量数为偶数、质子数为奇数的原子核,自旋量子数为整数。迄今为止,只有自旋量子数等于1/2的原子核,其核磁共振信号才能够被人们利用,经常为人们所利用的原子核有^{1}H、^{11}B、^{13}C、^{17}O、^{19}F、^{31}P。

由于原子核携带电荷,当原子核自旋时,会由自旋产生一个磁矩,这一磁矩的方向与原子核的自旋方向相同,大小与原子核的自旋角动量成正比。将原子核置于外加磁场中,若原子核磁矩与外加磁场方向不同,则原子核磁矩会绕外磁场方向旋转,这一现象类似陀螺在旋转过程中转动轴的摆动,称为进动。进动具有能量也具有一定的频率。原子核进动的频率由外加磁场的强度和原子核本身的性质决定,也就是说,对于某一特定原子,在一定强度的的外加磁场中,其原子核自旋进动的频率是固定不变的。原子核发生进动的能量与磁场、原子核磁矩以及磁矩与磁场的夹角相关。根据量子力学原理,原子核磁矩与外加磁场之间的夹角并不是连续分布的,而是由原子核的磁量子数决定的,原子核磁矩的方向只能在这些磁量子数之间跳跃,而不能平滑地变化,这样就形成了一系列的能级。当原子核在外加磁场中接受其他来源的能量输入后,就会发生能级跃迁,也就是原子核磁矩与外加磁场的夹角会发生变化。这种能级跃迁是获取核磁共振信号的基础。为了让原子核自旋的进动发生能级跃迁,需要为原子核提供跃迁所需要的能量,这一能量通常是通过外加射频场来提供的。根据物理学原理,当外加射频场的频率与原子核自旋进动的频率相同的时候,射频场的能量才能够有效地被原子核吸收,为能级跃迁提供助力。因此某种特定的原子核,在给定的外加磁场中,只吸收某一特定频率射频场提供的能量,这样就形成了一个核磁共振信号。

在量子力学中原子核自旋角动量 P 是量子化的,其大小为

$$P = \sqrt{I(I+1)}\hbar \tag{26-1}$$

式中,$\hbar = \dfrac{h}{2\pi}$,h 为普朗克常数,I 为核的自旋量子数,I 可取 0,整数(1,2,3,…)或半整数 $\left(\dfrac{1}{2}, \dfrac{3}{2}, \dfrac{5}{2}, \cdots\right)$。

把原子核放入外磁场 B 中,B 的方向设为坐标轴 z,原子核的自旋角动量 P 在 B 方向的投影值为

$$P_z = m\hbar \tag{26-2}$$

m 称为磁量子数,m 可取 I,$I-1$,…,$-(I-1)$,$-I$。

核磁矩 $\boldsymbol{\mu}$ 与核自旋角动量 $\boldsymbol{P}$ 的关系为

$$\boldsymbol{\mu} = g_N \frac{e}{2m_p} \boldsymbol{P} \tag{26-3}$$

式中,m_p 为质子的质量;e 为质子的电荷;g_N 称为朗德因子,是一个无量纲的量,它决定于核的内部结构与特性,大多数核的 g_N 为正值,少数核的 g_N 为负值。$|g_N|$ 的值在 0.1~6 之间。

核磁矩 $\boldsymbol{\mu}$ 在 B 方向上的投影值为

$$\mu_z = g_N \frac{e}{2m_p} P_z = g_N \frac{e}{2m_p} m\hbar = g_N \left(\frac{e\hbar}{2m_p}\right) m \tag{26-4}$$

令 $\mu_N = \dfrac{e\hbar}{2m_p}$,$\mu_N$ 称作核磁子($\mu_N = 5.050\,786\,6 \times 10^{-27}$ J/T),上式可改写为

$$\mu_z = g_N \mu_N m \tag{26-5}$$

核磁矩 $\boldsymbol{\mu}$ 与核自旋角动量 $\boldsymbol{P}$ 的比值 γ 叫做磁旋比或回磁比

$$\gamma = g_N \frac{e}{2m_p} = \frac{g_N \mu_N}{\hbar} \qquad (26-6)$$

可见,不同的核其 γ 是不同的,其大小和符号决定于 g_N,也即决定于核的内部结构与特性。

核磁矩 $\boldsymbol{\mu}$ 在恒定磁场 $\boldsymbol{B}_0$ 中具有势能:

$$E = -\boldsymbol{\mu} \cdot \boldsymbol{B}_0 = -\mu_z B_0 = -g_N \mu_N m B_0 \qquad (26-7)$$

任何两个能级之间的能量差为

$$E(m_1) - E(m_2) = -g_N \mu_N B_0 (m_1 - m_2) \qquad (26-8)$$

上式表示:当原子核处于一恒定磁场中时,原来的一个核能级附加上相互作用能,将会有 $(2I+1)$ 个能量值。由于相互作用能的大小远小于原来核能级的相邻能级间的能量差,通常就把这种情况称为一个核能级在一恒定外磁场中分裂为 $(2I+1)$ 个子能级。根据量子力学的选择定则,只有 $\Delta m = \pm 1$ 的两个能级之间才能发生跃迁,两跃迁能级之间能量差为

$$\Delta E = g_N \mu_N B_0 \qquad (26-9)$$

此式告诉我们:相邻两能级的能量差 ΔE 和外磁场 $\boldsymbol{B}_0$ 的大小成正比。若实验时外磁场为 $\boldsymbol{B}_0$,用频率为 ν_0 的射频场 $\boldsymbol{B}_1$ 照射原子核,如果射频场的能量恰好等于这时核两子能级的能量差,即

$$h\nu_0 = g_N \mu_N B_0 \qquad (26-10)$$

则处于低子能级的原子核就可以吸收射频场的能量,跃迁至高子能级。这就是核磁共振吸收现象。式(26-10)还可用射频场 $\boldsymbol{B}_1$ 的角频率 ω_0 表示:

$$\hbar \omega_0 = g_N \mu_N B_0 = \hbar \gamma B_0 \quad 即 \quad \omega_0 = \gamma B_0 \qquad (26-11)$$

核磁共振实验的样品中包含大量的原子核,在热平衡状态下,原子核在各能级上的分布服从玻耳兹曼分布规律。相邻子能级上的原子核数目之比为

$$\frac{N_2}{N_1} = \exp\left(-\frac{E_2 - E_1}{KT}\right) = \exp\left(-\frac{\Delta E}{KT}\right) \qquad (26-12)$$

式中,T 为热力学温度;K 为玻耳兹曼常量;N_2,N_1 分别是上、下子能级原子核数目。例如,对于 $_1^1H$ 核,假定磁场为 1 T,室温 300 K,由式(26-12)可求得

$$\frac{N_2}{N_1} \approx 0.999\,993 \qquad (26-13)$$

即两相邻子能级的原子核数目之差为低能级原子核数目的 10^{-6} 倍,所观察到的核磁共振信号是由这个核数目的差值所提供的。可见射频场引起原子核子能级共振跃迁时,子能级上的原子核数目分布容易趋于相等而饱和。

随着共振吸收的进行,低子能级上的原子核将吸收射频场的能量跃迁至高子能级。这样,高子能级上的原子核数目越来越多,低子能级上的原子核的数目越来越少,两子能级上的核的数目趋于相等。一旦这种情况发生,共振信号将减少甚至消失。这种现象就称为饱和现象。

共振信号还与核自旋系统的弛豫过程有关。处于高子能级的原子核以非辐射跃迁的方式回到低子能级的现象称作弛豫过程。弛豫过程的存在可以使原子核数目按能级的分布又

自动恢复到玻耳兹曼平衡的分布。这样就能出现连续不断的共振吸收现象，从而我们可以观察到稳定的核磁共振吸收信号。弛豫过程有两种方式：自旋-晶格弛豫和自旋-自旋弛豫。自旋-晶格弛豫是指原子核体系把能量传递给周围的晶格，变成晶格热运动的能量的过程。所需时间由 T_1 表示；自旋-自旋弛豫是发生在原子核体系内部，原子核与同类靠近的核交换能量的过程，所需时间由 T_2 表示。T_1 和 T_2 都和物质的结构、物质内部的相互作用有关。物质的结构和相互作用的变化，都可能引起弛豫时间的变化。

【实验装置介绍】

本实验装置图如图 26-1 所示。它包括电磁铁及磁场调制系统、核磁共振探头、磁共振仪、频率计、示波器和特斯拉计等。

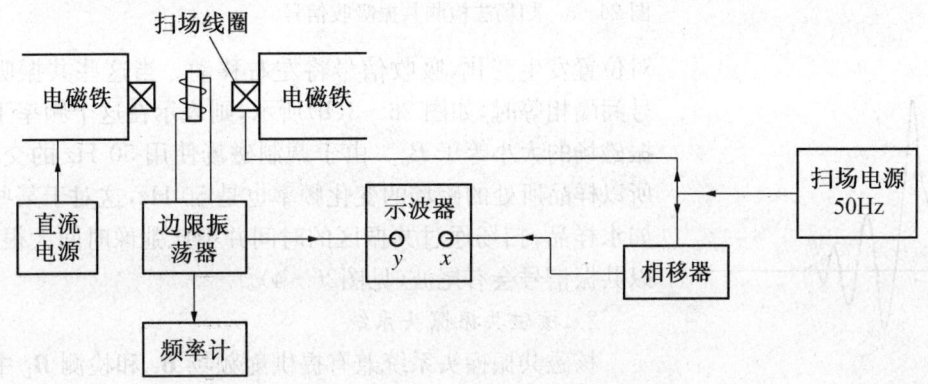

图 26-1 核磁共振吸收实验装置框图

1. 电磁铁及磁场调制系统

电磁铁是产生恒定磁场 B_0，实验要求磁铁应产生尽量强的、稳定的和均匀的磁场。本实验中的磁场是由稳流电源激励电磁铁产生，磁场可以从零到几千高斯的范围内连续可调。装置中的稳流电源保证了磁场强度的高度稳定。

实验使用示波器观察核磁共振信号，为了能在示波器上连续观测到核磁共振吸收信号，必须使核磁共振信号周期性地出现。这可以通过两种方法实现：一是扫频法，即磁场 B_0 固定，射频场频率 ω 发生周期性的连续变化，当 $\omega=\omega_0=\gamma B_0$ 时，出现共振信号；二是扫场法，即射频场的频率 ω 固定，而使磁场 B_0 周期性的连续变化，出现共振信号。这两种方法是等效的，本实验采用扫场法。在稳恒磁场方向上叠加一个弱的低频交变磁场 B_m，如图 26-2 所示。此时样品所在处所加的实际磁场为 B_0+B_m，由于调制磁场的幅值不大，磁场的方向仍保持不变，只是磁场的大小随调制磁场产生周期性的变化。此时，由式(26-11)可知射频场共振频率 $\omega_0'=\gamma(B_0+B_m)$，我们只要将射频场的角频率 ω 调到 ω_0' 的变化范围内，同时调制磁场扫过共振区域，便能用示波器观察到共振吸收信号。在调制磁场的一个周期内，共振条件被满足两次，所以在示波器出现的共振吸收信号如图 26-3(a)所示。调节射频场的频率或改变稳恒磁场 B_0 的大小，都能使共振吸收信号的相

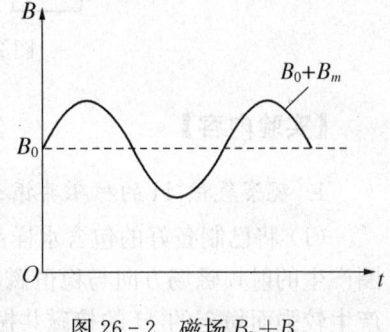

图 26-2 磁场 B_0+B_m

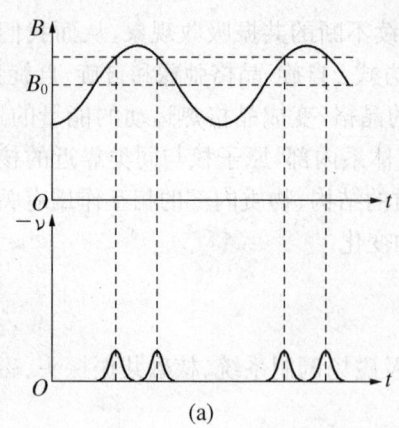
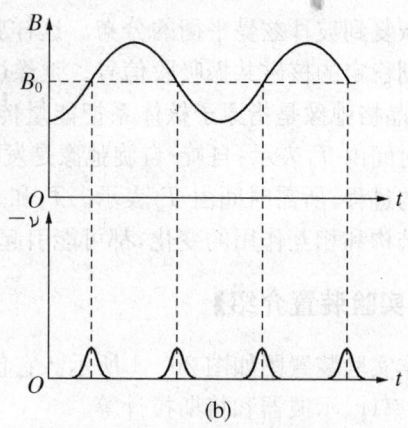

图 26-3 扫场法检测共振吸收信号

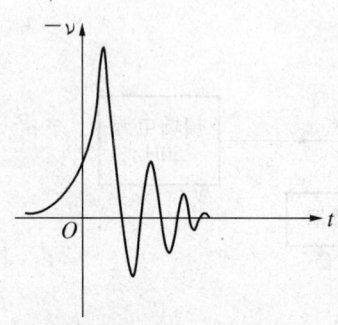

图 26-4 带尾波的共振信号

对位置发生变化,吸收信号将左右移动。当这些共振吸收信号间隔相等时,如图 26-3(b)所示,则表示在这个频率下的共振磁场的大小等于 B_0。由于调制磁场使用 50 Hz 的交流电,所以样品所处的磁场的变化频率也是 50 Hz,这对于某些样品如水样品,扫场通过共振区的时间并不比弛豫时间大很多,所以共振信号会有尾波(见图 26-4)。

2. 核磁共振探头系统

核磁共振探头系统兼有提供射频场 B_1 和检测 B_1 中能量变化的双重功能。其方框图见图 26-5。图 26-5 中边限振荡器产生射频振荡,由于边限振荡器是处于振荡与不振荡的边缘,当样品吸收微小的能量时,振荡器的振幅有较大的能量变化。当满足共振条件,样品吸收射频场的能量,使振荡器的振荡幅度变小,射频振荡受到共振吸收的调制,被调制的射频信号经检波和滤波后便得到核磁共振吸收信号。另外,射频信号可通过高频放大电路,由频率计测定其频率。

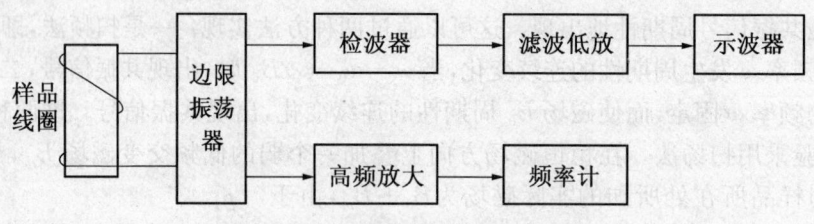

图 26-5 核磁共振探头系统方框图

【实验内容】

1. 观察氢核 ^1_1H 的核磁共振吸收现象

(1) 将已制备好的包含水样品的线圈放到稳恒磁场中,线圈放置的位置必须保证使线圈产生的射频磁场方向与稳恒磁场方向垂直。通过调节稳恒磁场的大小或射频场的频率,产生较强而稳定的 ^1_1H 的核磁共振吸收信号。测出此时共振频率,计算稳恒磁场 B_0。

(2) 调出较强而稳定的 $_1^1\text{H}$ 的核磁共振吸收信号后,改变射频场 B_1 的强度或移动样品在磁极间的位置,观察核磁共振吸收信号的变化。

2. 观察 $_9^{19}\text{F}$ 的核磁共振现象

用聚四氟乙烯样品观察 $_9^{19}\text{F}$ 的核磁共振现象,并测定其回磁比 γ_F、朗德因子 g 和核磁矩 μ_F。

【思考题】

1. 观察核磁共振现象时要提供几种磁场?各起什么作用?各有什么要求?
2. 产生核磁共振的条件是什么?

单元七 真空镀膜与制冷技术

实验二十七 真空镀膜

【背景知识】

真空镀膜,是指在真空中把蒸发源加热蒸发或用加速离子轰击溅射,沉积到基片表面形成单层或多层薄膜。具体包括很多种类,如真空离子蒸发、磁控溅射、MBE 分子束外延、PLD 激光溅射沉积等。主要实现技术分成蒸发和溅射两种。真空镀膜技术发展很快,从 20 世纪 40 年代开始,到如今已成为以电子学为中心的电子、光学、钟表、宇航等工业部门不可缺少的新技术、新方法,有着十分广泛的应用前景。

需要镀膜的称为基片,镀的材料称为靶材。基片与靶材同在真空腔中。蒸发镀膜一般是加热靶材使表面组分以原子团或离子形式被蒸发出来,并且沉降在基片表面,通过成膜过程(散点—岛状结构—迷走结构—层状生长)形成薄膜。对于溅射类镀膜,可以简单理解为利用电子或高能激光轰击靶材,并使表面组分以原子团或离子形式被溅射出来,并且最终沉积在基片表面,经历成膜过程,最终形成薄膜。

所谓真空是指低于一个大气压的气体空间。在真空技术中对于真空度的高低常用"真空度"和"压强"这两个参量来度量。"真空度"和"压强"是两个概念,压强越低意味着单位体积中气体分子数愈少,真空度愈高;反之,真空度越低则压强就越高。由于真空度与压强有关,所以真空的度量单位是用压强表示的。

在真空技术中,压强所采用的国际单位制(SI)中的计量单位是帕斯卡(Pascal),简称帕(Pa)。此外,在实际工程技术中几种旧的单位(Torr,mmHg,atm)仍有采用。它们之间的关系如下:

$$1 \text{ 标准大气压}(1 \text{ atm}) = 1.013\,25 \times 10^5 \text{ Pa}$$
$$1 \text{ mmHg} = 1.000\,000\,14 \text{ Torr}$$
$$1 \text{ mmHg} = 133.322 \text{ Pa}$$

真空度的区域划分并无严格的界限,大致可以分为以下五个区域:

(1) 粗真空 $10^5 \sim 10^3$ Pa;

(2) 低真空 $10^3 \sim 10^{-1}$ Pa;

(3) 高真空 $10^{-1} \sim 10^{-6}$ Pa;

(4) 超高真空 $10^{-6} \sim 10^{-10}$ Pa;

(5) 极高真空 10^{-10} Pa 以下。

【实验原理】

真空蒸发(即真空镀膜)是指在一个真空容器(工作室)中,把所要蒸发的金属(如铝、金等)加热至熔化,使其原子或分子获得足够的能量,脱离金属材料表面束缚而蒸发到真空室中成为蒸气原子或分子,当这些原子或分子在运动的路程中遇到待淀积的基片(如硅片、光学玻璃基片等)时,就淀积在基片表面形成一层薄的金属膜。

气体分子运动平均自由程公式为

$$\lambda = \frac{kT}{\sqrt{2}\pi d^2 p} \approx \frac{3.76 \times 10^{-3}}{p} (\text{m}) \quad (27-1)$$

式中,d 为分子直径,T 为环境温度(K),p 为气体压强(Pa)。真空蒸发是在高真空的条件下进行的,如果不是这样,系统中存在空气中所含的大量氧气极易使金属蒸气原子氧化,从而使淀积的金属膜质地疏松。事实上空气分子的存在,使得蒸气原子的平均自由程缩短,金属蒸气原子不能顺利地到达基片表面,蒸发效果极差。例如,在蒸铝时,一般要求真空度达到 5×10^{-5} Torr。

测量真空度的仪器称为真空规,一般使用的有热偶真空规、电离真空规等。

如果我们把基片和蒸发源的距离选得短一些,相对地可以降低真空度的要求,但基片离蒸发源太近,淀积的金属膜将不均匀,同时基片的温度将会升高,对膜片的质量有影响。所以,源和基片的距离取 6~10 cm 为宜。

通常将能够从各个方向蒸发等量材料的微小球状蒸发源称为点蒸发源。假定蒸发源是一个理想的点蒸发源,根据理论计算薄膜厚度 d 与蒸发源用量 m 及蒸发源与基片距离 r 之间的关系为

$$d = \frac{m}{4\pi\rho} \cdot \frac{\cos\theta}{r^2} \quad (27-2)$$

式中,m 为点蒸发源的质量,r 为源至基片的距离,ρ 为淀积材料的密度,θ 为基片表面法线与蒸发源和基片表面的连线之间所夹的角。基片上任何一点的薄膜厚度是与蒸发源的用量 m 及蒸发源与基片的相对位置有关的。为了获得厚度均匀的薄膜,基片最好放置在和蒸发源同心的球体表面上。

淀积金属膜的厚度可用称量法测定,即用足够精确的天平称量淀积前后衬底的质量,衬底的面积可先测出,因而可算出淀积薄膜的平均厚度。此外,也可利用椭圆偏振测量仪来进行厚度测量。

在实际工作中,常用固定蒸发源的加热功率、源量等方法,使淀积速率相对稳定。通过控制蒸发时间,粗略地控制膜厚。

【实验装置介绍】

常用的真空镀膜装置是真空镀膜机,它由真空镀膜室、抽气系统和电气控制系统组成,见图 27-1。本实验使用 VF-240B 小型真空薄膜制备系统,它的设计主要面向实验教学,同时也兼顾科研工作的需要。

真空镀膜室的金属钟罩,采用碟形顶盖,造型美观,牢固耐用。钟罩正面、左侧面设有视

窗，便于观察工作室内真空蒸发的物理现象。钟罩顶部预留 40 mm 的法兰口，作为配备膜厚测量装置的引入孔。

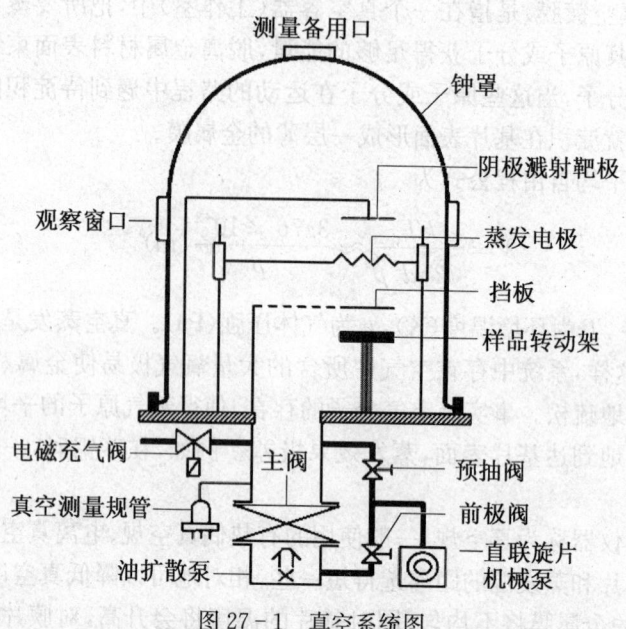

图 27-1 真空系统图

镀膜室内设有两对蒸发电极，可以选择使用，电极的选择可以通过设备正面的"电极位置变换"进行，功率的大小由电压调节实现。

镀膜样品架转动通过电动机减速实现，镀膜时样品架转动速度为 30 r/min，以使膜层达到均匀。

金属或非金属在蒸发前均要进行预熔，以便清除材质内的杂质，同时样品架上的试件需用挡板遮盖住，挡板的转动在仪器的正面前方通过拨叉来实现。

【实验内容】

(1) 实验前应熟悉"真空镀膜"实验的内容。

(2) 实验室备有 VF-240B 小型真空薄膜制备系统的使用说明书，实验前必须认真对照仪器阅读，搞清每一个部件的作用和操作要求。

(3) 将清洁处理后的高纯金属丝取所需的量，置于蒸发源加热器上。蒸发源加热器最常用的是钨丝加热器。钨丝的清洁要求如下：

先用 10%～20% 的氢氧化钠溶液煮两次，使钨丝表面光亮、无氧化层为止，再用氢氧化钠溶液电解，除去加热器缝隙中的钨化物，最后用去离子水煮几次，去除残留的碱，然后在烘箱中烘干，置于干燥缸中，初次使用的钨丝需空蒸一次。

(4) 将清洗之后的基片置于衬底平台上，然后转动挡板，遮住基片，盖上钟罩。

(5) 抽真空。

(6) 预蒸。接通蒸发源加热器电源，电流逐步增大(不超过 25 A)，使悬在钨丝上的金属丝熔化成圆滴，黏附在钨丝上，适当增大一些电流，进行预蒸 1～2 s。

(7) 蒸发。预蒸结束后，立即移开挡板进行蒸发，当熔球快蒸发完时，立即将挡板移回遮盖基片表面,降下蒸发电源,并切断蒸发电源。

(8) 关闭仪器,数据处理。

【注意事项】
1. 使用镀膜机时,应严格按操作规程。正确使用真空室阀门、扩散泵阀门、机械泵阀门和放气阀门,开启和关闭的顺序不能搞错,否则会引起扩散泵油或机械泵油的倒流。
2. 真空系统应保持一定的清洁度,不允许油污及腐蚀性气体、水蒸气留在镀膜室里。
3. 蒸发结束后,真空镀膜室应保持真空状态,关闭电炉开关,油扩散泵停止加热,机械泵继续抽气,冷却水继续冷却油扩散泵,待油扩散泵冷却后,方可将电源开关关闭,切断电源。

【思考题】
1. 进行真空镀膜为什么要求有一定的真空度?
2. 可以采用几种方法来估算真空镀膜中薄膜的厚度?试分别论述之。
3. 扩散泵的工作条件是什么?

【参考文献】
杨邦朝,等. 薄膜物理与技术[M]. 成都:成都电子科技大学出版社,1994.

实验二十八 小型制冷装置制冷量和制冷系数的测量

【背景知识】

制冷业在可持续发展中扮演着重要角色。制冷业主要的挑战来自制冷剂对臭氧层的破坏作用和全球气候变暖。造成制冷业影响全球气候变暖的20%的原因是制冷装置和隔热材料内含的温室制冷剂气体的直接排放。造成制冷业影响全球气候变暖的80%的原因是二氧化碳的排放,这些间接的排放是由制冷装置运行所需能量的生产引起的。制冷、空调和热泵这些设备所消耗的电能约占全世界生产电能的15%,这表明间接排放的影响是非常重要的。大多数专家认为传统的蒸气压缩系统还将在接下来的20年中占主导地位。这些系统必将继续向更加环保、节能、安全、耐用和节省成本等方向发展。在这些系统的发展改进中,制冷装置制冷量和制冷效率的测量是至关重要的。本实验主要研究小型蒸气压缩制冷装置在不同条件下制冷量及制冷系数的测量。

【实验目的】

(1)了解压缩式制冷机的基本结构和工作原理,利用加热补偿法测量不同温度下小型制冷机模拟系统的制冷量和能效比。

(2)通过对制冷系统压缩机排气口、进气口和冷凝器末端温度及压力测量估算逆向卡诺循环的制冷系数和热过程分析的理论效率。

(3)学习和掌握对不同制冷剂及不同灌注量的制冷剂对制冷量与制冷系数的影响进行研究的原理与方法。

【实验原理】

不可能把热量从低温物体传到高温物体而不引起其他变化,这就是热力学第二定律的克劳修斯表述。也就是说,要使热量能从低温物体流向高温物体必须要对环境留下某些不能消除的影响,即外界对系统做功。例如利用一台水泵可以把水从低处提升到高处。对于热量,道理也类似于水,消耗一定的能量,通过某种逆向热力学循环,就能使热量从低温的物体流向高温物体(见图28-1)。随着对这种循环的应用目的不同,可以把这样的过程称为热泵或制冷。如果是对系统热端的利用,就称之为热泵;反之,对系统冷端进行利用,则称之为制冷。

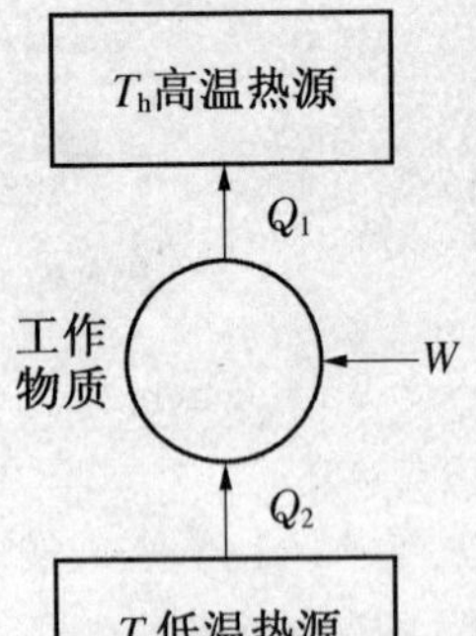

制冷的方法很多,常见的有液体汽化制冷、气体膨胀制冷、涡流管制冷和热电制冷等,其中液体汽化制冷的应用最为广泛,它是利用液体汽化时的吸热效应实现制冷的。其制冷循环由制冷剂汽化、蒸气升压、高压蒸气液化和高压液体降压四个过程组成。

图28-2为单级蒸气式压缩制冷系统。它由压缩机、冷凝器、膨胀

图28-1 逆向热力学循环

阀和蒸发器组成。其工作原理如下：制冷剂在压力 P_0、温度 t_0 下沸腾，t_0 低于被冷却物体的温度。压缩机不断地抽吸蒸发器中的制冷剂蒸气，并将它压缩至冷凝压力 P_h 然后送往冷凝器，在 P_h 压力下等压冷凝成液体，制冷剂冷凝时放出热量 Q_h 传给冷却介质，与冷凝压力 P_h 相对应的冷凝温度 t_h 一定要高于冷却介质的温度，冷凝后的液体通过膨胀阀或节流元件进入蒸发器。当制冷剂通过膨胀阀时，压力从 P_h 降到 P_0，部分液体汽

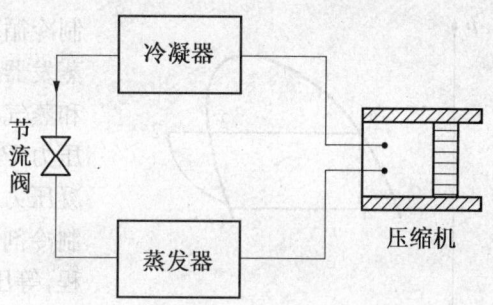

图 28-2　单级蒸气压缩式制冷图

化，剩余液体的温度降至 t_0，于是离开膨胀阀的制冷剂变成温度为 t_0 的气液两相混合物。混合物中的液体在蒸发器中蒸发，从被冷却的物体中吸取它所需要的蒸发热。混合物中的蒸气通常称为闪发蒸气，在它被压缩机重新吸入之前几乎不再起吸热作用。设在制冷循环中外界对工作物质作功为 A，工作物质由低温所吸收的热量为 Q_c，则制冷机的效能可用制冷系数表示：

$$\varepsilon = \frac{Q_c}{A} \qquad (28-1)$$

在实际应用中制冷机的制冷系数定义为

$$\varepsilon = \frac{q_c}{p} \qquad (28-2)$$

式中，p 为实际输入制冷机的功率，对于全封闭小型压缩机即是电功率；q_c 为制冷量，它表示单位时间内制冷剂通过蒸发器吸收被冷却物体的热量，它是表征制冷机制冷功率的重要物理量。为准确测量一定温度下的制冷量，可以采用热补偿的原理。即利用电加热器馈送热量至被冷却物体，使得被冷却物体单位时间内从电加热获得的热量 q_e 也正好等于 q_c。在排除其他各种漏热途径的情况下，当被冷却物体维持温度不变时，$q_e = q_c$。q_e 为流过加热器的电流与加热器两端电压降的乘积。制冷系数 ε 是衡量制冷循环经济性的指标，制冷系数愈大，循环愈经济。

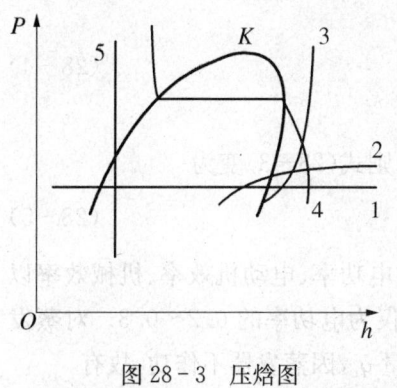

图 28-3　压焓图
1—等压线；2—等容线；3—等熵线；4—等温线；5—等焓线

压焓图（图 28-3）在制冷循环的分析和计算中起着十分重要的作用。图中临界点 K 左边的粗实线为饱和液体线，线上的任何一点代表一个饱和液体状态，干度 $x = 0$。右边的粗实线为饱和蒸气线，线上任何一点代表一个饱和蒸气状态，$x = 1$。饱和液体线的左边为过冷液体区，该区域内的液体称为过冷液体，过冷液体的温度低于同一压力下饱和液体的温度；饱和蒸气线的右边是过热蒸气区，该区域内的蒸气称为过热蒸气，它的温度高于同一压力下饱和蒸气的温度；两条线之间的区域为两相区，制冷剂在该区域内处于汽、液混合状态。图中还分别标出了等压线、等焓线、等温线、等熵线、等容线。

我们可以在压-焓图（图 28-4）上对图 28-2 所示的

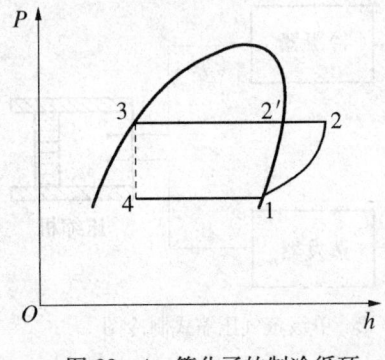

图 28-4 简化了的制冷循环

制冷循环进行简化分析,图 28-4 中点 1 表示制冷剂离开蒸发器进入压缩机的状态,制冷剂是处于蒸发压力下的饱和蒸气状态,1→2 为等熵压缩过程,压力由 P_0 增大至冷凝压力 P_h。点 3 表示制冷剂出冷凝器时的状态,它是与冷凝压力 P_h、冷凝温度 t_h 对应的饱和液体。2→2′→3 表示制冷剂在冷凝器内的冷却和冷凝过程,这是一个等压过程,等压线与饱和液体线的交点即为点 3 的状态。点 4 表示制冷剂出节流阀的状态,亦即进入蒸发器时的状态。3→4 表示等焓节流过程,制冷剂压力由 P_h 降至 P_0,相应地温度亦由 t_h 降为 t_0,这即是说由点 3 作等焓线与等压线 P_0 的交点即为点 4 的状态。过程线 4→1 表示制冷剂在蒸发器中的汽化过程,这是一个等温等压过程,液态制冷剂吸取被冷却物体的热量而不断汽化,最终又回到状态 1。在各部件的连接处制冷剂不发生状态变化;制冷剂的冷凝温度等于外部热源温度,蒸发温度等于被冷却物体的温度。虽然这种分析与实际循环有一定的偏离,但可以作为实际循环的基础进行修正。

在实际循环中与这一简化循环存在一定的偏离,最明显的偏离有四点:① 1→2 并非严格的等熵线,因为压缩机的压缩过程只是近似的绝热过程;② 2→3 并非严格的等压线,$P_3 < P_2$;③ 3→4 并非严格的等焓线,因为节流毛细管与进气管道构成了热交换器,从蒸发器回流压缩机的制冷剂温度较低,通过热交换器吸收了节流元件的热量,使得 $h_4 < h_3$;④ 状态 1 不一定处于饱和蒸气线上,其原因也是热交换器的存在使得进气口的制冷剂温度进一步升高而进入过热蒸气区。

理论上,根据热力学第一定律,如果忽略位能和动能的变化,稳定流动的能量方程可以表示为

$$q + p = m(h_i - h_j) \tag{28-3}$$

式中,q 和 p 为单位时间内加给系统的热量和机械功;m 为系统内稳定的质量流率;h 为比焓,即单位质量的焓值;下标表示状态点,分别对应于图 28-4 中各点。

对节流阀,制冷剂通过节流孔口时绝热膨胀,对外不作功,方程式(28-3)变为

$$0 = m(h_4 - h_3)$$
$$h_4 = h_3 \tag{28-4}$$

表明这是等焓过程。

对压缩机,如果忽略压缩机与外界环境所交换的热量,则式(28-3)变为

$$p_i = m(h_2 - h_1) \tag{28-5}$$

式中 p_i 为压缩机对制冷剂作功的功率,它与输入压缩机的电功率、电动机效率、机械效率以及其他耗损因素有关,通常对小型家用电冰箱的压缩机 p_i 仅为电功率的 0.2~0.3。对蒸发器,被冷却的物体通过蒸发器单位时间内向制冷剂传递热量 q_c,因蒸发器不作功,故有

$$q_c = m(h_1 - h_4) = m(h_1 - h_3) \tag{28-6}$$

这样,理论上对可逆的绝热过程,制冷系数可以表达为

$$\varepsilon_i = \frac{q_c}{p_i} = \frac{h_1 - h_3}{h_2 - h_1} \tag{28-7}$$

因而，只要参照图 28-4 所示的简化了的制冷循环，测量出制冷剂在压缩机进气口和排气口的温度与压力，从制冷剂的压-焓图上查出 h_1 和 h_2 值并由冷凝器末端的压力或温度按简化制冷循环推算出 h_3，即可得到理论上估算的制冷系数。当然，在实际的制冷循环中，节流元件与回气管道之间往往被设计成具有热交换功能，这样节流毛细管被冷却，$h_4 < h_3$，使得制冷系数 ε_i 增大。

如果把制冷机视作逆向的卡诺循环热机，其制冷系数

$$\varepsilon_c = \frac{T_c}{T_h - T_c} = \frac{1}{(T_h/T_c) - 1} \tag{28-8}$$

在一般的制冷机中，高温热源的温度 T_h 通常就是大气温度，所以由该式可见，T_h 一定时，随着 T_c 接近 T_h，ε_c 的数值迅速上升。实际制冷的制冷系数 ε 明显低于 ε_c，但它们随 T_h、T_c 变化的趋势是类似的。

【实验仪器介绍】

图 28-5 为该实验的制冷装置图。其中压缩机、冷凝器、过滤器、毛细管和进气管直接采用电冰箱的部件。这里的毛细管起着节流阀的作用，它的最后一段与压缩机的进气管组合成热交换器，使毛细管中即将流入蒸发器的液态制冷剂被进气管中的低温气态制冷剂进一步冷却，以达到提高制冷效率的目的。过滤器内填充了干燥的分子筛颗粒，用以吸附制冷机内可能存在的水分，避免在毛细管内或出口处出现冰堵现象。蒸发器用直径 6 mm、壁厚 0.5 mm 的紫铜管模拟电冰箱蒸发器管道的参数制成直径约 60 mm 的盘管，放入绝热良好的真空杯内。真空杯内充灌适量的乙二醇、乙醇与水的三元混合溶液(三者体积比是 2∶1∶2)，以浸没蒸发器为宜。搅拌器是为了使真空杯内的混合溶液迅速达到均匀的温度而设的。

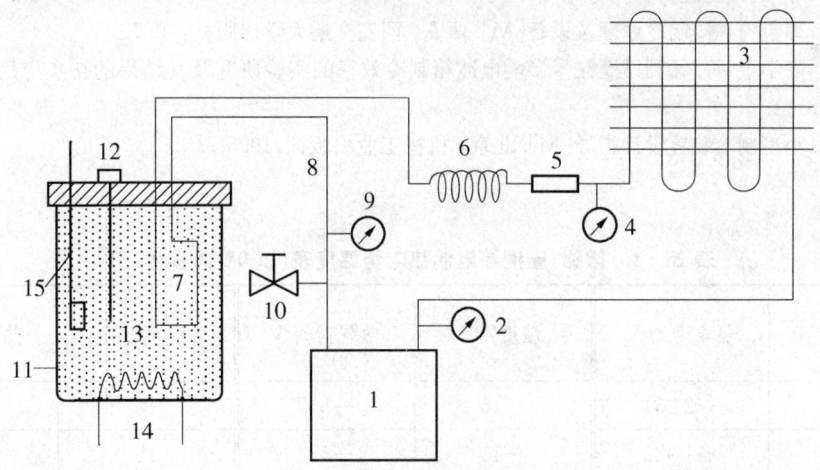

图 28-5 制冷装置示意图

1—压缩机；2—排气压力表；3—冷凝器；4—冷凝器末端压力表；5—过滤器；6—毛细管；7—蒸发器；8—进气管；9—进气压力表；10—抽空灌液阀；11—真空保温杯；12—电动搅拌器；13—乙二醇、乙醇水溶液；14—加热器；15—铂电阻传感器

压缩机的排气口、进气口以及冷凝器末端分别接有压力表以测量各相关点的压力。另外,三支镍铬-康铜热电偶分别接至排气口、进气口以及冷凝器末端测量这三点的温度。电加热器及其测量回路是为了产生焦耳热并通过电功率换算成单位时间馈送的热量,当此热量与制冷量相等时,真空杯内混合溶液温度维持不变。若电加热量大于制冷量,真空杯内混合溶液升温,反之降温。监视和检测温度升降情况由插入真空杯内的铂电阻温度传感器及与之相连的测量电路完成。制冷机内充灌约 80 kg 的 R_{12}(视具体情况作适当调整),它是目前电冰箱尚在使用的制冷剂,为无色无味透明的液体或气体,常温下无毒,高温下火焰呈蓝色并分解成有毒气体。

【实验内容】

(1) 开机后制冷机蒸发室温度-时间响应特性。
(2) 蒸发室处于不同温度时,制冷机的制冷量测量,获得制冷量-温度特性。
(3) 蒸发室处于不同温度时,制冷机的实际制冷系数、热过程分析的理论效率以及逆向卡诺循环的理想效率。

【思考题】

1. 一定的环境温度下,随着被冷却物体温度的降低,制冷机的制冷量和制冷系数将增加还是降低?为什么?
2. 为什么测量时一定要使被冷却液体温度充分稳定后才记录数据?
3. 本制冷系统能否作逆向的卡诺热机考虑,其主要误差是什么?
4. 同一温度下 ε、ε_t 和 ε_c 有何差别,为什么会出现这种差别?

【参考文献】

[1] Dr. F. BILLIARD. 制冷与可持续发展[J]. 制冷学报,2003,(2).
[2] 沙振舜,等. 近代物理实验[M]. 南京:南京大学,1997.
[3] 吴业正,韩宝琦,等. 制冷原理及设备[M]. 西安:西安交通大学出版社,1987.
[4] 孙大坤,高学奎,等. 氟利昂灌注量影响电冰箱制冷效率的实验研究及其结果的初步应用[J]. 制冷学报,1990.
[5] 吴业正. 小型制冷装置设计指导[M]. 北京:机械工业出版社,1998.

【附录】

表 28-1 镍铬-康铜热电偶热电势温度表(以 0℃ 为参考点)

温度/℃	热电势/μV	温度/℃	热电势/μV	温度/℃	热电势/μV
−40	−2 254	−15	−867	10	591
−35	−1 982	−10	−581	15	891
−30	−1 709	−5	−292	20	1 192
−25	−1 430	0	0	25	1 496
−20	−1 151	5	294	30	1 801

续 表

温度/℃	热电势/μV	温度/℃	热电势/μV	温度/℃	热电势/μV
35	2 109	60	3 683	85	5 314
40	2 419	65	4 005	90	5 646
45	2 732	70	4 329	95	5 981
50	3 047	75	4 655	100	6 317
55	3 364	80	4 983		

表 28-2 铂电阻温度表

温度/℃	铂电阻/Ω	温度/℃	铂电阻/Ω	温度/℃	铂电阻/Ω
−40	85.4	−10	96.6	20	108.0
−35	87.1	−5	98.5	25	109.9
−30	89.0	0	100.4	30	111.9
−25	90.9	5	102.3	35	113.9
−20	92.8	10	104.2	40	115.9
−15	94.7	15	106.1		

表 28-3 R_{12}、R_{209}、R_{600a} 和 R_{134a} 的一般特性

		R_{12}	R_{209}	R_{600a}	R_{134a}
分子式		CF_2Cl_2	$CH_3CH_2CH_3$	$CH(CH_3)_3$	CH_2FCF_3
分子量		120.91	44.1	58.13	102.03
标准沸点/℃(100 kPa)		−29.8	−42.1	−11.7	−26.1
容积冷量(−25℃)(kJ/m³)		1 237	1 886	626	1 185
饱和压力/Mpa	−23.3℃	0.132 6	0.215	0.048	0.115 3
	54.4℃	1.346	1.889	0.527	1.469
压比(−23.3/54.4℃)(过冷32℃)		10.15	8.78	12.0	12.74
理论 COP(−23.3/54.4℃)		=HFC134a	<HFC134a	>HFC134a	
排气温度/℃ (−23.3/54.4℃)	气体过冷	120~125	105~110	100~105	115~120
	(实际)	170~175	140~145	135~140	150~155
临界温度/℃		112.04	96.7	135.0	101.1
临界压力/MPa		4.12	4.215	3.65	4.07

续 表

		R_{12}	R_{209}	R_{600a}	R_{134a}
环境性能*	大气寿命/年	102			14
	ODP	0.9~1.0	0	0	0
	GWP	2.8~3.4	0	0	0.24~0.29

*规定 R_{11} 的 ODP 值和 GWP 值均为 1.0，表中各制冷剂的 ODP，GWP 值均为相对于 R_{11} 的值。ODP(Ozone Depletion Potential)代表臭氧消耗潜能值；GWP(Global Warming Potential)代表全球变暖潜能值。

单元八 创 新 实 验

8.1 高温氧化物超导样品制备和物性测量

【背景知识】

1911年,荷兰Leiden实验室科学家Kamerlingh Onnes和他的学生们在测量汞(Hg)电阻率的时候首次发现了超导现象,并给出了第一个超导材料的临界温度为4.2 K(之后的精确实验表明为4.15 K),即在4.15 K以下汞(Hg)的电阻率突然降为零。超导体的两个基本特征为:处于超导态下超导体直流电阻为零及超导体具备完全抗磁特性(磁通完全排出体外,常称为Meissner效应)。

由于超导体极具诱惑的物理内涵和潜在的革命性应用价值,自Onnes发现第一块超导体开始引发了超导研究一轮又一轮的热潮,不断有新超导材料的报道,至今所发现的超导材料数以千计。继超导元素之后人们利用元素周期表各元素的排列组合研究二元、三元合金或化合物的超导电性。实践证明利用化学元素或化合物合成新的超导材料是突破超导临界温度的最有效途径。到现在为止,除普通元素外人们已经发现了许多合金、无氧化合物、高温氧化物、C^{60}、有机物等超导体,临界温度得到了极大的提高。元素超导体中临界温度最高的为Nb(铌,9.25 K),最低的为Rh(铑,35 μK);临界温度最高的二元合金超导体为2001年1月10日日本科学家Akimitsu的研究小组发现的MgB_2,为39 K;临界温度突破液氮温区(突破超导应用温度壁垒)的超导体是在高温氧化物中获得的。

高温氧化物超导体的发现始于1986年下半年Bednorz和Muller报道的LaBaCuO氧化物超导体(两人因此获得了1987年度物理学诺贝尔奖),并很快掀起了超导物理研究的一个新高潮。短短的六年,人们先后合成了以YBCO(1987年,92 K)、BSCCO(1988年,110 K)、TBCCO(1988年,125 K)、HBCCO(1993年,135 K)为代表的100多种铜氧化合物高温氧化物超导材料,目前加压下的HBCCO临界温度已达到164 K。

高温超导材料临界温度远高于液氮的沸点,突破了超导应用温度壁垒,超导应用必将类似于光纤快速进入我们的生活,超导器件将是未来几十年最重要的高技术器材之一,其用途广泛涉及能源的生产和输送、通信、重工业器械、医疗、地震探测等,目前已在超导输电电缆、超导变压器、储能器、发电机、电动机、强磁体、超导滤波器等领域得到应用或试用。仅就超导电缆而言,美国超导公司、日本东京电力公司、韩国电力研究所、中国科学院电工所等都已有商业化超导电缆投入运行,预计2020年全球超导产业将达到2 400亿美元。

因此,了解超导电性的基本原理、超导材料的制备、基本特性和应用,具有重要的意义。

【实验目的】

（1）了解高温氧化物超导材料的制备方法；
（2）掌握管式炉固相反应法制备氧化物超导体（包括其原理和工艺过程）；
（3）测量和理解超导体的两个基本特性。

【实验原理】

1. 高温氧化物超导材料的制备方法

本实验以 $YBa_2Cu_3O_{7-\delta}$ 为实例，研究其合成技术和电磁特性，了解高温氧化物超导体的制备过程和基本物理特性。

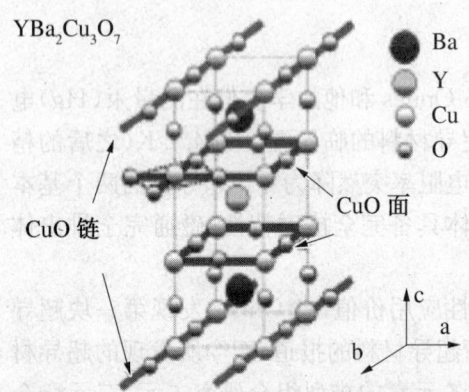

图 8.1-1 高温氧化物超导体 YBCO 的结构特征

绝大多数高温氧化物超导体为空穴型超导体，并且晶体结构都是很有规律的层状结构，5 元化合物的化学分子式可总结为 $A_m E_2 Ca_{n-1} Cu_n O_{2n+m+2+y}$（A 为 Bi、Pb、Tl、Hg、Au、Ga 等，E 为 Ba、Sr 等碱土金属）。图 8.1-1 为高温氧化物超导体 YBCO 的结构示意图，分别由 1 层 Y 平面层、2 个 BaO 层、2 层 CuO_2 面和 1 层 Cu_2O_2 链组成。人们认为 CuO_2 面层是导致高温超导转变的关键因素，它的作用就像一个电荷库（Charge Reservoir）。

制备高温氧化物超导体材的方法主要有两种：固相反应法（Solid State Reaction）和柠檬酸盐凝胶法（Citrate Gel）或草酸盐共沉淀法（Oxalate Coprecipitation）。柠檬酸盐凝胶法是将各金属的硝酸盐溶于柠檬酸（Citric Acid）及乙二胺（Ethylene Diamine）溶液中，加热至 90～120℃，1～2 h 后冷却至室温形成均匀的凝胶，将凝胶在 500℃预分解，去除有机杂质，然后进行焙烧、烧结得到具有超导性的粉末或块材。草酸盐共沉淀法是在各金属的硝酸盐水溶液中，加入草酸作为沉淀剂，再以氢氧化钾（或氢氧化钠）调整溶液的 pH，使之产生各金属的共沉淀物，然后再将共沉淀物过滤、烧结而得到超导性的粉末。

固相反应法是将金属氧化物或者碳酸盐按一定的比例混合、研磨、焙烧（Calcination）和烧结（Sintering）而获得具有超导性的块材。本方法的优点是制备过程简单、容易，缺点是合成的材料颗粒粗、均匀度差，影响到材料的超导性能，尤其是超导转变宽度 ΔT。本实验采用固相反应法合成 $YBa_2Cu_3O_{7-\delta}$ 块材。

2. 超导材料的零电阻特性测量

最信服的"零"电阻测量方法是永久电流法，但这需要观测很长时间。较现实而可信的方法是标准四引线或其修正方法。标准四引线法的测量精度为 $10^{-13} \sim 10^{-15}$ Ω·m，铜的低温电阻率可达 10^{-11} Ω·m。

测量线路如图 8.1-2 所示。恒流源提供测量回路恒定的电流，回路电流 I_r 可以用数字电流表读出，也可以在回路中串接标准电阻 R_s，精度好于 0.01 级，通过测量标准电阻上电压 V_s 换算出回路电流 $I_r = V_s/R_s$。如果没有恒流源，可以用恒压源串接很大的限流电阻限制回路中电流使样品电阻变化时回路电流变化缓慢，近似为恒流源。样品阻值可按下式计算：

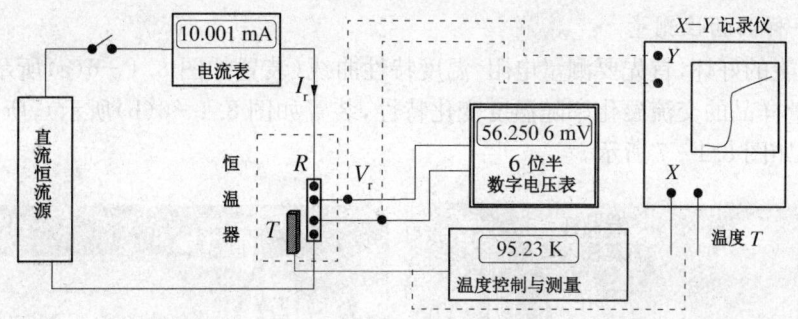

图 8.1-2 标准四引线法测量超导体零电阻效应

$$R = V_r/I_r$$

R-T 曲线也可以使用 X-Y 记录仪绘制,但这时建议使用线性度非常好的温度计,温度计的电压信号能够线性正比于样品温度值,即可直接送到 X-Y 记录仪的 X 轴。当然,最好是利用数字多用表直接读出样品电压 V_r、回路电流 I_r,用数字控温仪自控控制恒温器温度并读出样品温度数值 T,从而精确绘制样品 R-T 曲线。

制作电极的方法如图 8.1-3 所示,可以采用银胶或铟粒压接,引线用铜或银引线,压接必须良好,否则会带来测试误差。

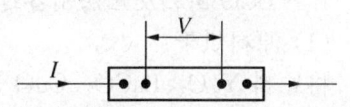

图 8.1-3 标准四引线电极示意图

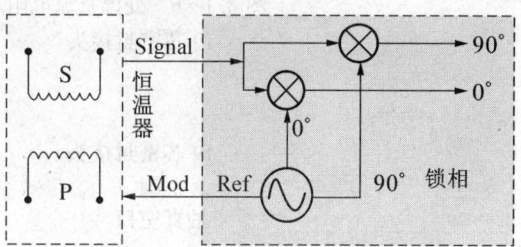

图 8.1-4 互感法测量超导抗磁特性

3. 超导体的抗磁特性测量

实验装置采用交流互感法测量样品交流磁化率的相对值。如图 8.1-4 所示,由上下两个线圈构成一个互感交流电路,当初级线圈流过某一频率的交流激励信号 $U_0\cos\omega t$ 时,次级线圈的交流感应信号与样品的磁导率相关,利用锁相放大器即可测得相对大小的交流磁化率实部 χ' 和虚部 χ''。

【实验仪器和布局】

1. 真空管式烧结炉

样品的固相反应法合成是在如图 8.1-5 所示的真空管式炉中进行,使用时请仔细阅读设备使用说明书。

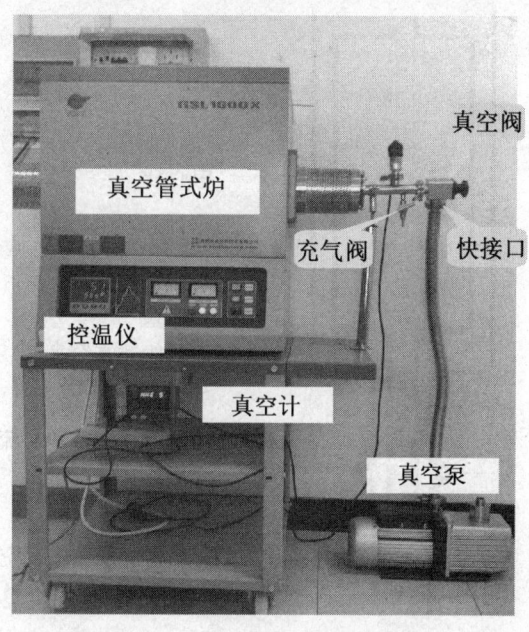

图 8.1-5 真空管式烧结炉装置图

2. 超导样品物性测量

样品性能的好坏,首先要测量电阻-温度特性曲线(装置如图 8.1-6(a)所示)和抗磁特性(一般测量样品的交流磁化率随温度变化特性,装置如图 8.1-6(b)所示),所使用恒温器的内部结构如图 8.1-7 所示。

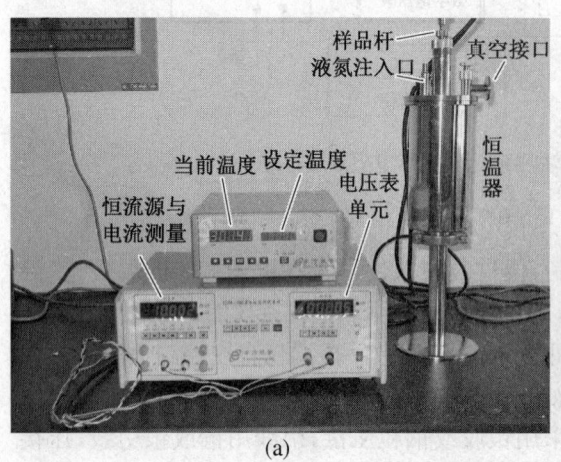
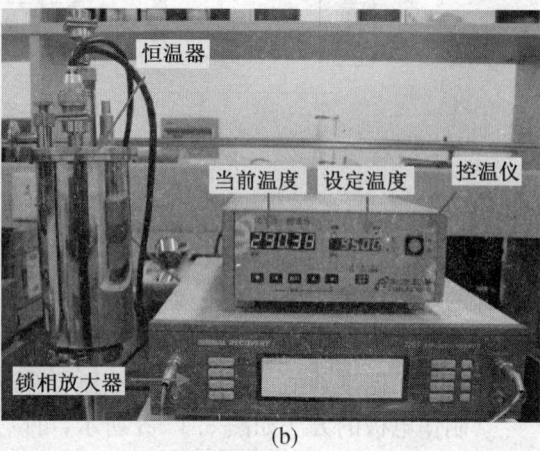

图 8.1-6 变温直流电阻/交流磁化率测量仪器装置图

图 8.1-7 实验用恒温器结构示意图

【实验内容】

1. YBCO 固相反应法制备过程

(1) 原料烘干。

将原料 Y_2O_3、$BaCO_3$、CuO 适量放入烘箱中恒温约 120℃×3 h,去除原料水分。

(2) 称量。

$YBa_2Cu_3O_{7-\delta}$ 的超导相为 123 相,因此我们应有意识地按 123 相的比例称量,即根据所需要样品的质量,按照各金属的原子计量比 Y∶Ba∶Cu 为 1∶2∶3 的比例称量 Y_2O_3、$BaCO_3$、CuO 的质量。

烧结成相的化学反应方程式如下:

$$Y_2O_3 + 4BaCO_3 + 6CuO + xO_2 \uparrow = 2YBa_2Cu_3O_{7-\delta} + 4CO_2 \uparrow$$

原子量:Y(88.905),Ba(137.34),Cu(63.54),O(15.999 4),C(12.011 15)

分子量:Y_2O_3(225.808 2):$BaCO_3$(197.349 35):CuO(79.539 4)

$\longrightarrow YBa_2Cu_3O_7$(666.200 8)

质量比：Y_2O_3(169.47 mg)：$BaCO_3$(592.46 mg)：CuO(358.18 mg)$\longrightarrow YBa_2Cu_3O_7$(1 g)

(3) 研磨。

将称量好的 Y_2O_3、$BaCO_3$、CuO 原料粉末放至研钵中充分研磨混合。

(4) 压片。

利用油压机将充分研磨好的原料适量放入模具中压制成片。

(5) 焙烧。

将片状样品放在氧化铝坩埚中置入管式炉内在空气中以 5℃/min 的速率升温至 900℃ 焙烧 10~15 h，然后以 5℃/min 的速率降温至室温。

(6) 粉碎/研磨/压片。

将焙烧样品取出，放入研钵中粉碎研磨，用压力机压制成片，压力常常取 5 t/cm^2，相当于 490 MPa。

(7) 烧结。

将样品放入管式炉中以 5℃/min 的速率在氧气气氛下升温至 900~950℃ 焙烧 20~25 h，然后以 1~2℃/min 的速率降温至 450℃ 在氧气气氛中退火 10~15 h，最后自然降温至室温，即可获得超导样品。

2. 超导样品电阻-温度曲线测量

(1) 恒温器抽真空。

将恒温器与真空泵用 KF25 接头连接好。

打开机械泵，等待真空到达 2 Pa 后，关闭真空泵，将恒温器移到实验台。

(2) 准备样品。

将高温氧化物超导体样品做成 (2.0~3.0) mm × (10.0~15.0) mm × (1.0~2.0) mm 的形状，在金相砂纸上磨光。

剪下四根 ϕ0.2 mm 长约 50 mm 的铜漆包线，两头去漆。

在显微镜下用铟粒压接四个电极。

将做好电极的样品贴到恒温器铜块上，对应焊好四根测量引线。

(3) 灌注液氮。

灌液氮前，认真检查，确保容器内无明显水迹。

取出中心杆，注满液氮，等 15 min，待容器冷透后再将液氮补满；插入用液氮预冷透的中心杆。液氮的有效高度 11 cm，有效容积 0.2 L，工作时间约 4~6 h。

顺时针转动中心杆至最低位置，再回旋约 180°~720°，即可通过控温仪设定并自动调整加热器电流来获得 80~320 K 之间的各种中间温度。中心杆旋高则冷量增大，适于较低温度的实验，需要快速降温时，可适当旋松或提起中心杆。控温精度不理想时，请适当调整中心杆高度。一般情况下，80~320 K 宽温区范围内，只需调中心杆高低 2~3 次即可。

(4) R-T 测量。

设定某温度 T，测量相应的回路电流 I_R、V_R，从而计算该温度的样品电阻 R。

从 80~100 K 每隔 1 K 记录一个点，在转变温度附近每隔 0.2 K 记录一个点，如果转变宽度很陡，则要进一步细测。

从 100～200 K 每隔 10 K 记录一个点。

超导样品电阻-温度数据记录表如表 8.1-1 所示。

表 8.1-1 超导样品电阻-温度数据表

恒流源电流值 $I_R =$ _____ mA

温 度 T/K	样品电压 V_R/mV	温 度 T/K	样品电压 V_R/mV	温 度 T/K	样品电压 V_R/mV

利用 Origin 或其他作图软件，在电脑上绘制 R-T 曲线，并打印。

（5）超导转变特性分析。

分析高温氧化物超导体的电阻温度曲线，并计算表 8.1-2 中的临界温度的值。

实验完毕后，一定请将中心杆旋松！防止由于热膨胀系数不同，卡住聚四氟乙烯绝热塞，损坏恒温器的事发生。

表 8.1-2 依据 R-T 图表分析样品超导转变数据

转折点电阻 /Ω	转折点温度 T_s/K	上临界温度 T_c^+/K	下临界温度 T_c^-/K	中点温度 T_m/K	零电阻温度 T_0/K	转变宽度 ΔT/K

3. 超导样品抗磁特性测量

(1) 装样。

将待测样品做成薄片（<1 mm 厚）用电容器纸或擦镜纸包住，小心地松开探测线圈的夹紧螺钉，将样品推入两个线圈的正中间，拧动螺钉，使样品被两线圈轻轻夹住即可。

(2) 抽真空。

真空度好于 2 Pa 后，关闭真空阀，卸下真空连接。

(3) 灌注液氮。

向恒温器注入液氮，将中心杆慢慢放入恒温器，连接 19 芯密封接头。

(4) 测量。

设定某个温度 T，仿照 R-T 曲线待温度恒定后利用锁相记录感应线圈 0°相位和 90°相位电压值，分别表征样品交流磁化率实部和虚部的相对值。

超导样品交流磁化率-温度数据表如表 8.1-3 所示。

表 8.1-3 超导样品交流磁化率-温度数据表

温度 T/K	实部 χ'	虚部 χ''	温度 T/K	实部 χ'	虚部 χ''

(6) 取样。

测量完成后，关闭电源，打开真空阀，将中心杆松开提起，待回复室温后小心取出样品。

【思考题】

1. 超导体和理想金属的区别是什么？
2. 测量超导样品的电阻为什么要使用标准四引线方法？
3. 灌注液氮过程中有哪些注意事项？

4. 在测试过程中,如何判定样品处于热平衡状态?

【参考文献】

[1] 张义邨. 应用物理专业实验讲义. 内部资料. 2008.
[2] 张裕恒. 超导物理. 3 版[M]. 合肥:中国科学技术大学出版社, 2009.
[3] Bennemann K H, Ketterson J B. Superconductivity[M]. Springer, 2008.

8.2 功能玻璃材料制备和激光诱导微纳结构

【背景知识】

自从1960年诞生第一台激光器以来,激光技术得到了迅猛的发展,经过调Q、锁模,特别是啁啾脉冲放大技术,激光输出脉冲的宽度越来越短,强度也是越来越高,进一步的出现了飞秒(10^{-15} s)激光。20世纪90年代以后,随着飞秒钛宝石激光器的研制成功,激光与材料相互作用进入到一个全新的领域。由于飞秒激光具有很高的峰值功率(可达10^{12} W)、功率密度(达10^{18} W/cm^2)、脉冲极短等特性,辐照材料时能在焦点区域形成极高的场强,即使材料本身在激光波长处不存在本征吸收,也会因飞秒激光诱导的多光子吸收或多光子电离等非线性效应反应,使得飞秒激光能够在透明材料中进行选择性的三维微结构加工,由于多光子效应阈值场强的限制而在辐照区域获取高精度的加工,并赋予材料特有的光功能。飞秒激光重复频率的高低对材料结构变化的影响有所不同。对于低重复频率的飞秒激光,由于其脉冲与脉冲之间的时间间隔比较长(小于1 ms),远大于材料热扩散的弛豫时间,热累积效应往往被忽略,激光脉冲与材料的相互作用可以认为是一个绝热过程,所以对激光辐照区域的周围部分不会产生显著的影响,这样通过控制脉冲能量的大小和空间分布,可以在透明材料内部实现微纳米尺度的精细加工。对于高重复频率的飞秒激光(大于200 kHz),由于脉冲与脉冲之间的间隔比较短,在辐照材料的时候,会出现前一个脉冲能量还没完全扩散出去,下一个脉冲又入射进来的情况,从而在辐照区域不断淀积能量而导致热累积效应的出现,并形成从中心到外围的很高的温度梯度场。温度梯度场的形成,会引发一系列的材料相应的结构的变化,如熔融、析晶、折射率的变化等。此外在此过程中,由于热能的扩散会引起未辐照区域材料的温度升高,从而降低了微结构的精度。因此,在实验中人们往往会根据实验目的的不同而选择不同频率的激光器进行实验。

玻璃具有透明性高、化学稳定性高、热学和电学性能优异等特性,是微电子学、光学和光纤技术的关键材料。玻璃材料的微加工在光电子学、通信、光子器件(如光栅和波导)等领域得到了越来越多的应用;另一方面,玻璃是一种反转对称材料,原则上不产生二阶光学非线性或者铁电现象,一般地,玻璃仅作为像玻璃光纤这样的被动使用,然而在诸如光电开关和波长转换等主动应用中,二阶光学非线性是绝对需要的。在玻璃内部空间选择性设计非线性光学/铁电晶体结构是十分重要和有意义的,飞秒激光辐照玻璃作为一种空间选择性微加工方法正引起大量的关注。从最近的研究来看,利用高重复频率飞秒激光热积累效应制备波导和诱导玻璃析晶是当前研究的一个热点。

【实验原理】

飞秒激光与透明材料相互作用时,激光能量主要是通过非线性吸收沉积在材料中。飞秒激光经透镜聚焦后,焦点处光强可以高达10^{14} W/cm^{2}量级,焦点区域具有超高的电场强度,从而可以产生激光诱导多光子吸收、多光子电离等非线性效应。飞秒激光能够在瞬间将作用区域的物质变成等离子体,等离子体进一步吸收激光能量导致局部加热或光损伤。

1. 多光子电离

激光光束的能量被物质中的束缚电子所吸收使得电子由价带激发到导带的过程称为"光电离"。激光与透明材料相互作用过程中,光电离分为两种情况:隧道电离和多光子电离。这两种电离情况的发生,取决于激光的频率和能量。

对于低频率、高强度的激光,主要以隧道电离为主。在隧道电离过程中,激光电场压制了将电子束缚在原子价带上的库仑势阱。如果电场非常强,束缚电子可以通过量子力学的电子隧道现象,穿过短势垒,从而克服库仑势阱的压制变为自由电子。

对于更高的激光频率(但还不足以产生单个光子吸收的情况),主要是多光子电离。对于高能隙宽度物质中的电子必须同时吸收多个光子,才能将其束缚电子从价带激发到导带上,此时被吸收的光子数与单光子能量的乘积应大于物质的能隙宽度。多光子电离过程是一个 n 阶过程,其吸收截面非常小,只有在极高的激光场强下,多光子电离才能占优势。而长脉冲激光场强较低,多光子电离过程可忽略不计,激光损伤以雪崩电离过程为主,但超短脉冲激光场强极高,可达到 10^{10} V/cm 量级甚至更高,多光子电离过程占主要地位(参见图 8.2-1)。

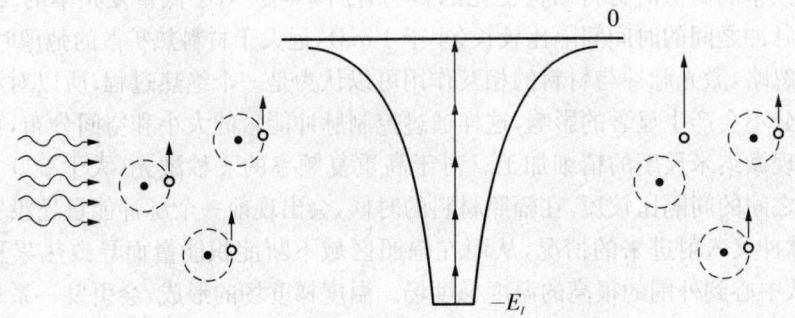

8.2-1 多光子电离示意图

2. 等离子体自由载流子吸收

当等离子体密度很高时,由非线性光电离和雪崩电离形成的电子等离子体可以强烈地吸收激光能量。可以用 Drude 模型来理解这种等离子体对激光能量的吸收。随着等离子体密度 N 的增加,等离子体频率

$$\omega_p = \left(\frac{Ne^2}{\varepsilon_0 m}\right)^{1/2}$$

当达到激光频率时,对激光能量的吸收将变得十分充分,其吸收系数为

$$k = \frac{\omega_p^2 \tau}{c(1+\omega^2\tau^2)}$$

式中,ω 为激光频率,t 为 Drude 扩散时间(一般为 0.2 fs)。

当等离子体密度达到 $10^{21}/\text{cm}^3$ 时,由于对激光能量的强烈吸收,激光能达到的深度只有 1 μm。在紧聚焦的条件下,瑞利长度(聚焦参数的一半)恰好是微米量级。因此,当由非线性电离机制产生的等离子体密度达到 $10^{21}/\text{cm}^3$ 时可以预计大部分的激光能量将在焦点区域被吸收。大量激光能量在物质中的沉积,将导致透明介质中形成永久性的损伤。

3. 高重复频率飞秒激光辐照玻璃材料诱导晶体析出

飞秒激光聚焦后的脉冲峰值功率可达到 $10^{16} \sim 10^{18}$ W/cm², 超过了材料多光子吸收的阈值 $I_P(10^{12}$ W/cm²)。因此，在飞秒激光与材料作用过程中，由于多光子吸收会在焦点区域产生大量的等离子体。这些等离子体会与激光发生耦合共振，这反过来又增加了脉冲能量的吸收效率，使得大部分脉冲能量能够沉淀在焦点区域，从而形成焦点区域瞬时的高温。如果所用激光的重复频率比较低，则这个高温会在下一个脉冲到达前迅速地扩散掉，从而不会在辐照区域形成持续稳定的温度梯度场，使得玻璃在很多时候只是发生折射率的变化，而形不成晶体。而当飞秒激光的重复频率大于 200 kHz 时，单脉冲的能量还没扩散出去，就会在辐照区域迎来下一个脉冲能量的注入，从而在焦点区域出现热累积效应，形成很高的温度梯度场。当飞秒激光的辐照时间超过材料的热弛豫时间后，热量开始在焦点周围传递，如果有连续的脉冲激光辐照，就会在焦点区域及其周围形成一个动态稳定的温度梯度场，在此梯度场中，超过了材料析晶温度的位置就会析出晶体。

由于玻璃是各向同性的均质材料，假设飞秒激光聚焦的焦点在玻璃样品的内部，把飞秒激光辐照引起的热积累效应简化为热传导问题处理。这时的热传导方程为

$$\frac{\partial^2 T}{\partial z^2} - \frac{1}{\alpha}\frac{\partial T}{\partial t} = 0 \tag{8.2-1}$$

边界条件为

$$AI(t) = -K\left(\frac{\partial T}{\partial z}\right)_{z=0} \tag{8.2-2}$$

式中，T 为所求的温度，z 为光轴上离原点的深度，t 为辐照时间，α 为材料的热扩散率，A 为材料对激光的吸收率，K 为材料的平均导热系数。

设初始条件为 $T(0) = 0$，方程的解为

$$T(z, t) = (2AI/K)\sqrt{\alpha t}\,\mathrm{ierfc}(z/\sqrt{4\alpha t}) \tag{8.2-3}$$

式中 ierfc 是误差函数 erfc 的积分，有

$$\mathrm{ierfc}(x) = \int_x^\infty \mathrm{erfc}(s)\mathrm{d}s \quad \mathrm{erfc}(x) = \frac{2}{\sqrt{\pi}}\int_x^\infty e^{-s^2}\mathrm{d}s \tag{8.2-4}$$

聚焦后激光光斑的功率密度分布近似为高斯分布，即

$$I(r, t) = I(0, t)\exp(-2r^2/\omega^2) \tag{8.2-5}$$

式中，ω 为光斑半径，r 为考察点至光斑中心距离，$I(0, t)$ 为时间 t 时光斑中心的功率密度。则瞬间环状热源在半无限体内造成的温度分布为

$$T(r, z, t) = \frac{Q}{4\rho C(\pi\alpha t)^{3/2}}\exp\left(\frac{-r^2 - r'^2 - z^2}{4\alpha t}\right)I_0\left(\frac{rr'}{2\alpha t}\right) \tag{8.2-6}$$

式中 Q 为环释放的总能量，环心为坐标原点，r' 为环的半径，r 为考察点距 z 轴的距离，I_0 为零阶第一类变形的贝塞尔函数。

对于高斯分布的热源

$$Q = 2\pi r'q_0\exp(-2r'^2/\omega^w)\mathrm{d}r' \tag{8.2-7}$$

q_0 为原点处单位面积的能量。

将式(8.2-7)代入式(8.2-6)并对整个面积积分,得瞬时释放高斯分布的能量所产生的温度场:

$$T(r, z, t) = \frac{q_0 \omega^2}{2\rho C (\pi \alpha^3 t^3)^{1/2} (4\alpha t + \omega^2/2)} \exp\left(-\frac{z^2}{4\alpha t} - \frac{r^2}{4\alpha t + \omega^2/2}\right) \quad (8.2-8)$$

如果高斯光束连续辐照材料,则有

$$q_0 = AI(0, t') dt' \quad (8.2-9)$$

代入式(8.2-8)并对时间积分后,可得

$$T(r, z, t) = \frac{\omega^2}{2\rho C (\pi \alpha)^{1/2}} \int_0^t \frac{AI(0, t') dt'}{(t-t')^{1/2} [4\alpha(t-t') + \omega^2/2]} \cdot$$
$$\exp\left[-\frac{z^2}{4\alpha(t-t')} - \frac{r^2}{4\alpha(t-t') + \omega^2/2}\right] \quad (8.2-10)$$

由于我们使用的是飞秒脉冲激光,因此这里我们假设激光输出的是一个矩形脉冲 $I_0(0, t) = I_0$

$$I(t) = \begin{cases} I_0, & 0 \leqslant t \leqslant t_0 \\ 0, & t \leqslant 0, t \geqslant t_0 \end{cases} \quad (8.2-11)$$

可得

$$T(r, z, t) = \frac{AI_0 \omega^2}{2K} \left(\frac{\alpha}{\pi}\right)^{1/2} \int_0^t \frac{dt'}{t'^{1/2}(4\alpha t' + \omega^2/2)} \cdot \exp\left[-\frac{z^2}{4\alpha t'} - \frac{r^2}{4\alpha t' + \omega^2/2}\right] \quad (8.2-12)$$

焦点中心的温度为

$$T(0, 0, t) = \frac{AI_0 \omega}{K (2\pi)^{1/2}} \arctan \frac{(8\alpha t)^{1/2}}{\omega} \quad (8.2-13)$$

由此我们可以看到,当高重复频率的飞秒激光连续辐照玻璃样品内部时,会在焦点区域形成一个大的温度梯度场。尤其是激光焦点区域形成的温度可以超过玻璃材料的析晶温度,达到上千摄氏度的高温,在高频率飞秒激光辐照形成的高温高压场作用下,玻璃中的化学键断裂,组成玻璃的基团开始重组,最后发生玻璃熔融相变析出晶核。接下来,由于热积累和热传递效应使得焦点区域周围的温度不断上升,导致玻璃受热熔融形成熔体。当周围区域的温度超过玻璃的晶化温度时,之前析出的晶核就会在热扩散的驱动下开始不断生长。因此玻璃析晶的过程可以概括为,焦点区域高温促使玻璃熔融达到析晶温度析晶,然后由于后续的热累积和热传递促使焦点周围区域达到玻璃的析晶温度而促使晶体的第二次生长。

【实验仪器】

1. 玻璃制备过程中需要的主要的实验仪器

主要有:电子天平、意丰电炉、刚玉坩埚、退火炉,具体的使用方法请参照说明书。

2. 激光作用过程中需要的仪器设备

(1) 高重复频率飞秒激光系统。

实验中用到的飞秒激光系统是美国相干公司的 Ti：Sapphire 飞秒激光器(RegA 9000，Coherent)，系统装置如图 8.2-2 所示，主要由半导体泵浦激光器(Verdi)、飞秒种子脉冲激光振荡器(Mira 900)、飞秒再生放大器(RegA 9000)三部分组成。最终从再生放大器中产生出来的激光脉冲为高斯分布，中心波长为 800 nm，脉冲宽度为 150 fs，重复频率为 250 kHz。

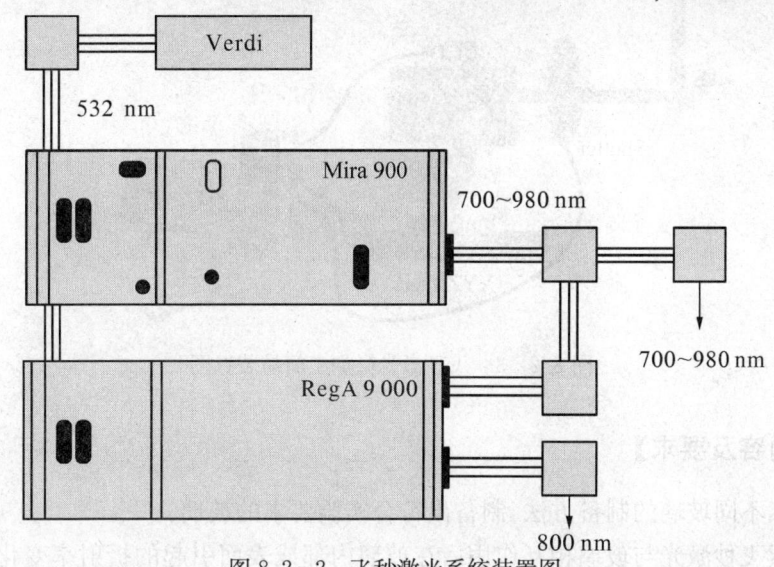

图 8.2-2　飞秒激光系统装置图

(2) 三维微加工控制系统。 飞秒激光三维微加工平台由计算机控制系统、Newport 电子快门(shutter)、PRICR (H101Af)三维平台、奥林巴斯(Olympus)显微镜系统、平台控制箱电源、CCD 等部件组成。通过串口通信的方式由计算机来控制三维加工平台的移动，以及光快门的开关。光快门的开关可以用来控制激光辐照时间(脉冲数)。在计算机中装有 Image-Pro MC5.1 软件，通过其可视化界面可以控制快门的开关、三维平台移动，完成扫线、打点、画圆等各种动作。

在实验中，实验样品被放置在三维可移动平台上，飞秒激光被显微系统聚焦后，垂直入射到样品上。在实验的过程中，激光焦点固定不动，三维平台移动。对三维平台的控制有粗调和精确控制两种情况。平台控制箱的手柄可以对平台在水平方向的移动进行粗调，而平台处的旋钮可以实现平台在竖直方向移动的粗调。对平台的精确控制需要通过 Image-Pro MC5.1 软件可视化界面的设定来完成。在此界面内，可设定光快门的开关时间，也就是控制了激光辐照样品的时间(激光的脉冲数)。还可以精确设定平台水平、竖直的移动距离以及移动的速率。微加工平台的最小横向位移为 20 nm，最小纵向位移为 3 nm，可以实现很高的三维空间定位。另外，通过编写软件脚本程序，可以实现三维空间复杂图形的微加工操作。

(3) 实验用到的光束聚焦系统是一台 Olympus BX51 正置式光学显微镜，使用的物镜有：$5\times/0.15, 10\times/0.3, 20\times/0.46, 50\times/0.5$ 和 $100\times/0.8$。通过透镜聚焦系统，将光束聚焦到样品表面，聚焦后激光的光斑尺寸可达到微米量级。飞秒激光的能量控制可以利用安装在光路上的中性滤色片(neutral density filter)来调节。本实验中，涉及的飞秒激光功率均是利用功率计在中性滤色片之后测出的。激光通过中性滤色片后面光路中的一些反射镜和聚焦物镜后，功率衰减为测量功率的 50%。整个控制系统的简易装置图如图 8.2-3 所示。

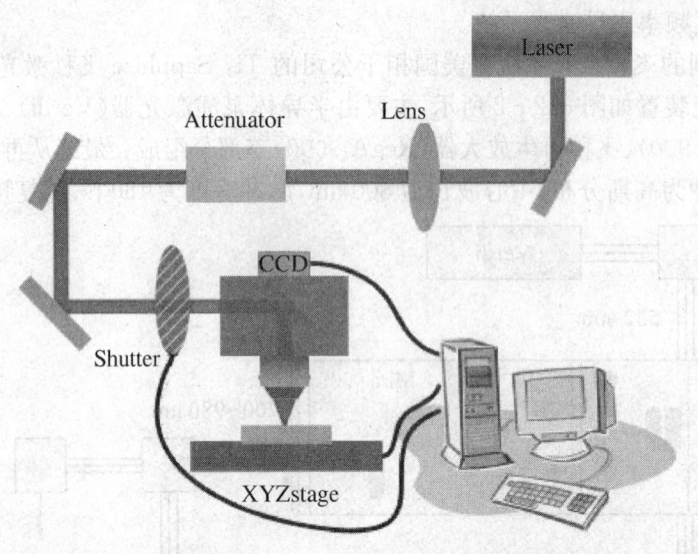

图 8.2-3　飞秒激光微加工简易装置图

【研究内容及要求】

(1) 探索不同玻璃的制备方法，制备出符合实验要求的玻璃。

(2) 探索飞秒激光与玻璃相互作用后在玻璃内部或表面引起的折射率变化和玻璃组分的变化及其产生的机理。

(3) 研究在不同的辐照能量、不同的辐照时间、不同的样品深度下，飞秒激光对玻璃的作用。分析从玻璃中诱导出的晶体的结构，及其晶体的取向和激光偏振方向的关系。

【实验方法及流程图】

1. 玻璃样品制备

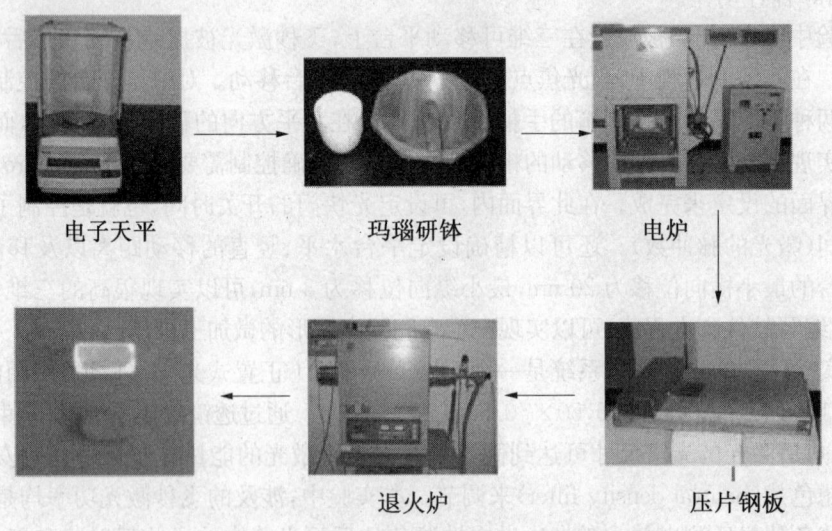

图 8.2-4　玻璃制备的过程图示

玻璃的制备是一个非常复杂的过程,需要注意到很多的细节和条件的变化,要在实验的过程中不断的总结经验,不断的变换条件进行尝试。烧制玻璃的具体过程如图 8.2-4 所示,先将按一定剂量比混合的样品粉末混合均匀,对于已经很细的粉末样品,只需要搅拌半个多小时即可,而对于其中有成分为非粉末的样品则需要用力地研磨,直至样品磨至很细为止,这一般需要 1~2 h 的时间。将混合好的样品放入洗净、晾干的刚玉坩埚当中,等电阻炉的温度升到所需温度时,将坩埚用钳子夹着放入炉膛中的样品台上,然后迅速地将样品台升入炉中,以防止炉子由于骤冷而裂掉。在一定温度烧制需要的时间后,迅速地降下样品台,将高温下的坩埚用钳子迅速地夹出,并用最快的速度将坩埚中的样品倒到一块事先准备好的钢板上,然后迅速地用另一块钢板压倒到钢板上的玻璃液体,直至冷却。烧好的样品为了消除其内部的细微裂纹要在玻璃的熔化温度附近退火,少则几十分钟,多则几个小时甚至十几个小时。退过火的玻璃一般需要抛光,以利于实验过程中飞秒激光能尽量低损耗地进入到样品中。只有抛光好的玻璃才能与激光达到最好的作用效果。

2. 飞秒激光诱导微结构

将抛光好的玻璃样品放到电脑控制的三维可移动平台上,根据实验要求,通过电脑软件界面,控制平台的移动方式及激光的辐照时间,最终在玻璃样品的表面或内部诱导出微结构。

【数据处理方法和总结报告要求】

(1) 测量微结构的尺寸随激光功率以及激光脉冲数的变化。

(2) 利用紫外-可见-近红外吸收光谱分光光度计测量激光作用区域的吸收谱和透射谱。

(3) 利用激光共交显微拉曼光谱仪测量激光作用区域玻璃结构的变化情况,利用 Origin 软件处理分析获得的数据。

(4) 利用 X 射线衍射仪,从宏观上观察激光作用后玻璃结构的变化。

(5) 利用扫描电子显微镜(SEM)观察激光作用区域的显微形貌,以及通过测量作用区域的 EDS,观察激光作用区域各种成分的比重与激光作用之前的不同。

(6) 给出实验总结,包括玻璃材料的组分、制备条件及方法,激光诱导的微结构的形貌、尺寸及各种其他数据分析的结果,最后结合实验原理分析实验结果。

【参考文献】

[1] 石顺祥,陈国夫,赵卫,刘继芳. 非线性光学[M]. 西安:西安电子科技大学出版社,2003.
[2] 周炳琨,高以智,陈倜嵘,陈家骅. 激光原理[M]. 5 版. 北京:国防工业出版社,2004.
[3] Sehaffer C B, Dthesis Ph. Interaction of femtosecond laser pulse with transparent material[D]. Cambridge:Harvard University, 2001.
[4] Ti:Sapphire 飞秒激光器(RegA 9000,Coherent)仪器说明书.